U0885041

高等职业教育活页式核心教材

智能制造专业融媒体教材

工业机器人装调与维护

主　编　岑　华　蒙　港

副主编　岑土恩　梁　玲

万选明　王　红

中国石油大学出版社

CHINA UNIVERSITY OF PETROLEUM PRESS

山东·青岛

图书在版编目（CIP）数据

工业机器人装调与维护 / 岑华，蒙港主编．-- 青岛：中国石油大学出版社，2024.3

ISBN 978-7-5636-7060-4

Ⅰ．①工… Ⅱ．①岑… ②蒙… Ⅲ．①工业机器人－设备安装②工业机器人－调试方法③工业机器人－维修
Ⅳ．① TP242.2

中国版本图书馆 CIP 数据核字（2020）第 252765 号

书　　名：工业机器人装调与维护
GONGYE JIQIREN ZHUANGTIAO YU WEIHU

主　　编：岑　华　蒙　港

副 主 编：岑土恩　梁　玲　万选明　王　红

责任编辑：曹秀丽　高　颖（电话　0532－86981532）

责任校对：秦晓霞（电话　0532－86983567）

封面设计：赵志勇

出 版 者：中国石油大学出版社
（地址：山东省青岛市黄岛区长江西路 66 号　邮编：266580）

网　　址：http://cbs.upc.edu.cn

电子邮箱：shiyoujiaoyu@126.com

排 版 者：济南海讯图文有限公司

印 刷 者：济南圣德宝印业有限公司

发 行 者：中国石油大学出版社（电话　0532－86983437）

开　　本：787 mm×1 092 mm　1/16

印　　张：15.75

字　　数：323 千字

版 印 次：2024 年 3 月第 1 版　2024 年 3 月第 1 次印刷

书　　号：ISBN 978-7-5636-7060-4

定　　价：56.00 元

《工业机器人装调与维护》编委会

主　编　岑　华——广西现代职业技术学院

　　　　蒙　港——广西现代职业技术学院

副主编　岑土恩——广西现代职业技术学院

　　　　梁　玲——广西现代职业技术学院

　　　　万选明——柳州铁道职业技术学院

　　　　王　红——日照职业技术学院

编　委　苏素芹——常州工业职业技术学院

　　　　张先武——青岛港湾职业技术学院

　　　　闫　萍——石家庄工程职业学院

　　　　陶　辉——枣庄职业学院

　　　　白雪玲——青岛职业技术学院

　　　　齐　飞——烟台汽车工程职业学院

前言

党的二十大报告提出:"坚持把发展经济的着力点放在实体经济上,推进新型工业化,加快建设制造强国、质量强国、航天强国、交通强国、网络强国、数字中国。实施产业基础再造工程和重大技术装备攻关工程,支持专精特新企业发展,推动制造业高端化、智能化、绿色化发展。"智能制造是实现我国制造业由大变强的核心技术和主线,也是制造强国建设的主攻方向,亦是推进新型工业化的重要任务。

工业机器人作为智能制造的核心装备,在汽车制造、电子信息、物流仓储等众多行业广泛应用,极大地推动了各行业的智能化转型升级。从机器人安装、调试、维护到操作、编程,各环节都急需专业人员,因此广西现代职业技术学院开设了"工业机器人装调与维护"课程,并与多家职业技术学院合作编写了本书。

本书在内容编排上紧密贴合工业机器人装调与维护的实际工作流程,从最基础的机器人认知到复杂的故障诊断与修复,每个环节都有详细且实用的介绍。书中以 TKB 1200,RB 08,ABB 120 和 IRB 1410 四款六轴工业机器人为教学实例,详细介绍机器人的基本结构、工作原理,并且通过大量实际案例展示在不同工作场景下如何进行机器人的安装、调试与维护。

本书在编写过程中,力求体现以下特色:

一、系统构建全面技能,项目导向深化实践

本书以项目驱动为核心,系统构建工业机器人装调与维护的全面技能培养体系。通过 5 个项目的设计,从工业机器人本体拆装、电气元件装配、基本系统连线与整机调试到检查保养与故障诊断,全面覆盖工业机器人装调与维护的流程。全书共分为 11 个任务,每个任务均设置明确的目标,引导学生通过详细操作步骤、关键技术解析及常见问题解决策略完成各个任务,逐步深入掌握安装、调试、编程及维护等的核心技能。这种以任务为载体的系统实践方式,不仅可以加深学生对工业机器人工作原理的理解,还可以在实践中锻炼他们的动手能力和问题解决能力,为学生未来的职业发展奠定坚实基础。

二、理实交融编排创新，知行合一赋能成长

本书创新采用“理实交融、知行合一”的编排模式，以项目驱动、任务导向为框架，将理论知识与实践操作深度融合。每个项目均从实际工作流程出发，以工业机器人实例为载体，通过细化操作步骤、技术解析及问题解决策略，引导学生在“做中学”，从而逐步掌握工业机器人装调与维护的核心技能。书中强调实践操作，明确技能目标，并在每个任务后设置检查与评价和练习题，促进学生巩固和内化知识，达到知行合一、全面提升职业素养与综合能力的目标。

三、标准引领规范育人，思政融入塑造匠心

本书在内容编写上严格遵循行业标准与规范，如机器人的装配工艺标准流程、电气元件的安装标准等，让学生在学习过程中养成良好的职业习惯。同时，书中融入丰富的思政案例，如中国机器人之父蒋新松的故事，旨在培养学生严谨负责、精益求精的职业意识，使学生明白自己所从事的工作不仅是对企业的责任，更是对国家制造业发展的重要贡献。

四、技术赋能多元学习，微课融合激发潜能

本书紧跟信息技术发展潮流，将先进信息技术与教学内容深度融合。学生只需手机扫码，就能随时获取配套的微课。这些微课涵盖工业机器人装调与维护的关键知识点和技能点，可供学生根据自身进度和需求灵活选择，进行自主预习、复习或拓展学习。同时，书中鼓励学生进行小组合作学习与讨论，共同解决实际问题，从而培养学生的团队协作能力与沟通能力，充分激发学生的学习主动性和探究精神。

本书由岑华、蒙港担任主编，岑土恩、梁玲、万选明、王红担任副主编。其中，项目 1 由岑华编写，项目 2 由岑华、梁玲、万选明编写，项目 3 由岑华、蒙港、王红编写，项目 4 由蒙港、岑土恩编写，项目 5 由蒙港、岑华编写。

本书可作为高等职业教育院校工业机器人类专业的教材，也可作为工业机器人技术培训单位或职业技能培训单位的培训资料，还可供相关技术人员参考。

本书在编写过程中得到了江苏汇博机器人技术股份有限公司、江苏立讯机器人有限公司和江苏澳倚蓝智能科技有限公司等企业的技术支持，同时参阅了部分高校同类教材的内容，在此对这些单位和作者一并表示衷心的感谢！

由于编者经验及知识水平有限，书中难免存在不足之处，诚请读者批评指正。

编　者
2023 年 10 月

>>> 目　录

项目 1　工业机器人本体的拆装

本项目包括 3 个任务，主要介绍工业机器人及其本体的基础知识，即工业机器人的定义与分类、基本系统组成、轴及其运动形式、常用减速器，以及本体的装配和拆卸工艺流程等。

教	建议学时	任务 1.1 是 4 学时，任务 1.2 是 6 学时，任务 1.3 是 6 学时
	学习任务	1.1 认识工业机器人基本结构； 1.2 装配工业机器人本体； 1.3 拆卸工业机器人本体
	知识重点	（1）工业机器人的定义与分类； （2）工业机器人基本系统组成、轴及其运动形式、常用减速器； （3）工业机器人本体的装配和拆卸工艺流程
	知识难点	（1）工业机器人本体的装配； （2）工业机器人本体的拆卸
	建议教学方法	六步教学法、任务驱动教学法、一体化教学法
学	学习目标	**知识目标** （1）了解工业机器人的定义、分类、基本系统组成、轴及其运动形式； （2）掌握工业机器人的装配和拆卸工艺流程。 **技能目标** （1）能够熟练装配 TKB 1200 工业机器人本体； （2）能够熟练拆卸 TKB 1200 工业机器人本体。 **素质目标** （1）通过精准拆装机器人本体零件，培养安全意识，展现工匠精神； （2）深刻理解零件的重要性，以高度的责任感对待拆装工作
	实训条件要求	电脑、教材、微课、工业机器人实训基地

任务 1.1 认识工业机器人基本结构

——以 TKB 1200 工业机器人为例

【任务目标】

（1）了解工业机器人的定义、分类、基本系统组成、轴及其运动形式。

（2）能够分辨工业机器人的结构类型。

（3）能够从外观上辨识工业机器人的控制器、示教器、减速器等组成部件。

（4）通过小组合作完成任务，培养团队协作和沟通交流能力。

1.1.1 知识准备 1：认识工业机器人

20 世纪 50 年代末，工业机器人最早开始投入使用。近年来，随着制造业的发展和计算机技术、智能技术的进步，工业机器人整机性能大幅提升，功能愈加丰富，产品质量日益优化，已在汽车、电子、冶金、轻工、石化、医药等 50 多个行业大类、140 多个行业中类广泛应用。目前我国已经成为全球工业机器人技术水平发展最快和市场规模最大的国家。

1）**工业机器人的定义**

（1）ISO 的定义。根据国际标准化组织（ISO）的定义，工业机器人是一种具有自动控制操作和移动功能，能够完成各种作业的可编程操作机。

（2）美国的定义。工业机器人是一个可再编程的多功能操作器，用来移动材料、零部件、工具等；或是一个通过编程用于完成各种任务的专用设备。

（3）日本的定义。工业机器人是一种带有存储器件和末端操作器的通用机械，它能够通过自动化的动作替代人类劳动。

（4）我国的定义。工业机器人是一种自动化机器，与普通自动化机器所不同的是，这种机器具备一些与人或者生物相似的智能能力，如感知能力、规划能力、动作能力和协同能力，是一种具有高度灵活性的自动化机器。

小助手 广义地说：工业机器人是一种计算机控制的可编程的自动化机器。它具有 4 个基本特征：① 特定的机械机构；② 通用性；③ 不同程度的智能；④ 独立性。

工业机器人是面向工业领域的多关节机械手或是具有多自由度的机器装置（图 1-1-1），它能自动执行工作，是靠自身动力和控制能力来实现各种功能的一种机器。它可以接受人类指挥，也可以按照预先编排的程序运行。现代的工业机器人还可以根据人工智能技术制定的原则和纲领行动。

工业机器人不但将人类从繁重单一的劳动中解放出来，而且能够从事一些不适合人类甚至超越人类某些能力的劳动，实现生产的自动化，提高生产效率和避免工伤事故。

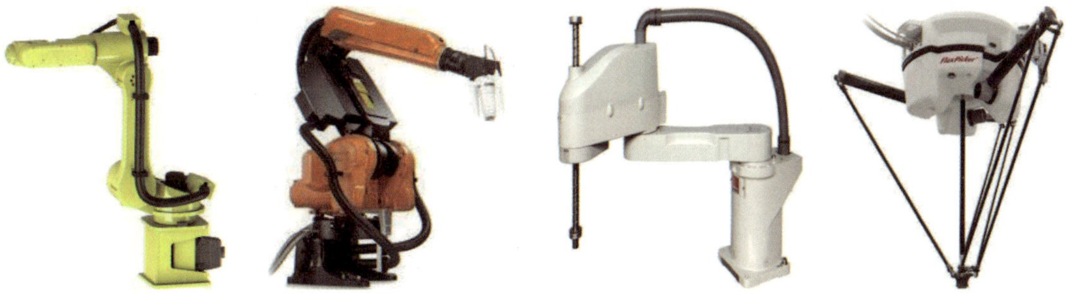

图 1-1-1　工业机器人

2）**工业机器人的分类**

关于工业机器人的分类，国际上没有统一的标准，一般按工业机器人的结构形式、技术等级、功能用途等进行分类。

（1）按结构形式分类。

① 直角坐标机器人。直角坐标机器人具有空间上相互垂直的两个或两个以上直线移动轴，通过直角坐标方向上的 3 个独立自由度来确定其末端执行器的空间位置，动作空间为一个长方体，如图 1-1-2 所示。

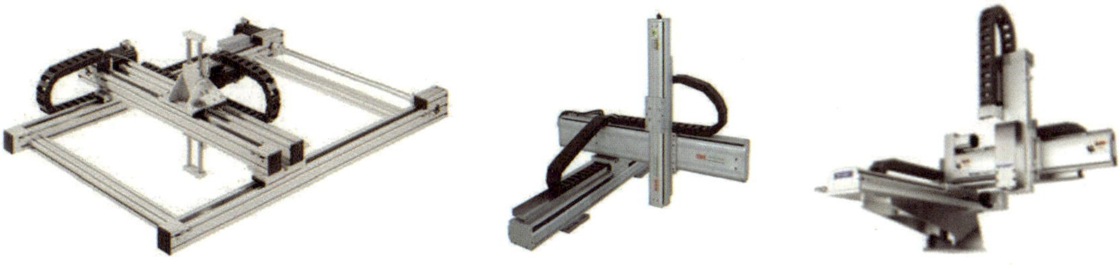

图 1-1-2　直角坐标机器人

直角坐标机器人的优点：结构简单、定位精度高、空间轨迹易于求解。缺点：动作范围相对较小，设备的空间因数较低，实现相同的动作空间所需机体本身的体积比多关节型机器人大。

② 圆柱坐标机器人。圆柱坐标机器人也称为柱面坐标机器人，主要由旋转基座、垂直移动轴和水平移动轴构成，具有一个回转自由度和两个平移自由度，其动作空间呈圆柱形，如图 1-1-3 所示。

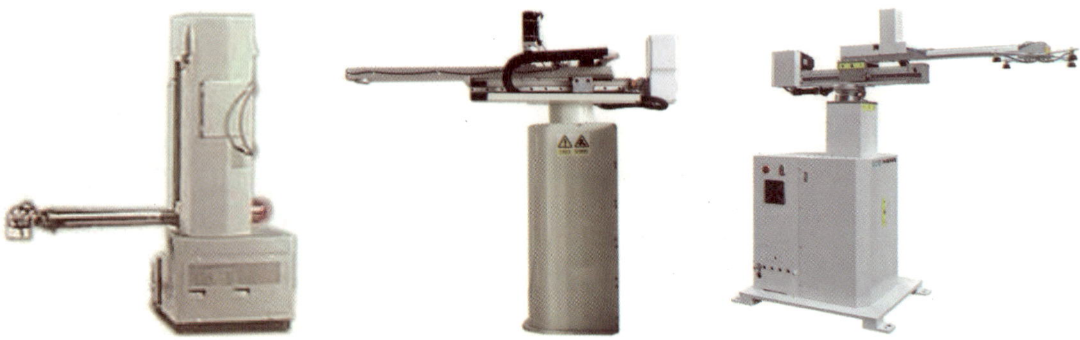

图 1-1-3　圆柱坐标机器人

圆柱坐标机器人的优点：结构简单、刚性好。缺点：在机器人的动作范围内必须有沿轴线方向的移动空间，空间利用率较低。

③ 球面坐标机器人。球面坐标机器人也称为极坐标机器人，它的机械手能够前后伸缩移动、在垂直平面上摆动及绕基座在水平面上转动，一般具有旋转、摆动和平移 3 个自由度，其动作空间呈球面，如图 1-1-4 所示。

球面坐标机器人的特点：结构紧凑，所占空间体积小于直角坐标机器人和圆柱坐标机器人，但大于多关节型机器人。

④ 多关节型机器人。多关节型机器人由多个旋转和摆动机构组合而成，可分为水平多关节机器人和垂直多关节机器人。

a. 水平多关节机器人。水平多关节机器人也称为 SCARA（选择顺应性装配机器手臂）机器人，在结构上一般具有串联配置的两个能够在水平面内旋转的手臂，动作空间为一个圆柱体，一般具有 2 ～ 4 个自由度，如图 1-1-5 所示。

图 1-1-4　球面坐标机器人

图 1-1-5　水平多关节机器人

b. 垂直多关节机器人。垂直多关节机器人可模拟人手臂的功能，主要由垂直于地面的腰部旋转轴、带动上臂旋转的肘部旋转轴及上臂前端的手腕等组成，通常具有 4 ～ 6 个自由度，其动作空间近似一个球体，如图 1-1-6 所示。

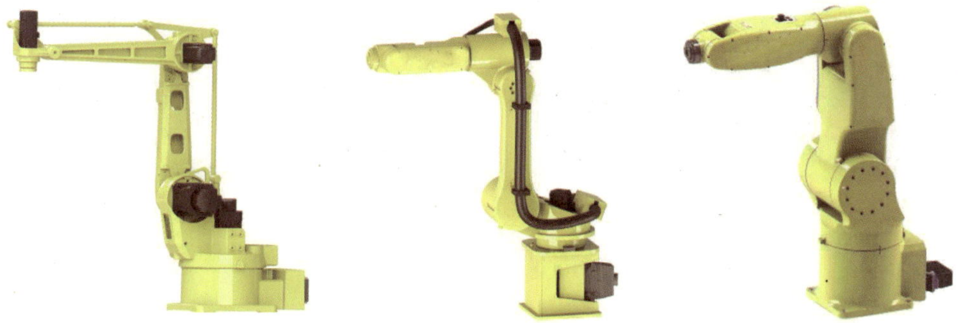

图 1-1-6　垂直多关节机器人

⑤ 并联机器人。并联机器人是以并联方式驱动的一种闭环机构，其末端执行器通过至少 2 个串联支链（或分支）与机架相连接，每个支链（或分支）由唯一的移动副或转动副驱动。并联机器人具有无累积误差、精度高、速度快、工作空间小等特点。

从运动形式上看，并联机器人可分为平面机器人和空间机器人，其中平面机器人又分为平面移动机器人、平面移动转动机器人，空间机器人又分为空间纯移动机器人、空间纯转动机器人和空间混合运动机器人。并联机器人按自由度可细分为 2 ～ 6 个自由度并联机器人，如图 1-1-7 所示。

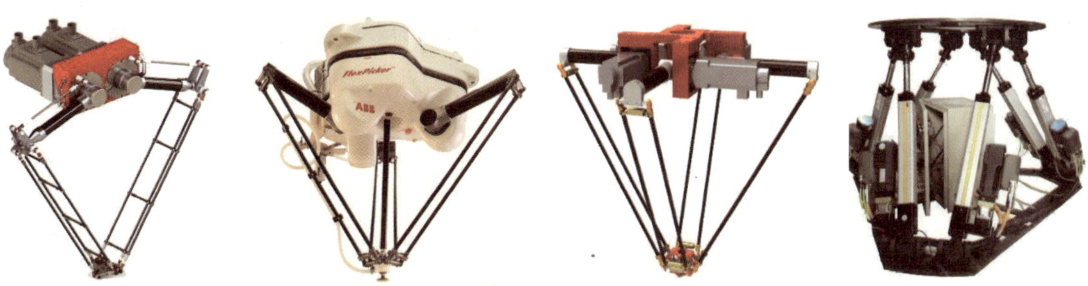

图 1-1-7　并联机器人

（2）按技术等级分类。

① 第一代示教再现机器人。第一代工业机器人能够按照人类预先示教的轨迹、行为、顺序和速度重复作业。示教方式可分为手把手示教和示教器示教。

手把手示教是指先由操作者直接领动工业机器人执行机构，按要求的动作顺序和运动轨迹操演一遍，然后机器人按照操作者所教的动作顺序和运动轨迹自动作业，如图 1-1-8（a）所示。

示教器示教是指先由操作者通过示教器手动操纵机器人按照一定的动作顺序和运动轨迹操演一遍，然后机器人按照此动作顺序和运动轨迹自动作业，如图 1-1-8（b）所示。

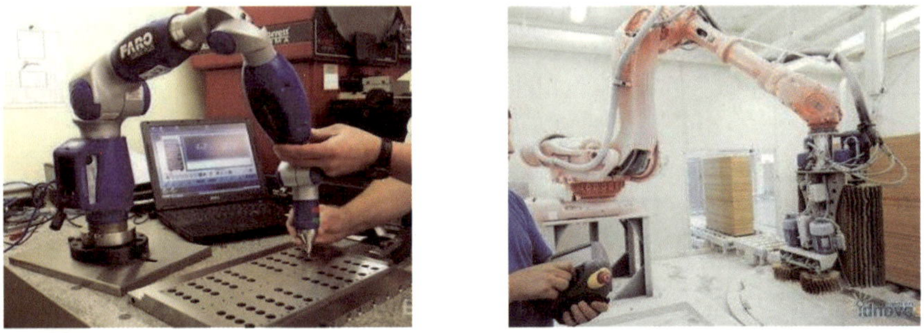

（a）手把手示教　　　（b）示教器示教

图 1-1-8　示教再现机器人

② 第二代感知机器人。第二代工业机器人是指配有环境感知装置的工业机器人，如配有视觉或感觉系统的工业机器人，它能在一定度上适应环境变化，现已经进入应用阶段，如图 1-1-9 所示。

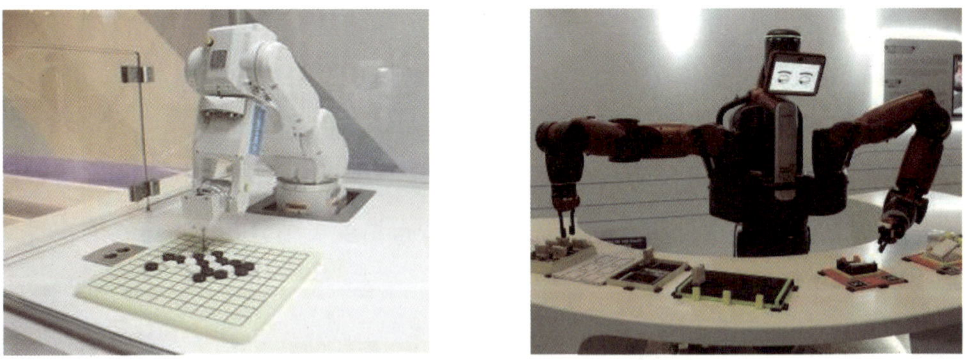

图 1-1-9　感知机器人

③ 第三代智能机器人。第三代工业机器人具有感知、规划、决策能力，能够独立自主地工作和完成复杂任务。智能机器人至少要具备 3 个要素：一是感觉要素，用于认识周围的环境状态；二是运动要素，用于对外界作出反应性动作；三是思考要素，用于根据感觉要素所得到的信息思考出采用什么样的动作。智能机器人如图 1-1-10 所示。

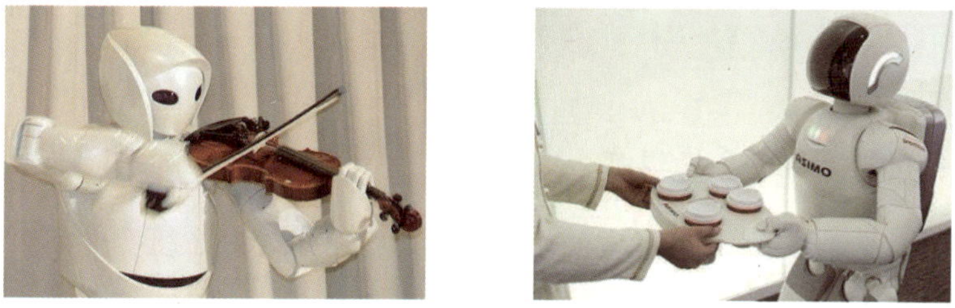

图 1-1-10　智能机器人

（3）按功能用途分类。

机器人按功能用途可分为焊接机器人、喷涂机器人、装配机器人、打磨机器人、搬运机器人、码垛机器人、涂胶机器人、视觉检测机器人等，如图 1-1-11 所示。

（a）焊接机器人

（b）喷涂机器人

（c）装配机器人

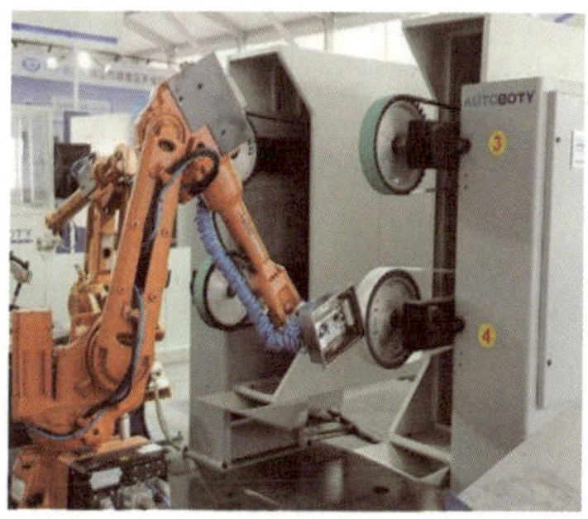

（d）打磨机器人

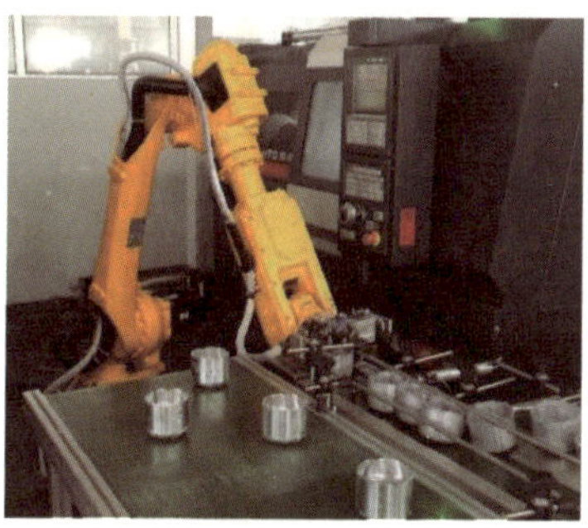

（e）搬运机器人

（f）码垛机器人

图 1-1-11　按机器人用途分类

1.1.2 知识准备 2：认识工业机器人本体结构

1）工业机器人基本系统组成

工业机器人基本系统主要由机械系统、驱动系统和控制系统 3 个部分组成。在外观上，主要有机器人本体（或称为机械手）、控制柜和示教器等部件，如图 1-1-12 所示。

认识工业机器人本体结构

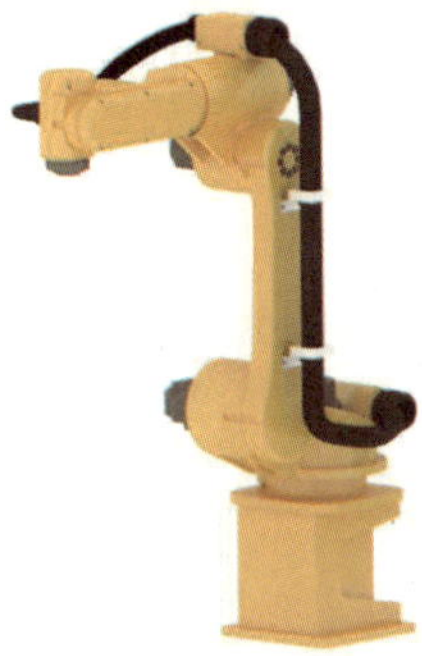

（a）机器人本体

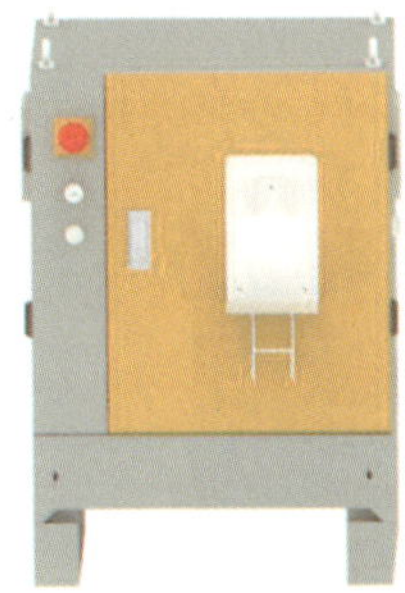

（b）控制柜

（c）示教器

图 1-1-12 机器人基本系统组成

（1）机械系统。

机械系统又称机械结构，是机器人系统的执行机构。它由一系列连杆和关节或其他形式的运动副组成，包括基座（又称底座）、腰、臂、肩（肘）、腕和手（末端法兰）等部件，可实现各个方向的运动。六轴垂直多关节型工业机器人的机械组成结构如图 1-1-13 所示。

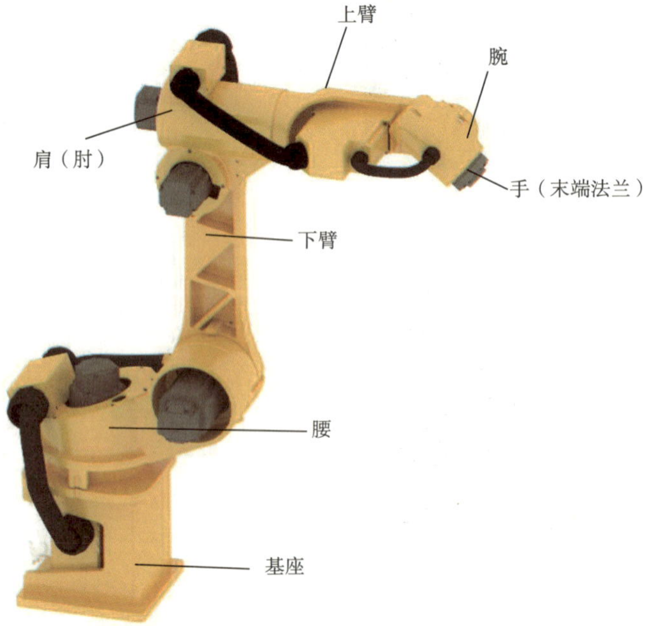

图 1-1-13 六轴垂直多关节型机器人的机械组成结构

① 基座。机器人的基座是机器人的基础部分，起支撑作用，其他机械结构都安装于基座之上。基座有固定型和活动型（滚轮式和履带式）两种。

② 腰。机器人的腰是臂的支承部分，其结构形式有两种：一是可以和基座制成一体的固定式腰；二是可以在基座上转动，或通过导杆、导槽在基座上移动，以增加工作空间的活动式腰。

③ 臂。机器人的臂是执行机构中的主要运动部件，也是腕和手的支承件，可以使它们在工作空间内运动。臂的运动有直线型和回转型两种。

④ 肩（肘）。机器人的肩是连接上臂和下臂的部件，可以摆动，且可以使上臂做回转运动。

⑤ 腕。机器人的腕是连接上臂与手的部件，起支承手的作用，还可以调整手的方向和姿态。

⑥ 手（末端法兰）。用于安装末端执行器，如气动抓手、真空吸盘、焊枪、喷漆枪等，还可以携带末端执行器做回转运动。

（2）驱动系统。

驱动系统是驱动机械系统的装置，可以使机械系统执行相应的动作。根据驱动源的不同，驱动系统可分为电气驱动系统、液压驱动系统、气压驱动系统 3 种，以及这 3 种形式的综合系统。电气驱动系统在工业机器人中应用最为普遍，可分为步进电机、直流伺服电机和交流伺服电机 3 种驱动形式。工业机器人本体上的驱动装置如图 1-1-14 所示。

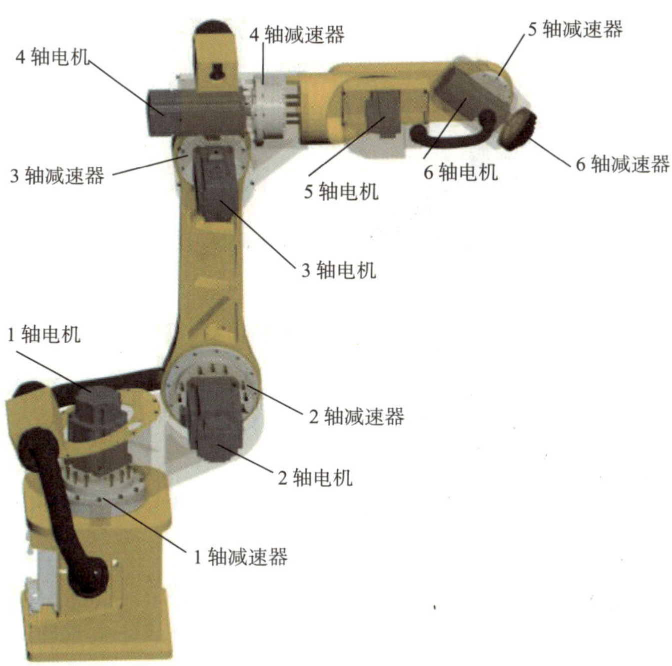

图 1-1-14　工业机器人本体上的驱动装置

小助手 从上述介绍可知，机器人本体实际上包括基座、腰、臂、肩、腕和手等机械机构，以及电机、减速器等驱动装置，其中电机及减速器是机器人本体的核心部件。

（3）控制系统。

控制系统是机器人的大脑，是决定机器人功能和性能的主要部件，其主要任务是根据机器人的作业程序指令及从传感器反馈回来的信号，控制机器人的执行机构，使其执行相应的运动。工业机器人控制系统的基本构成如图 1-1-15 所示。

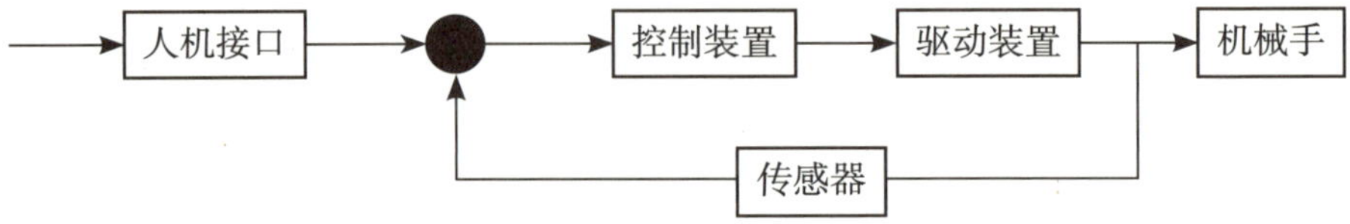

图 1-1-15　工业机器人控制系统的基本构成

2）**工业机器人的轴及其运动形式**

工业机器人本体各连杆间的衔接构成一个关节，各连杆以该关节为原点做特定的旋转或摆动运动。例如，基座和腰间的衔接构成一个关节，腰和下臂间的衔接构成一个关节。如图 1-1-16 所示，机器人的关节也称为轴，机器人具有的关节数也称为轴数，即该机器人具有几个关节，就被称为几轴机器人。习惯上，将基座和腰间的关节称为第 1 轴，简称 J1，然后依次向末端轴排序，有 J2，J3，J4，J5，J6。

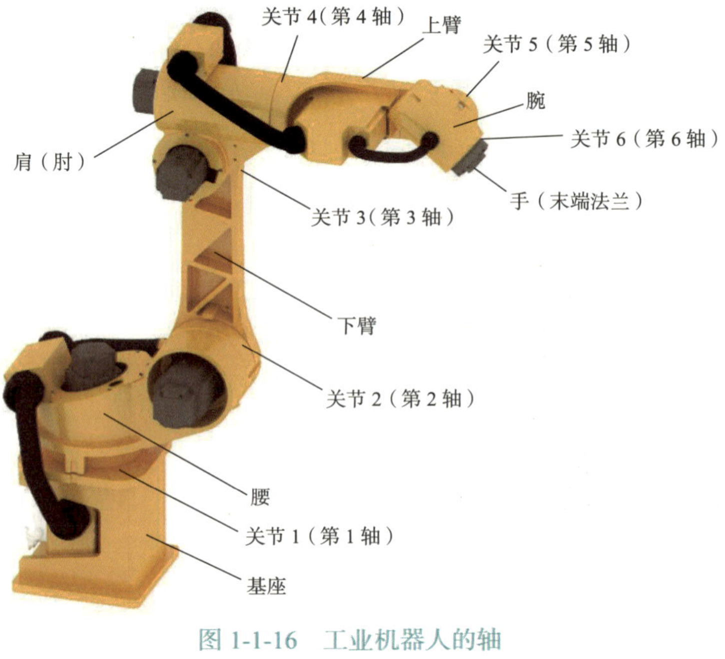

图 1-1-16　工业机器人的轴

六轴垂直多关节工业机器人各轴的运动形式为：第 1 轴做垂直旋转运动，第 2 轴做摆动运动，第 3 轴做摆动运动，第 4 轴做旋转运动，第 5 轴做摆动运动，第 6 轴做旋转运动，如图 1-1-17 所示。

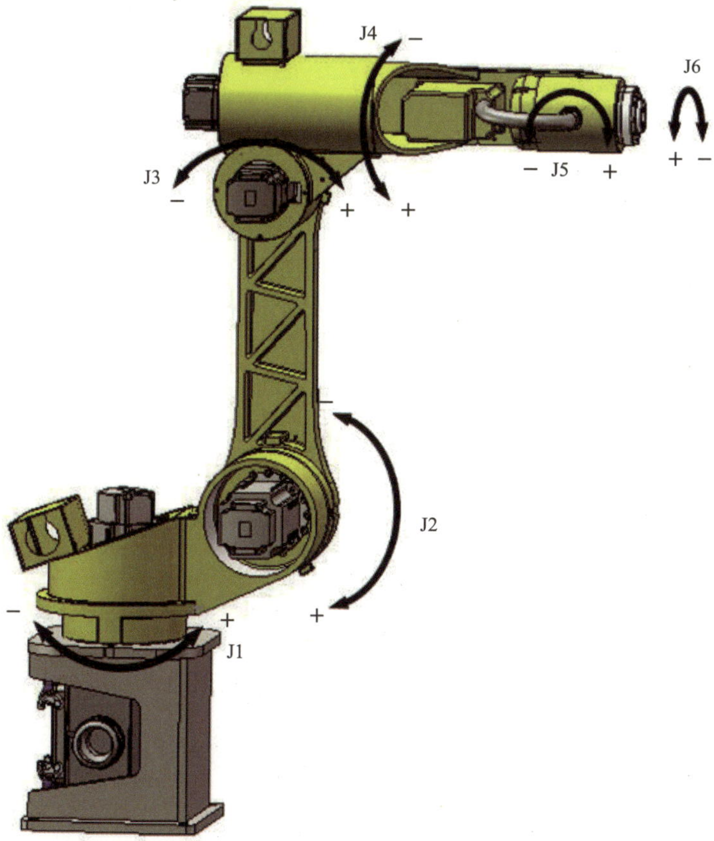

图 1-1-17　六轴工业机器人各轴的运动形式

3）工业机器人常用减速器

减速器（机）是一种用于原动机与工作机之间或执行机构之间的减速传动装置，能够传递低转速、大扭矩，在现代机械中应用极为广泛。

减速器是工业机器人的核心零部件。与通用减速器相比，工业机器人的减速器要求具有传动链短、体积小、功率大、质量轻和易于控制等特点。工业机器人常用的减速器类型有 RV 减速器（旋转矢量减速器）和谐波减速器两种。

（1）RV 减速器。

RV 减速器是由行星齿轮减速机的前级和摆线针轮减速机的后级组合而成的一种新型减速器，其外观如图 1-1-18 所示。

（a）正面视图

（b）背部视图

图 1-1-18　RV 减速器外观图

① RV 减速器的组成结构。

RV 减速器主要由外壳、第一级渐开线圆柱齿轮行星减速机构（输出法兰、输入齿轮、行星齿轮等）和第二级摆线针轮行星减速机构（曲柄轴、RV 齿轮、针轮等）3 部分组成，如图 1-1-19 所示。

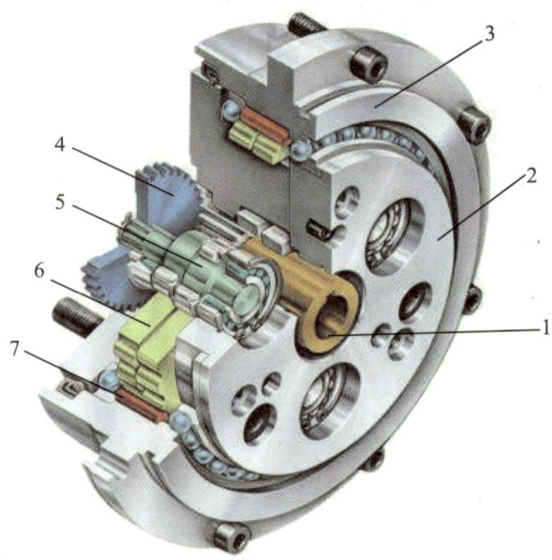

1—输入齿轮；2—输出法兰（行星架）；3—外壳（针齿壳）；4—行星齿轮；
5—曲柄轴；6—RV 齿轮（摆线轮）；7—针轮。

图 1-1-19　RV 减速器的组成结构

a. 输入齿轮。用来传递输入功率，其轴部与电机连接，齿部与行星齿轮相互啮合。

b. 行星齿轮。也称为直齿轮或正齿轮，它与曲柄轴固联，一般由 2 个或 3 个行星齿轮均匀地分布在一个圆周上，起功率分流的作用，即将输入功率对称地分流给各行星齿轮机构。

c. 曲柄轴。曲柄轴是 RV 齿轮的旋转轴，带有 2 个偏心轴，偏心位置互成 180° 。它的一端与行星齿轮连接，另一端与输出法兰连接，既可以带动 RV 齿轮产生公转，又可以支撑 RV 齿轮产生自转。

d. RV 齿轮。也称为摆线轮。为了实现径向力的平衡，在 RV 减速器中一般采用 2 个完全相同的 RV 齿轮分别安装在曲柄轴的 2 个偏心轴上，且 2 个 RV 齿轮的偏心位置也互成 180°。

e. 针齿。是圆柱形的滚针，安装于针轮的壳体上。RV 齿轮在做偏心运动时与针齿不断啮合、脱离，在针齿的作用下 RV 齿轮与外壳发生相对运动。

f. 输出法兰。也称为行星架，一般与外界从动工作机或执行机构相连接，用于输出运动或动力。

详细的 RV 减速器组成结构如图 1-1-20 所示。

1—行星齿轮；2—左行星架；3—油封；4—角接触球轴承；5—摆线轮；6—圆锥滚子轴承；7—曲柄轴；8—输入齿轮轴；9—针齿；10—针齿壳；11—角接触球轴承；12—O 形圈；13—右行星架。

图 1-1-20　RV 减速器爆炸图

② RV 减速器的工作原理。

工作时，电机的旋转通过输入齿轮向行星齿轮传动；曲柄轴直连在行星齿轮上，与行星齿轮一起旋转；随着曲柄轴的旋转，2 个 RV 齿轮也跟着偏心轴运动。在外壳的内环圈（针轮）中安装的针齿数比 RV 齿轮的齿数多一个。

RV 齿轮在做偏心运动时与针齿不断啮合、脱离，过程如图 1-1-21 所示。当曲柄轴未发生旋转时，RV 齿轮上半部与针齿脱离，下半部与针齿啮合，如图 1-1-21（a）所示；当曲柄轴顺时针旋转 180° 时，RV 齿轮发生向上偏心运动，上半部与针齿啮合，下半部与针齿脱离，在针齿的作用下 RV 齿轮逆时针旋转半个齿，如图 1-1-21（b）所示；当曲柄轴顺时针旋转 360° 时，RV 齿轮发生向下偏心运动，上半部与针齿脱离，下半部与针齿啮合，在针齿的作用下 RV 齿轮逆时针旋转一个齿，如图 1-1-21（c）所示。总之，曲柄轴旋转一周，RV 齿轮反方向旋转一个齿的角度。

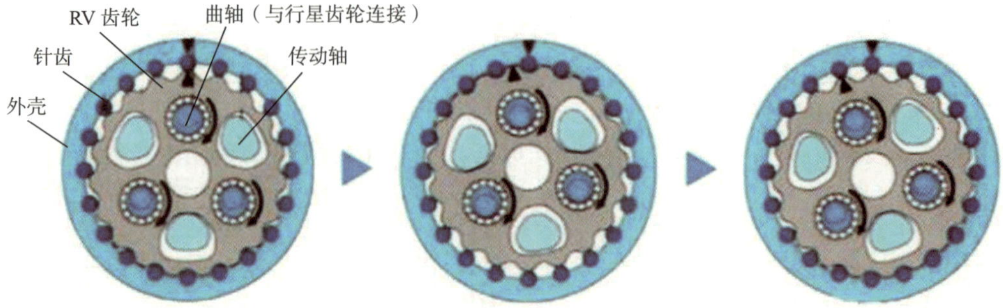

（a）曲柄轴未旋转　（b）曲柄轴旋转 180°　（c）曲柄轴旋转 360°

图 1-1-21　RV 减速器的工作过程

RV 减速器有两级减速机构：第一级减速通过输入齿轮和行星齿轮的外啮合实现，其中输入齿轮和行星齿轮的齿数比称为一级减速比；第二级减速通过行星齿轮驱动曲柄轴，进而带动 2 个 RV 齿轮做偏心运动，2 个 RV 齿轮以 180° 的相位差带动输出轴实现，其中 RV 齿轮的齿数和针齿数比称为二级减速比。

小助手　输出端可以是行星架（传动轴），也可以是外壳。当外壳固定时，行星架为输出端；当行星架固定时，外壳为输出端。

③ RV 减速器的特点。

a. 体积小、结构紧凑。行星齿轮传动是一种共轴线式传动形式，具有对称分流传动结构，可以合理地应用内啮合，充分利用空间容积，从而缩小径、轴向尺寸，结构更为紧凑。若将传动机构置于行星架的支撑主轴承内，还可大大缩小整个传动机构的轴向尺寸。

b. 传动稳定、寿命长。采用二级减速机构，处于低速级的摆线针轮行星传动更加平稳，同时由于转臂轴承个数增多且内外环相对转速下降，其寿命大大提高。

c. 承载能力强、抗冲击性好。输出端为行星架（刚性圆盘）或外壳（刚性法兰），两者都具有很强的承载能力和抗冲击性。

d. 传动比范围大。即使 RV 齿轮的齿数不变，只改变行星齿轮的齿数也可得到很多种传动比。传动比 i=31 ～ 171。

e. 传动效率高。传动效率 η=0.85 ～ 0.92。

（2）谐波减速器。

谐波减速器全称谐波传动减速器，它是一种依靠谐波发生器装配柔性轴承而使柔性齿轮产生可控弹性变形，并与刚性齿轮相啮合来传递运动和动力的齿轮传动机构，其外观如图 1-1-22 所示。

（a）正面视图　　（b）背部视图

图 1-1-22　谐波减速器外观图

① 谐波减速器的组成结构。

谐波减速器主要由谐波发生器、柔性齿轮、刚性齿轮、刚性轴承及安装法兰等构件组成，如图 1-1-23 所示。其中，谐波发生器、柔性齿轮、刚性齿轮是构成谐波减速器的 3 个基本构件，如图 1-1-24 所示。

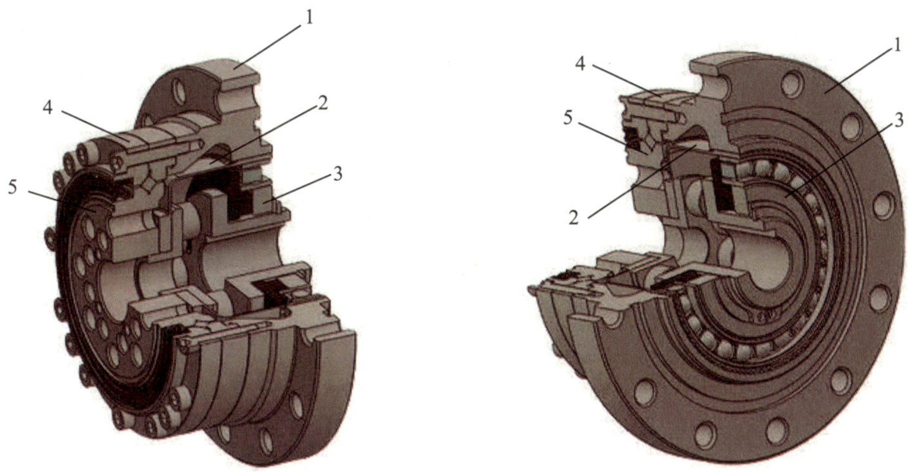

1—刚性齿轮；2—柔性齿轮；3—谐波发生器；4—安装法兰；5—刚性轴承。

图 1-1-23　谐波减速器组成结构

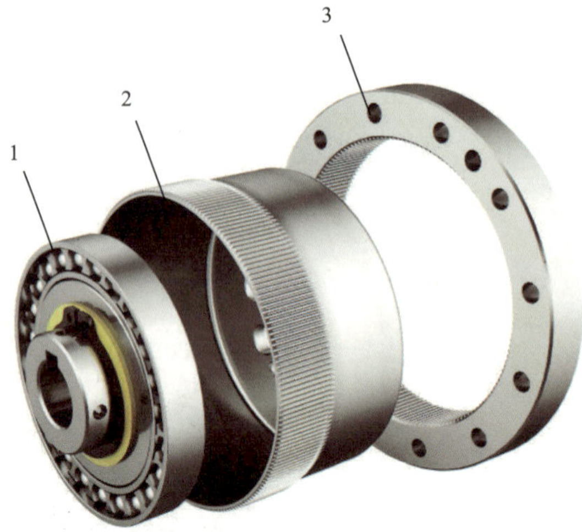

1—谐波发生器;2—柔性齿轮;3—刚性齿轮。

图 1-1-24　谐波减速器的基本构件

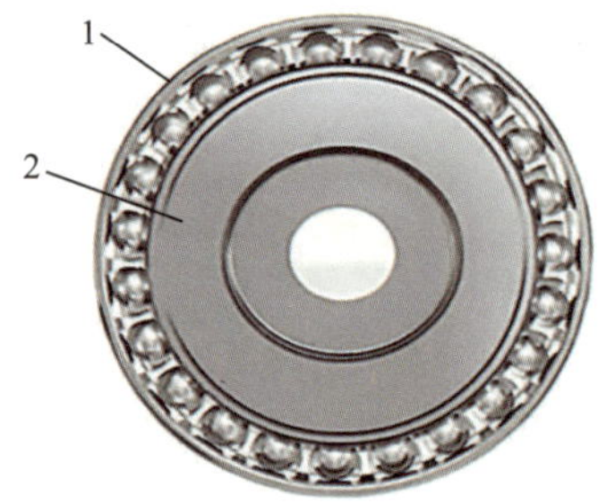

1—柔性轴承;2—凸轮机构。

图 1-1-25　谐波发生器

a. 谐波发生器。简称波发生器,一般由椭圆形凸轮机构和柔性轴承组成,如图 1-1-25 所示。它的作用是传递输入功率,其中凸轮轴部与电机连接,再与柔性齿轮装配后可使柔性齿轮发生弹性变形,如图 1-1-26 所示。

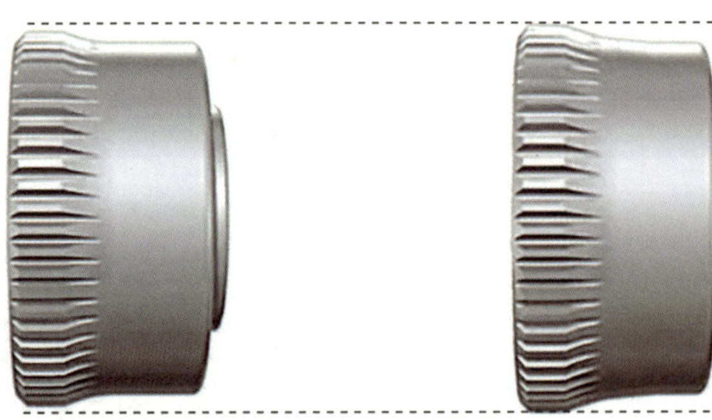

(a) 装配前　　(b) 装配后

图 1-1-26　柔性齿轮与谐波发生器装配前后对比图

b. 柔性齿轮。简称柔轮,是一种可以产生较大弹性变形的薄壁齿轮,带有外齿圈,且齿数比刚性齿轮少,其内孔直径略小于谐波发生器的总长。当谐波发生器与柔轮装配后,柔轮的剖面由圆形变为椭圆形,其长轴两端附件的齿与刚性齿轮完全啮合,而短轴两端附件的齿则与刚性齿轮完全脱离,其他齿处于啮合和脱离的过渡状态,如图 1-1-27 所示。

c. 刚性齿轮。简称刚轮,是一种带有内齿圈的刚性齿轮。

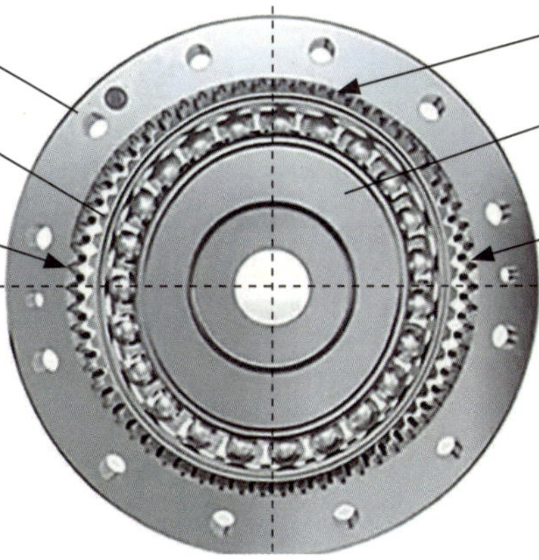

图 1-1-27　柔轮与刚轮的啮合与脱离

② 谐波减速器的工作原理。

当谐波发生器不断转动时，迫使柔轮不断变形，桑轮的径向位移和切向位移也不断变化，使得柔轮不断进入或退出刚轮的齿间，即不断循环啮入—啮合—啮出—脱离 4 种状态，从而迫使柔轮连续转动，这种现象称为错齿运动。若柔轮比刚轮的齿数少 2 个，则当谐波发生器转动 1 周时，柔轮向相反方向转过 2 个齿的角度，从而实现大的减速比，如图 1-1-28 所示。

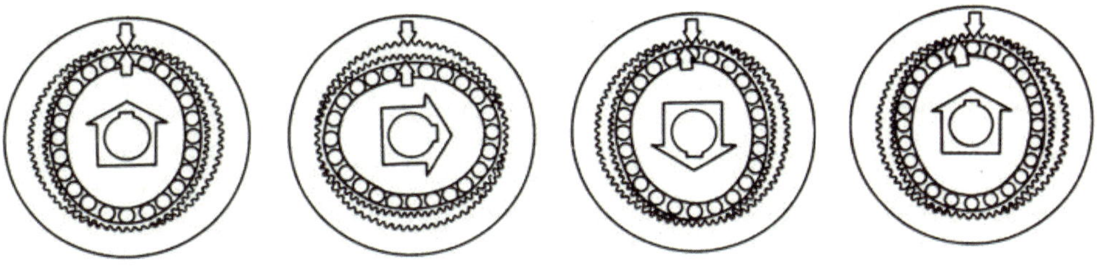

（a）0°　（b）90°　（c）180°　（d）360°

图 1-1-28　谐波减速器的工作过程

③ 谐波减速器的特点。

a. 零部件少、安装简便。一般由 3 个基本构件及刚性轴承、安装法兰组成，安装简便。

b. 减速比高。单级同轴可获得 1/320 ～ 1/30 的高减速比。

c. 体积小、重量轻。在传动比和承载条件相同的情况下，谐波减速器比其他齿轮装置的体积和重量减少 1/3 ～ 1/2。

d. 噪声小。轮齿啮合圆周速度低，传递运动力量平衡，因此振动小，噪声较低。

e. 精度高。多齿同时啮合，且为 180° 对称啮合，因此齿距误差和累计误差较为平均，精度高。

1.1.3 工作任务实施

以小组为单位实施工作任务并填写表 1-1-1。

表 1-1-1 “认识工业机器人基本结构”工作任务实施表

<table>
<tr><td colspan="3">任务名称　认识工业机器人基本结构</td><td colspan="3">实施表编号</td></tr>
<tr><td colspan="2">班级</td><td>姓名</td><td>学号</td><td colspan="2">教师签字</td></tr>
<tr><td>序　号</td><td>部件名称</td><td>部件性能介绍</td><td>部件照片</td><td>完成时间</td><td>备　注</td></tr>
<tr><td>1</td><td>基　座</td><td></td><td></td><td></td><td></td></tr>
<tr><td>2</td><td>腰</td><td></td><td></td><td></td><td></td></tr>
<tr><td>3</td><td>臂</td><td></td><td></td><td></td><td></td></tr>
<tr><td>4</td><td>肩</td><td></td><td></td><td></td><td></td></tr>
</table>

续表

序　号	部件名称	部件性能介绍	部件照片	完成时间	备　注
5	腕				
6	手				
7	电　机				
8	减速器				
9	控制柜				

1.1.4 工作任务检查与评价

按照表 1-1-2 中的标准检查任务完成情况并交由教师评分。

表 1-1-2 “认识工业机器人基本结构”工作任务检查与评价表

<table>
<tr><td colspan="4">任务名称　认识工业机器人基本结构</td><td colspan="2">检查与评价表编号</td></tr>
<tr><td>班级</td><td colspan="2">姓名</td><td>学号</td><td colspan="2">教师签字</td></tr>
<tr><td>序　号</td><td>评价内容</td><td colspan="2">评价标准</td><td>分　值</td><td>教师评分</td></tr>
<tr><td>1</td><td>基　座</td><td colspan="2" rowspan="9">部件性能描述清晰、细致，图文对应正确</td><td>10</td><td></td></tr>
<tr><td>2</td><td>腰</td><td>10</td><td></td></tr>
<tr><td>3</td><td>臂</td><td>10</td><td></td></tr>
<tr><td>4</td><td>肩</td><td>10</td><td></td></tr>
<tr><td>5</td><td>腕</td><td>10</td><td></td></tr>
<tr><td>6</td><td>手</td><td>10</td><td></td></tr>
<tr><td>7</td><td>电　机</td><td>20</td><td></td></tr>
<tr><td>8</td><td>减速器</td><td>10</td><td></td></tr>
<tr><td>9</td><td>控制柜</td><td>10</td><td></td></tr>
<tr><td colspan="4">总　分</td><td>100</td><td></td></tr>
<tr><td colspan="6">1. 你是否达到了本任务要求的学习目标和你的个人目标？</td></tr>
<tr><td colspan="6">2. 你还存在不足吗？（若有，请在下方写出）</td></tr>
<tr><td colspan="6">3. 你的后续提升计划是什么？</td></tr>
</table>

1.1.5　练习题

1）单选题

（1）目前全球工业机器人技术水平发展最快的国家是哪个？（　　）

A. 中国　　B. 美国　　C. 日本　　D. 德国

（2）工业机器人的基本特征不包括以下哪一项？（　　）

A. 特定的机械机构　　B. 通用性

C. 高成本　　D. 独立性

（3）工业机器人的分类依据不包括以下哪一项？（　　）

A. 技术等级　　B. 负载重量

C. 控制方式　　D. 颜色

（4）以下哪种机器人属于多关节型机器人？（　　）

A. 直角坐标机器人　　B. 圆柱坐标机器人

C. 球面坐标机器人　　D. 垂直多关节机器人

（5）工业机器人的控制系统主要由哪些部分组成？（　　）

A. 控制装置、驱动装置、机械手

B. 控制装置、传感器、机械手

C. 控制装置、驱动装置、传感器

D. 控制装置、驱动装置、机械手、传感器

（6）以下哪种减速器是工业机器人中常用的？（　　）

A. RV 减速器　　B. 谐波减速器

C. 两者都是　　D. 两者都不是

2）判断题

（1）工业机器人是一种具有自动控制操作和移动功能，能够完成各种作业的可编程操作机。（　　）

（2）工业机器人的分类标准在国际上是统一的。（　　）

（3）RV 减速器的传动比范围为 31 ～ 171。（　　）

（4）谐波减速器的减速比高，单级同轴可获得 1/320 ～ 1/30 的高减速比。（　　）

（5）工业机器人的控制系统不包括传感器。（　　）

3）多选题

（1）工业机器人的基本系统组成包括哪些部分？（　　）

A. 机械系统　　B. 驱动系统

C. 控制系统　　D. 传感器

（2）以下哪些是工业机器人轴的运动形式？（　　）

A. 垂直旋转运动　　B. 摆动运动

C. 旋转运动　　D. 平移运动

（3）RV 减速器的主要特点包括哪些？（　　）

A. 体积小、结构紧凑　　B. 传动稳定、寿命长

C. 承载能力强、抗冲击性好　　D. 传动比范围大

（4）谐波减速器的主要特点包括哪些？（　　）

A. 零部件少、安装简便　　B. 减速比高

C. 体积小、重量轻　　D. 噪声小

（5）工业机器人控制系统的基本构成包括哪些？（　　）

A. 控制装置　　B. 驱动装置

C. 传感器　　D. 机械手

（6）以下哪些是工业机器人的常见减速器类型？（　　）

A. RV 减速器　　B. 谐波减速器

C. 行星减速器　　D. 圆柱减速器

4）简答题

（1）简述工业机器人的定义和基本特征。

（2）简述工业机器人控制系统的主要功能。

练习题参考答案

任务 1.2　装配工业机器人本体

【任务目标】

（1）掌握工业机器人本体装配工艺流程。

（2）通过学习工业机器人本体装配实例，掌握 J1，J2，J3，J4，J5 和 J6 的装配方法。

（3）认识工业机器人本体的零部件。

（4）严格遵循装配工艺流程，培养严谨的工艺执行能力。

1.2.1　知识准备 1：工业机器人本体装配工艺流程

不同型号的工业机器人本体在机械结构设计及减速器类型方面可能不同，其装配工艺流程在具体细节上也有很大区别。因此，在装配前，应根据具体型号工业机器人本体的总装配图分析其机械结构，从而确定装配方式，划分装配单元，确定装配顺序，编制装配工艺文件。

工业机器人本体装配工艺流程

1）装配工艺原则

在制订工业机器人本体装配工艺规程时，一般应遵循以下原则：

（1）确保工业机器人装配精度，以保证机器人的工作质量符合设计要求，延长机器人的使用寿命。

（2）合理规划装配工序，尽量减少装配工作量，提高装配效率，缩短装配周期。

（3）尽可能减少车间的作业面积，力争单位面积上产生最大的生产率。

2）装配方式

确定装配方式主要包括以下内容：

（1）确定各轴间的装配方式，即确定减速器与连杆间的连接方式。不同型号机器人采用的减速器类型可能不同，其减速器与连杆间的装配方式也就不同。确定好各轴的装配方式有利于划分装配单元和提高装配效率。

（2）确定减速器与电机间的装配方式。电机一般是通过键与减速器输入轴（谐波减速器的凸轮轴、RV 减速器的输入齿轮轴）连接的，但由于减速器与连杆间的连接方式不同，有的可能先将电机装配到连杆上再装配减速器，而有的则最后装配电机，因此需要确定二者的装配方式。

（3）线缆的装配方式。工业机器人的线缆（包括电机动力电缆线和转数计数器电缆线、用户端转数计数器电缆线和气管线）总体上分为内置型和外置型两种。对于内置型线缆，在装配时需要同时安装；而对于外置型线缆，可在完成机器人本体机械构件装配后再安装。

3）装配单元

划分装配单元即将多个零部件先装配为一个组件，再进行安装。例如，先将电机与谐波发生器装配为一个组件，然后将该组件整体安装到机械铸件中。又如，先将各轴的减速器、电机和机械铸件分别装配为一个组件，然后将各组件装配在一起。

划分装配单元有如下几个好处：

（1）有利于提高装配精度。将机器人整体划分为若干个装配单元再装配，可以很方便地调整各零部件的位置及姿态，从而获得良好的装配精度。

（2）可避免因机器人体积或质量较大。装配高位零部件需要借助梯子（或其他方式）上下拿取零部件，还不易调整零部件姿态和获得很好的装配视野。

（3）减少吊装装置（行吊、葫芦吊等）的使用时间。

（4）有利于提高效率、批量化生产。

4） 装配顺序

（1）装配顺序一般采用先下后上、先内后外、先难后易、先大后小、先精密后一般的原则。

（2）在装配各装配组件（单元）时，先确定一个基准件，然后装配其他零部件、组件。一般以基座为基准件，依次向上安装其他装配单元。

5） 装配工艺文件

装配工艺文件（工艺规程、工艺卡、工序卡）一般包含如下信息：

（1）基本信息。工艺文件名称、产品名称、产品型号、部件名称、部件图号。

（2）工序信息。工序号、工序名称、工序内容。

（3）每个工序的技术要求或注意事项。

（4）工具。每个工序使用工具的名称、规格、型号。

（5）其他。包括制表人员、审核人员信息等。

例如，某公司的工业机器人装配工艺卡见表 1-2-1。

表 1-2-1 工业机器人装配工艺卡

<table>
<tr><td colspan="3" rowspan="4">工业机器人装配工艺卡</td><td colspan="2">产品名称</td><td></td><td>共 页</td></tr>
<tr><td colspan="2">产品型号</td><td></td><td>第 页</td></tr>
<tr><td colspan="2">部件名称</td><td colspan="2"></td></tr>
<tr><td colspan="2">部件图号</td><td colspan="2"></td></tr>
<tr><td>工序号</td><td>工序名称</td><td>工序内容</td><td>技术要求</td><td>工 具</td><td colspan="2">其 他</td></tr>
<tr><td></td><td></td><td></td><td></td><td></td><td colspan="2"></td></tr>
<tr><td></td><td></td><td></td><td></td><td></td><td colspan="2"></td></tr>
<tr><td></td><td></td><td></td><td></td><td></td><td colspan="2"></td></tr>
<tr><td></td><td></td><td></td><td></td><td></td><td colspan="2"></td></tr>
</table>

1.2.2　知识准备 2:工业机器人本体装配实例

工业机器人 J1 和 J2 单元的装配

工业机器人 J2 和 J3 单元的装配

工业机器人 J4 单元的装配

工业机器人 J5 和 J6 单元的装配

下面以 TKB 1200 工业机器人本体为例,详细介绍如何根据工业机器人本体的总装配图分析其机械结构,进而确定装配方式、划分装配单元、确定装配顺序和编制装配工艺文件。

1）机械结构分析

（1）外观组成结构分析。

TKB 1200 机器人本体的外观及组成结构如图 1-2-1 所示。

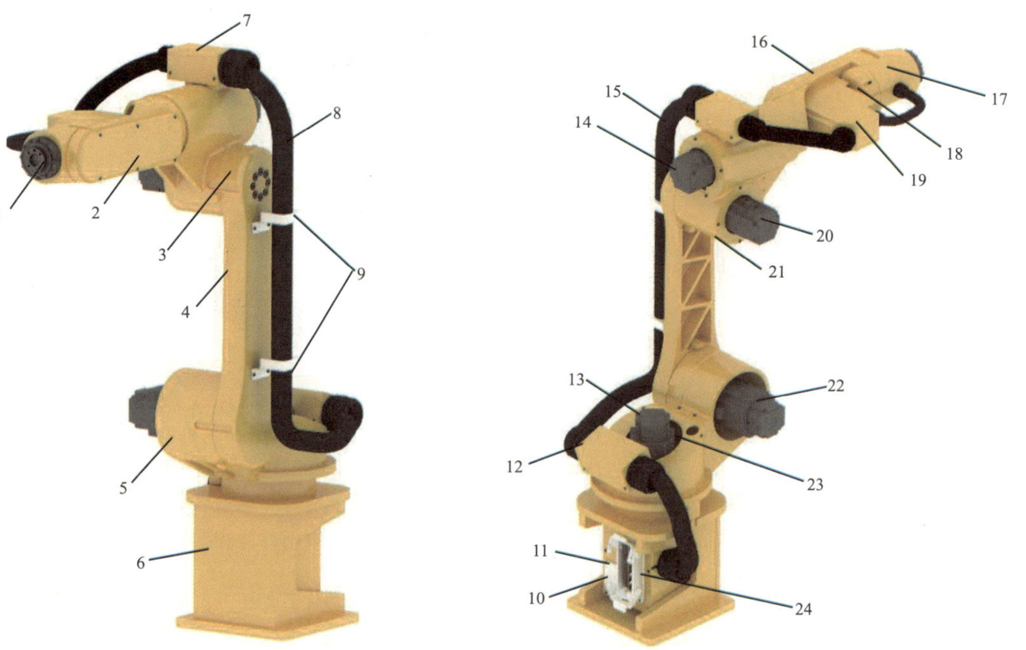

1—转盘（J6 减速器）; 2—上臂侧盖板;3—肘（肩）; 4—下臂; 5—旋转座（腰部）;6—基座;7—线缆盒;
8—波纹管; 9—波纹管固定件;10—连接器（动力电缆与转数计数器电缆接头）;11—电池组; 12—线缆盒;
13—J1 电机;14—J4 电机; 15—J4 电机端盖; 16—上臂;17—J6 电机箱体;18—J6 电机箱体盖;
19—J5 电机箱体;20—J3 电机;21—J3 电机端盖;22—J2 电机;23—J1 电机端盖;24—电气集成箱。

图 1-2-1　TKB 1200 工业机器人本体的外观及组成结构

由图 1-2-1 可知，该机器人本体总体上可拆分为主体结构（机械铸件、电机、减速器）和电气配件两大部分，线缆走线形式为外置型，如图 1-2-2 所示。在装配机器人本体时，可先装配主体机构，然后安装各电气配件（将在任务 2.2 装配工业机器人的电气元件中介绍）。

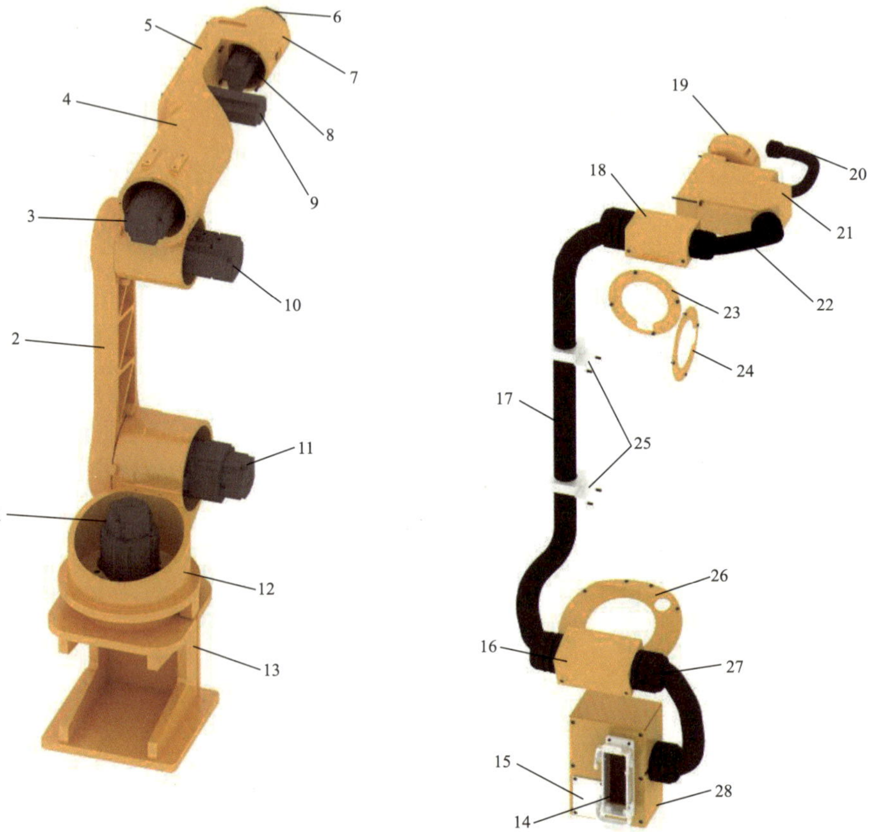

1—J1 电机；2—下臂；3—J4 电机；4—肘；5—上臂；6—转盘（J6 减速器）；7— J6 电机箱体（腕体）；8—J6 电机；9—J5 电机；10—J3 电机；11—J2 电机；12—旋转座；13—基座；14—连接器；15—电池组；16—线缆盒；17—波纹管；18—线缆盒；19—J6 电机箱体盖；20—波纹管；21—J5 电机箱；22—波纹管；23—J4 电机端盖；24—J3 电机端盖；25—波纹管固定件；26—J2 电机端盖；27—波纹管；28—电气集成箱。

图 1-2-2　TKB 1200 工业机器人本体主体结构及电气配件

（2）内部组成结构分析。

TKB 1200 机器人本体零部件爆炸图如图 1-2-3 所示，其中不包括波纹管（电机电缆）及波纹管固定件、线缆盒。图 1-2-3 中详细的零部件说明见表 1-2-2。

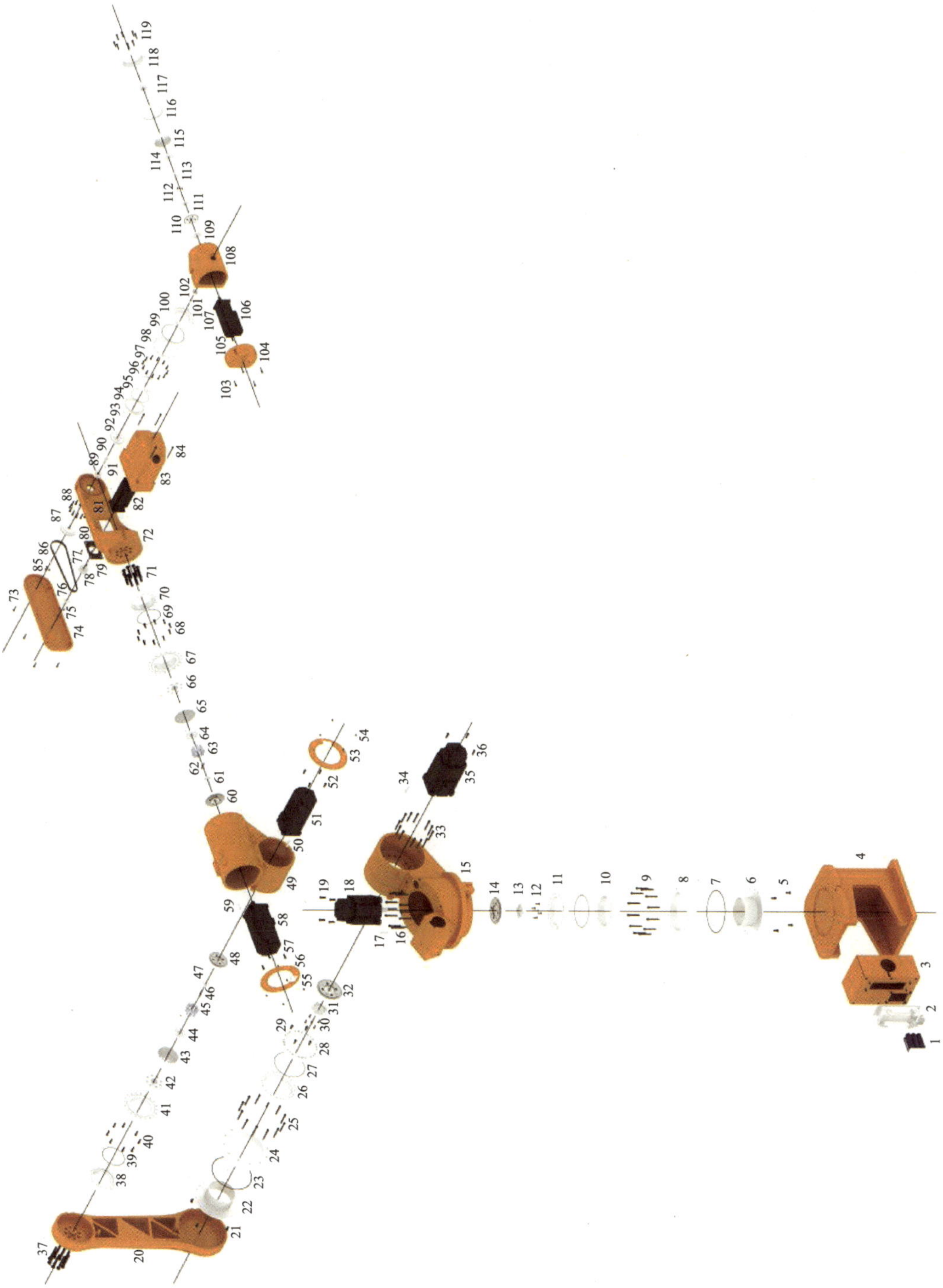

图 1-2-3　TKB 1200 机器人本体零部件爆炸图

表 1-2-2　TKB 1200 机器人本体组成零部件一览表

标注号	名　称	备　注
1	电池组	
2	连接器	
3	电气集成箱	
4	基　座	
5	螺　钉	J1 柔轮与 J1 减速器安装法兰固定螺钉
6	J1 柔轮	
7	O 形圈	
8	J1 减速器安装法兰	
9	螺　钉	J1 减速器安装法兰与基座固定螺钉
10	J1 刚性轴承	
11	J1 刚轮	
12	螺　钉	J1 谐波发生器端盖固定螺钉
13	J1 谐波发生器端盖	
14	J1 谐波发生器	包含柔性轴承、凸轮、凸轮端盖及端盖固定螺钉
15	旋转座	
16	螺　钉	旋转座与 J1 刚轮固定螺钉
17	键	J1 电机轴与 J1 谐波发生器连接键
18	J1 电机	
19	螺　钉	J1 电机固定螺钉
20	下臂	
21	螺　钉	J2 柔轮与 J2 减速器安装法兰固定螺钉
22	J2 柔轮	
23	O 形圈	
24	J2 减速器安装法兰	
25	螺　钉	J2 减速器安装法兰与基座固定螺钉
26	J2 刚性轴承	
27	O 形圈	
28	J2 刚轮	
29	螺　钉	J2 刚轮与 J2 刚性轴承固定螺钉
30	螺　钉	J2 谐波发生器端盖固定螺钉
31	J2 谐波发生器端盖	
32	J2 谐波发生器	包含柔性轴承、凸轮、凸轮端盖及端盖固定螺钉
33	螺　钉	旋转座与 J2 刚轮固定螺钉
34	键	J2 电机轴与 J2 谐波发生器连接键
35	J2 电机	
36	螺　钉	J2 电机固定螺钉
37	螺　钉	下臂与 J3 刚性轴承固定螺钉
38	J3 减速器安装法兰	
39	O 形圈	
40	螺　钉	J3 刚轮与肘固定螺钉

续表

标注号	名　称	备　注
41	J3 刚轮	
42	J3 刚性轴承	
43	J3 柔轮	
44	J3 柔轮端盖	J3 柔轮与 J3 刚性轴承固定件
45	螺　钉	J3 柔轮端盖与 J3 刚性轴承固定螺钉
46	螺　钉	J3 谐波发生器端盖固定螺钉
47	J3 谐波发生器端盖	
48	J3 谐波发生器	包含柔性轴承、凸轮、凸轮端盖及端盖固定螺钉
49	肘	
50	键	J3 电机轴与 J3 谐波发生器连接键
51	J3 电机	
52	螺　钉	J3 电机固定螺钉
53	J3 电机端盖	
54	螺　钉	J3 电机端盖固定螺钉
55	螺　钉	J4 电机端盖固定螺钉
56	J4 电机端盖	
57	螺　钉	J4 电机固定螺钉
58	J4 电机	
59	键	J4 电机轴与 J4 谐波发生器连接键
60	J4 谐波发生器	
61	J4 谐波发生器端盖	
62	螺　钉	J4 谐波发生器端盖固定螺钉
63	螺　钉	J4 柔轮端盖与 J4 刚性轴承固定螺钉
64	J4 柔轮端盖	
65	J4 柔轮	
66	J4 刚性轴承	
67	J4 刚轮	
68	螺　钉	J4 刚轮与肘固定螺钉
69	O 形圈	
70	J4 减速器安装法兰	
71	螺　钉	上臂与 J4 减速器刚性轴承固定螺钉
72	上臂	
73	螺　钉	上臂侧盖板固定螺钉
74	上臂侧盖板	
75	螺　钉	主动轮端盖固定螺钉
76	主动轮端盖	
77	同步带	
78	主动轮	
79	螺　钉	电机调节板固定螺钉
80	电机调节板	J5 电机调节板

续表

标注号	名　称	备　注
81	键	J5 电机轴与主动轮连接键
82	J5 电机	电机固定螺钉
83	J5 电机箱	
84	螺　钉	J5 电机箱固定螺钉
85	螺　钉	从带轮端盖固定螺钉
86	从动轮端盖	
87	从动轮	
88	螺　钉	上臂与 J5 刚轮固定螺钉
89	轴　承	
90	从动轮轴	
91	键	2 个
92	J5 谐波轮	
93	螺　钉	J5 刚轮与 J5 刚性轴承固定螺钉
94	J5 刚轮	
95	O 形圈	
96	J5 刚性轴承	
97	螺　钉	J5 减速器安装法兰、J5 柔轮与腕体固定螺钉
98	J5 减速器安装法兰	
99	O 形圈	
100	J5 柔轮	
101	轴承隔套	
102	轴　承	
103	螺　钉	腕体箱盖固定螺钉
104	腕体箱盖	
105	螺　钉	J6 电机固定螺钉
106	J6 电机	
107	键	J6 电机轴与 J6 谐波发生器连接键
108	腕　体	
109	隔　套	
110	J6 谐波发生器	
111	J6 谐波发生器端盖	
112	螺　钉	J6 谐波发生器端盖固定螺钉
113	螺　钉	J6 柔轮端盖固定螺钉
114	J6 柔轮端盖	
115	J6 柔轮	
116	J6 刚轮	
117	J6 刚性轴承	
118	J6 减速器安装法兰	
119	螺　钉	J6 减速器与腕体固定螺钉

从图 1-2-3 及表 1-2-2 可知，该机器人本体采用的减速器类型均为谐波减速器，其各轴的组成结构如下：

① J1 组成结构。J1 的组成结构如图 1-2-4 所示。

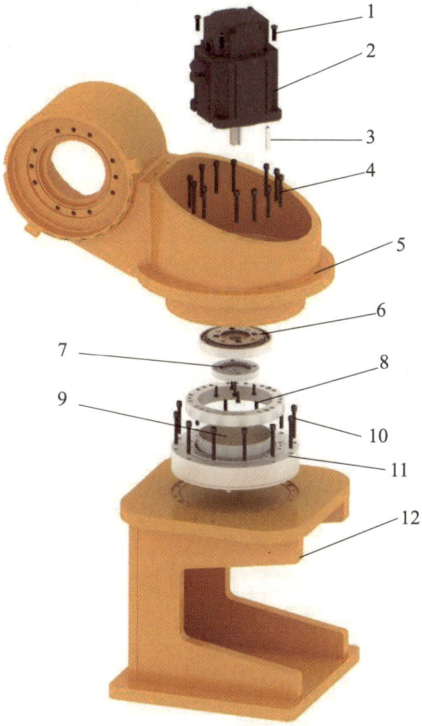

1—J1 电机固定螺钉；2—J1 电机；3—键；4—J1 减速器刚轮固定螺钉；5—旋转座；
6—谐波发生器；7—谐波发生器端盖；8—谐波发生器端盖固定螺钉；
9—J1 减速器刚轮；10—J1 减速器柔轮组件固定螺钉；11—J1 减速器柔轮组件；12—基座。

图 1-2-4 J1 的组成结构

在图 1-2-4 中，谐波发生器包括柔性轴承、凸轮、凸轮端盖、凸轮端盖固定螺钉，谐波发生器端盖固定螺钉包括谐波发生器端盖与凸轮固定螺钉、谐波发生器端盖与电机固定螺钉，J1 减速器柔轮组件包括柔轮、安装法兰、刚性轴承、O 形圈、柔轮与安装法兰固定螺钉。

安装注意事项：一是 J1 减速器柔轮组件需先安装于基座上，或将 J1 减速器柔轮组件与 J1 刚轮装配后一同安装到基座上。原因：若将 J1 减速器（J1 减速器柔轮组件、J1 刚轮）先安装到旋转座内，然后装配基座，则无法安装 J1 减速器柔轮组件与基座固定螺钉。二是首先将 J1 电机安装到旋转座内；然后将 J1 谐波发生器通过键与 J1 电机轴连接，并使用 J1 谐波发生器端盖及固定螺钉紧固后再装配到已安装好的 J1 减速器内；最后使用螺钉（图 1-2-4 中的标注 4）将旋转座与 J1 减速器刚轮固定。原因：若先将 J1 谐波发生器与柔轮装配，然后与 J1 电机轴连接，则无法安装谐波发生器端盖与电机固定螺钉。

② J2 组成结构。J2 的组成结构如图 1-2-5 所示。

在图 1-2-5 中，谐波发生器包括柔性轴承、凸轮、凸轮端盖、凸轮端盖固定螺钉，谐波发生器端盖固定螺钉包括谐波发生器端盖与凸轮固定螺钉，谐波发生器端盖与电机固定螺钉，J2 减速器柔轮组件包括柔轮、安装法兰、刚性轴承、O 形圈、柔轮与安装法兰固定螺钉。

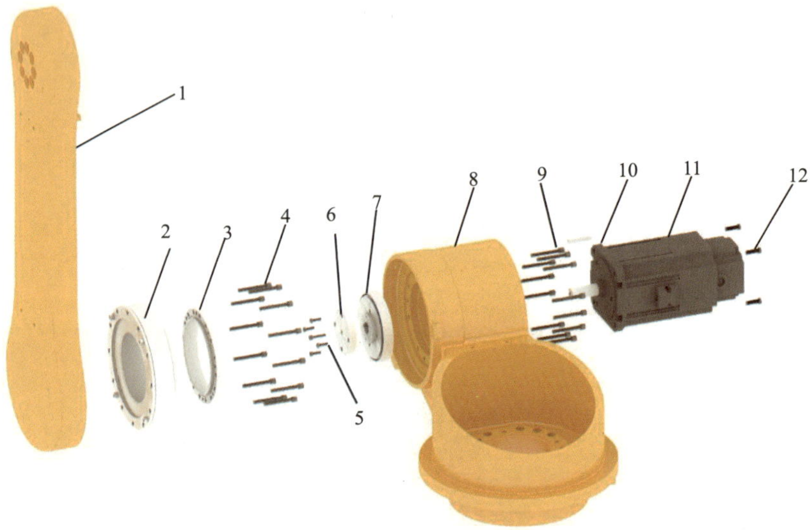

1—下臂；2— J2 减速器柔轮组件；3—J2 刚轮；4— J2 减速器柔轮组件固定螺钉；
5—J2 谐波发生器端盖固定螺钉；6—J2 谐波发生器端盖；7—J2 谐波发生器；8—旋转座；
9—J2 刚轮与旋转座固定螺钉；10—键；11—J2 电机；12—电机固定螺钉。

图 1-2-5 J2 的组成结构

安装注意事项：一是 J2 减速器柔轮组件需先安装于下臂内，或将 J2 减速器柔轮组件与 J1 刚轮装配后一同安装到下臂内。原因：若将 J2 减速器（J2 减速器柔轮组件、J2 刚轮）先安装到旋转座内，然后装配下臂，则无法安装 J2 减速器柔轮组件与下臂固定螺钉。二是首先将 J2 电机安装到旋转座内；然后将 J2 谐波发生器通过键与 J2 电机轴连接，并使用 J2 谐波发生器端盖及固定螺钉紧固后再装配到已安装好的 J2 减速器（J2 减速器柔轮）内；最后使用螺钉（图 1-2-5 中的标注 9）将旋转座与 J2 减速器刚轮固定。原因：若先将 J2 谐波发生器与柔轮装配，然后与 J2 电机轴连接，则无法安装谐波发生器端盖与电机固定螺钉。

③ J3 组成结构。J3 的组成结构如图 1-2-6 所示。

在图 1-2-6 中，谐波发生器包括柔性轴承、凸轮、凸轮端盖、凸轮端盖固定螺钉，谐波发生器端盖固定螺钉包括谐波发生器端盖与凸轮固定螺钉、谐波发生器端盖与电机固定螺钉，J3 刚轮组件包括刚轮、安装法兰、刚性轴承、O 形圈、刚轮与安装法兰固定螺钉。

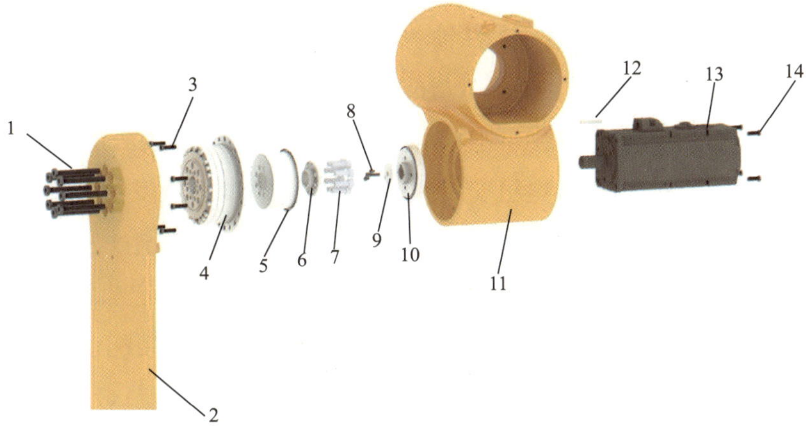

1—J3 刚性轴承与下臂固定螺钉；2— 下臂；3—J3 刚轮与肘固定螺钉；4—J3 刚轮组件；5—J3 柔轮；6—J3 柔轮端盖；7—J3 柔轮端盖与电机固定螺钉；8—J3 谐波发生器端盖与电机固定螺钉；9—J3 谐波发生器端盖；10—J3 谐波发生器；11—肘；12—键；13—J3 电机；14—J3 电机固定螺钉。

图 1-2-6 J3 的组成结构

安装注意事项：一是首先将 J3 电机安装到肘内，然后将 J3 谐波发生器通过键与 J3 电机轴连接，并使用 J3 谐波发生器端盖及固定螺钉紧固。原因：若先将 J3 谐波发生器与柔轮装配，然后与 J3 电机轴连接，则无法安装 J3 谐波发生器端盖与电机固定螺钉（图 1-2-6 中的标注 8）。二是首先将 J3 减速器刚轮组件与 J3 柔轮、J3 柔轮端盖、J3 柔轮端盖固定螺钉装配起来；然后装配到已安装好的 J3 谐波发生器上，并使用螺钉（图 1-2-6 中的标注 3）与肘固定；最后装配下臂。原因：若将 J3 减速器（J3 减速器刚轮组件、J3 柔轮）先安装到下臂内，然后装配到肘内，则无法安装 J3 减速器刚轮组件与肘固定螺钉。

④ J4 组成结构。J4 的组成结构如图 1-2-7 所示。

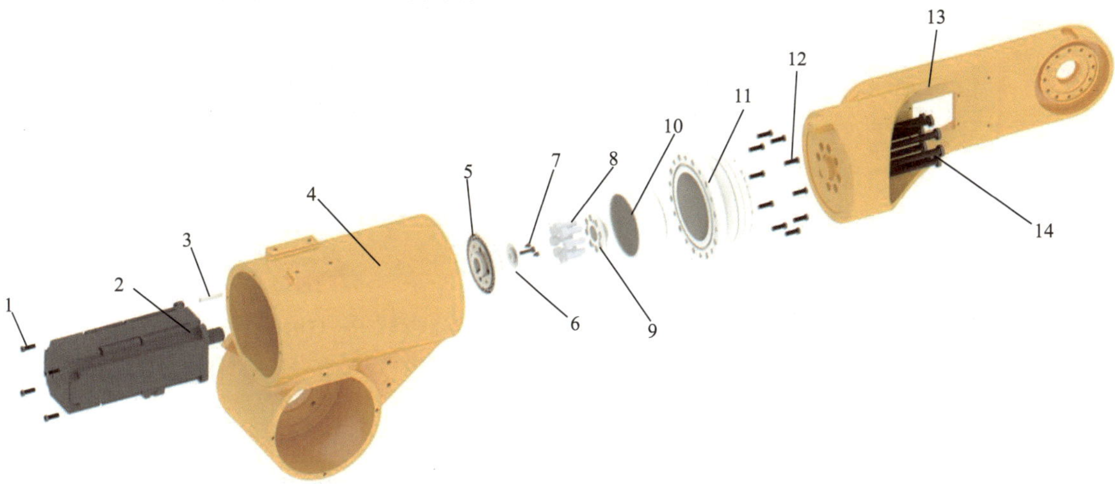

1—J4 电机固定螺钉；2—J4 电机；3—键；4—肘；5—J4 谐波发生器；6—J4 谐波发生器端盖；7—J4 谐波发生器端盖固定螺钉；8—J4 柔轮端盖固定螺钉；9—J4 柔轮端盖；10—J4 柔轮；11—J4 刚轮组件；12—J4 刚轮与肘固定螺钉；13—上臂；14—上臂与 J4 刚性轴承固定螺钉。

图 1-2-7 J4 的组成结构

在图 1-2-7 中，谐波发生器包括柔性轴承、凸轮、凸轮端盖、凸轮端盖固定螺钉，谐波发生器端盖固定螺钉包括谐波发生器端盖与凸轮固定螺钉、谐波发生器端盖与电机固定螺钉，J4 刚轮组件包括刚轮、安装法兰、刚性轴承、O 形圈、刚轮与安装法兰固定螺钉。

安装注意事项：一是先将 J4 电机安装到肘内，然后将 J4 谐波发生器通过键与 J4 电机轴连接，使用J4谐波发生器端盖及固定螺钉紧固。原因：若先将J4谐波发生器与柔轮装配，然后与 J4 电机轴连接，则无法安装 J4 谐波发生器端盖与电机固定螺钉。二是首先将 J4 减速器刚轮组件与 J4 柔轮、J4 柔轮端盖、J4 柔轮端盖用固定螺钉装配；然后装配到已安装好的 J4 谐波发生器上，并使用螺钉（图 1-2-7 中的标注 12）与肘固定；最后装配上臂。原因：若将 J4 减速器（J4 减速器刚轮组件、J4 柔轮）先安装到上臂，然后装配到肘内，则无法安装 J4 减速器刚轮组件与肘固定螺钉。

⑤ J5 组成结构。J5 的组成结构如图 1-2-8 所示。

在图 1-2-8 中，谐波发生器包括柔性轴承、凸轮、凸轮端盖、凸轮端盖固定螺钉，谐波发生器端盖固定螺钉包括谐波发生器端盖与凸轮固定螺钉、谐波发生器端盖与电机固定螺钉，J5 柔轮组件包括柔轮、安装法兰、刚性轴承、O 形圈、柔轮与安装法兰固定螺钉。

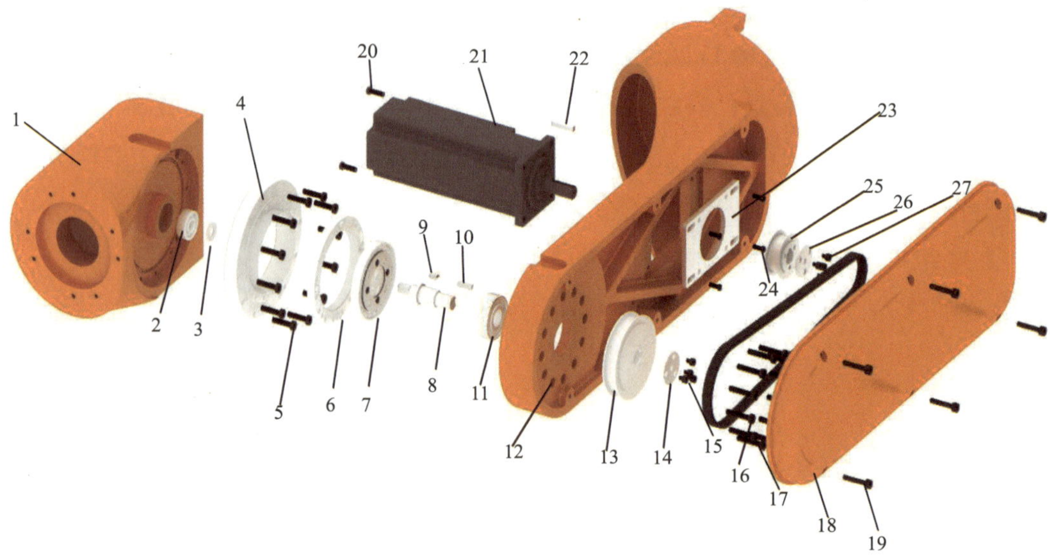

1—腕体；2—轴承 1；3—隔套；4—J5 柔轮组件；5—J5 柔轮组件与腕体固定螺钉；6—J5 刚轮；7—J5 谐波发生器；8—从动轮轴；9—键 1；10—键 2；11—轴承 2；12—上臂；13—从动轮；14—从动轮端盖；15—从动轮端盖螺钉；16—同步带；17—J5 刚轮与上臂固定螺钉；18—上臂侧盖板；19—上臂侧盖板固定螺钉；20—J5 电机固定螺钉；21—J5 电机；22—键；23—调节板；24—调节板固定螺钉；25—主动轮；26—主动轮端盖；27—主动轮端盖固定螺钉。

图 1-2-8　J5 的组成结构

J5 与其他轴不同，其减速器并不是直接通过电机驱动的，而是采用同步带轮传动结构，如图 1-2-9 所示。

工作时，由电机驱动主动轮旋转，通过同步带带动从动轮旋转，进而在从动轮轴的作用下带动谐波轮旋转，从而使柔轮与刚轮发生相对运动，如图 1-2-10 所示。

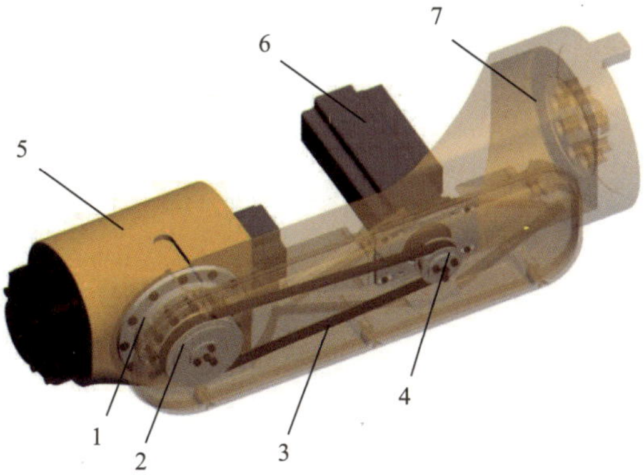

1—J5 减速器；2—从动轮；3—同步带；4—主动轮；
5—腕体；6—J5 电机；7—上臂。

图 1-2-9　J5 的传动结构

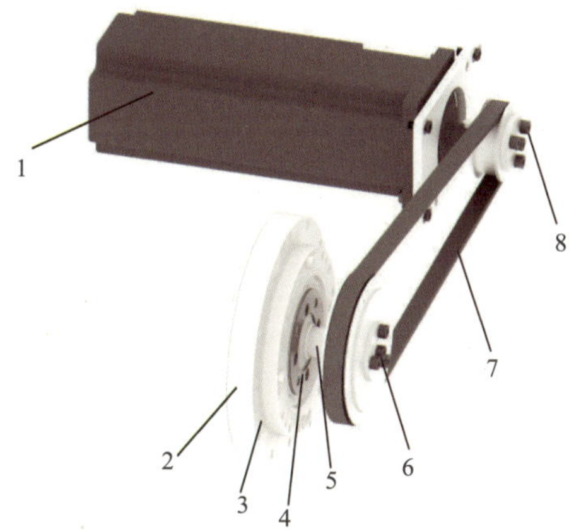

1—J5 电机；2—柔轮组件；3—刚轮；4—谐波发生器；
5—从动轮轴；6—从动轮；7—同步带；8—主动轮。

图 1-2-10　J5 减速器与同步带轮传动结构

从动轮轴的两端一般各采用一个轴承进行支撑，如图 1-2-11 所示。

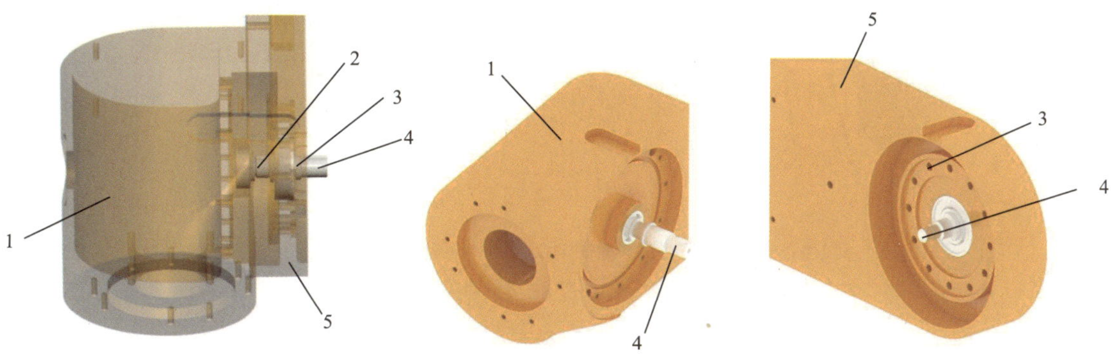

（a）整体结构　（b）腕体端轴承　（c）上臂端处轴承

1—腕体；2—轴承 1；3—轴承 2；4—从动轮轴；5—上臂。

图 1-2-11　从动轮轴的支撑

安装注意事项：一是首先在腕体中安装好轴承 1，然后将 J5 减速器与从动轮轴用键连接并装上隔套，再一起装配到轴承 1 中，并使用螺钉将 J5 减速器与腕体固定。原因：若先将 J5 谐波发生器与上臂装配，则无法安装 J5 柔轮组件与腕体的固定螺钉。二是首先在上臂中安装好轴承 2；然后将二者一同安装到上臂中，使用螺钉将上臂与 J5 刚轮固定；最后安装从动轮。三是先安装 J5 电机调节板（固定螺钉半紧）；然后安装 J5 电机、主动轮，装上同步带，调节 J5 电机调节板使同步带拉紧；最后将调节板固定螺钉锁紧。

小助手　为何要采用同步带轮传动结构？

若不采用同步带轮传动结构或其他有利于J5电机布局的传动结构，而是将电机与减速器直接连接，则J5的结构形式会如图1-2-12所示，这将增加手腕的负重，增大运动惯性（振动变大），不利于控制末端轴的运动和位置精度。同时，还容易造成电机的碰撞，且造型不美观。因此，许多六轴机器人的第5轴都采用同步带传动机构。

图1-2-12　J5电机与减速器直连的结构图

⑥ J6组成结构。J6的组成结构如图1-2-13所示。

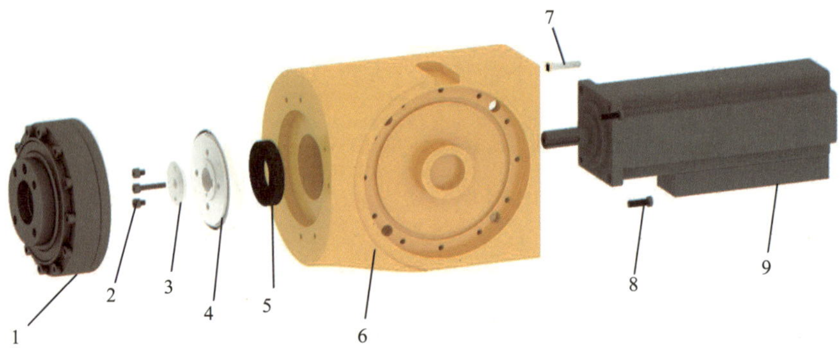

1—J6减速器组件；2—J6谐波发生器端盖固定螺钉；3—J6谐波发生器端盖；4—J6谐波发生器；5—隔套；6—腕体；7—键；8—J6电机固定螺钉；9—J6电机。

图1-2-13　J6的组成结构

安装注意事项：J6的组成结构比较简单，装配时先将隔套装入腕体中，然后安装J6电机，再将J6谐波发生器与J6电机连接固定，最后装入J6减速器组件并使用螺钉将其与腕体固定。为了避免先安装J5后再安装J6时出现干涉，可先完成J6的装配，然后进行J5的装配。

2）**确定装配方式**

根据机械结构分析，对于TKB 1200工业机器人本体，可采用如下装配方式：

（1）整体上先装配机器人本体主体结构（机械铸件、减速器、电机），在电气装配阶段再装配电气缆线及相关配件。

（2）从下到上，总装配顺序为基座→腰部→下臂→肘部→上臂→腕体。

（3）谐波减速器总体上可分为两大组件：谐波发生器组件（谐波发生器、端盖）和减速器主体组件（刚轮、柔轮、刚性轴承、安装法兰等）。其中，先将谐波发生器组件与电机装配，再将减速器主体组件安装到连杆（基座、下臂、腕体）上，然后将这两部分组装到一起。

3）划分装配单元

根据机械结构分析和确定的装配方式，可将该型号机器人本体划分为如下几个装配单元：基座单元、旋转座单元、下臂单元、肘部单元、上臂单元、腕体单元，如图 1-2-14 所示。

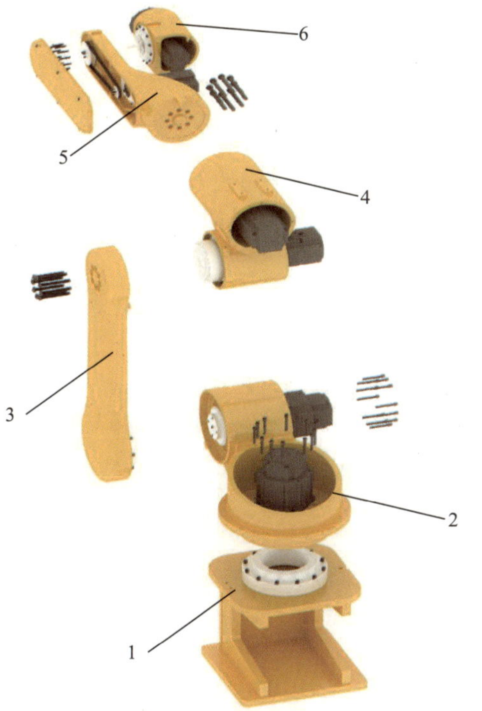

1—基座单元；2—旋转座单元；3—下臂单元；4—肘部单元；5—上臂单元；6—腕体单元。

图 1-2-14　装配单元

（1）基座单元。包括基座和 J1 减速器主体组件。

（2）旋转座单元。包括旋转座、J1 电机、J1 谐波发生器组件、J2 电机和 J2 谐波发生器组件。

（3）下臂单元。包括下臂、J2 减速器主体组件。

（4）肘部单元。包括肘、J3 电机、J3 减速器、J4 电机和 J4 减速器。

（5）上臂单元。包括上臂、J5 电机、电机调节板、主动轮、从动轮、同步带、轴承。

（6）腕体单元。包括腕体、轴承、J5 减速器、从动轮轴、隔套、J6 电机、J6 减速器。

4）确定装配顺序

（1）装配单元间的装配顺序。

根据划分的装配单元，同时考虑到各装配单元的吊装方便，可采用如下顺序装配各单元：

① 基座单元 → 旋转座单元 → 下臂单元。

② 腕体单元 → 上臂单元。

③ 肘部单元先与腕体、上臂单元装配后，再整体吊装并与下臂固定连接。

（2）各单元的装配顺序。

① 基座单元的装配。装配顺序如下：

步骤 1：取 J1 减速器柔轮组件，将柔轮上的固定螺钉（柔轮与安装法兰的 4 颗固定螺钉）与基座上的沉孔对齐，如图 1-2-15 所示。

步骤 2：先将 J1 减速器柔轮组件放置到基座上，然后使用螺钉固定，如图 1-2-16 所示。

步骤 3：先将 J1 刚轮平行套入 J1 柔轮，并使其与刚性轴承上的对应螺纹孔对齐，然后使用螺钉固定，如图 1-2-17 所示；也可先将 J1 减速器柔轮组件与刚轮装配好后，再一同安装到基座上。

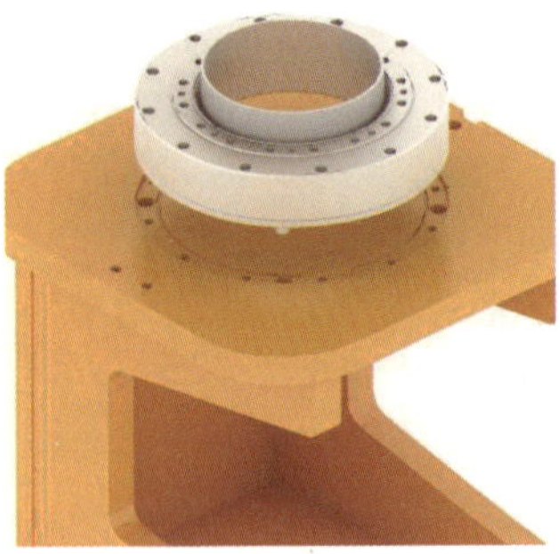

图 1-2-15　安装对齐

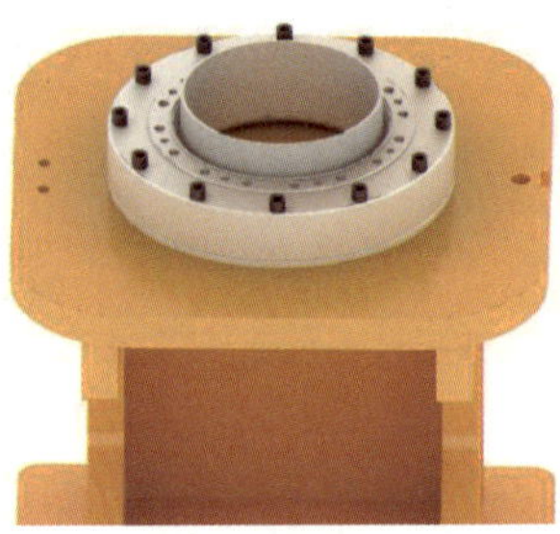

图 1-2-16　固定柔轮组件

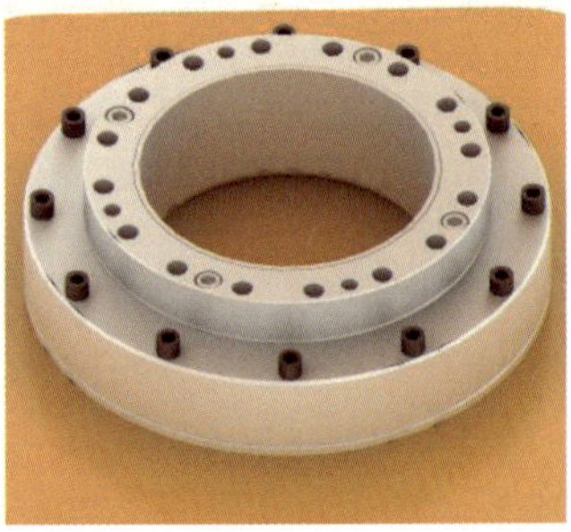

图 1-2-17　安装 J1 刚轮

安装注意事项：一是安装刚轮前，应在柔轮和刚轮齿部涂抹适量的谐波减速器专用油脂；二是将刚轮套入柔轮时，应保持 2 个轴平行，避免损坏柔轮齿部；三是防止杂质掉入刚轮与柔轮的齿间隙，从而使用过程中损坏齿部；四是对于有密封性要求的机器人本体，应在减速器与连杆接触面涂抹适量密封胶，但密封胶不可涂抹过多，因为过多的密封胶可能会进入减速器内部而损坏减速器。

以上注意事项也适合其他轴的减速器装配，以下不再重复说明。

小助手　减速器是工业机器人本体的核心部件，也是一种精密减速传动机构。实际上，工业机器人厂家在设计和生产工业机器人铸件结构时，是根据减速器类型进行的。为了方便用户装配使用，减速器一般以组件的形式从厂家出货。

对于谐波减速器，其主要组成部件（柔轮、刚轮、谐波发生器）基本相同，但不同型号的谐波减速器在整体结构上可能有所不同，出厂时的组件构成也不相同。

总体上可将谐波减速器分为活动式柔轮谐波减速器和固定式柔轮谐波减速器 2 种。

a. 活动式柔轮谐波减速器的出货形式一般包括刚轮组件、柔轮组件和谐波发生器组件，如图 1-2-18 所示。用户使用时，只需将柔轮组件与刚轮组件装配（先将柔轮装入刚轮组件，然后使用柔轮端盖及固定螺钉将柔轮与刚性轴承紧固），谐波发生器组件与传动装置（电机或同步带轮机构等）装配，然后将上述组件装配成整体即可。

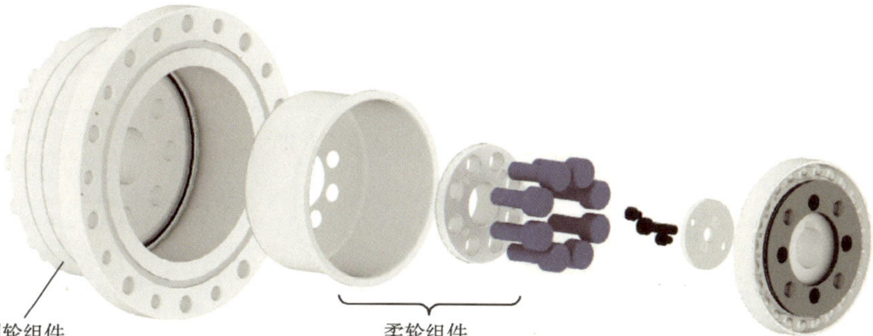

图 1-2-18 活动式柔轮谐波减速器组件

活动式柔轮谐波减速器零部件爆炸图如图 1-2-19 所示。

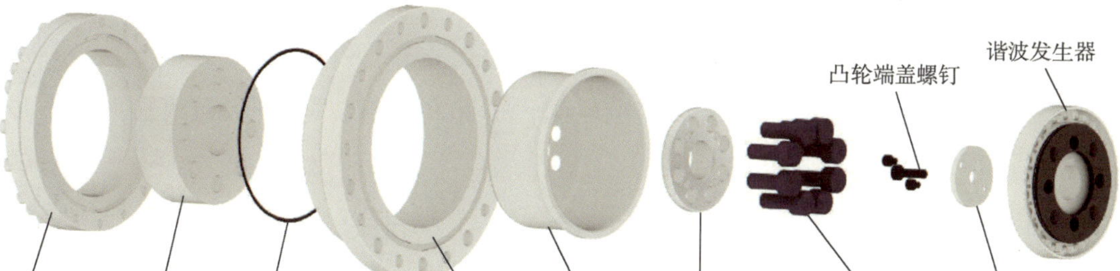

图 1-2-19 活动式柔轮谐波减速器零部件爆炸图

若出货形式不是组件，或需要将刚轮组件拆卸和重新装配，则大致可按照如下步骤进行：

步骤 1：装配刚性轴承与安装法兰。

步骤 2：装入 O 形圈，装配刚轮，并使用螺钉将安装法兰与刚轮紧固，即组成刚轮组件。

步骤 3：先装入柔轮，然后使用柔轮端盖及固定螺钉将柔轮与刚性轴承紧固。

步骤 4：先将谐波发生器与传动机构装配，然后整体装入柔轮。

b. 固定式柔轮谐波减速器的出货形式一般包括柔轮组件、刚轮和谐波发生器组件，如

图 1-2-20 所示。

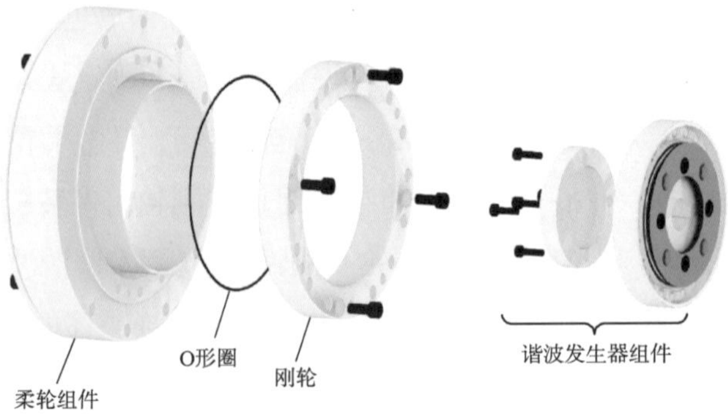

图 1-2-20 固定式柔轮谐波减速器组件

固定式柔轮谐波减速器零部件爆炸图如图 1-2-21 所示。

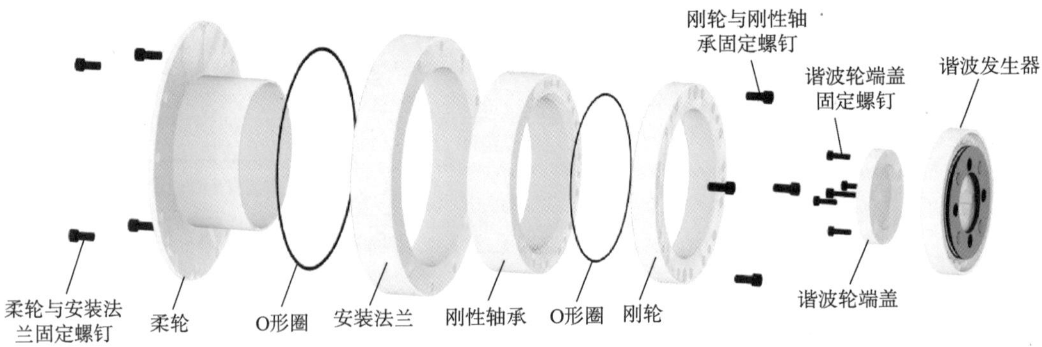

图 1-2-21 固定式柔轮谐波减速器零部件爆炸图

若出货形式不是组件，或需要将刚轮组件拆卸和重新装配，则大致可按照如下步骤进行装配：

步骤 1：装配刚性轴承与安装法兰。

步骤 2：装入 O 形圈，装配柔轮，并使用螺钉将柔轮与安装法兰紧固，即组成柔轮组件。

步骤 3：装入 O 形圈，装配刚轮，并使用螺钉将刚轮与刚性轴承紧固。

步骤 4：将谐波发生器与传动机构装配在一起，再整体装入柔轮。

② 旋转座单元的装配。装配步骤如下：

步骤 1：取 J1 减速器柔轮组件，将柔轮上的固定螺钉（柔轮与安装法兰的 4 颗固定螺钉）与基座上的沉孔对齐，如图 1-2-15 所示。

步骤 2：将 J1 减速器柔轮组件放置到基座上，使用螺钉固定，如图 1-2-16 所示。

步骤 3：将 J1 刚轮平行套入 J1 柔轮，并使其与刚性轴承上的对应螺纹孔对齐，使用螺钉固定，如图 1-2-17 所示，也可先将 J1 减速器柔轮组件与刚轮装配好后再一同安装到基座上。

5）装配流程图

TKB 1200 机器人本体装配流程如图 1-2-22 所示。

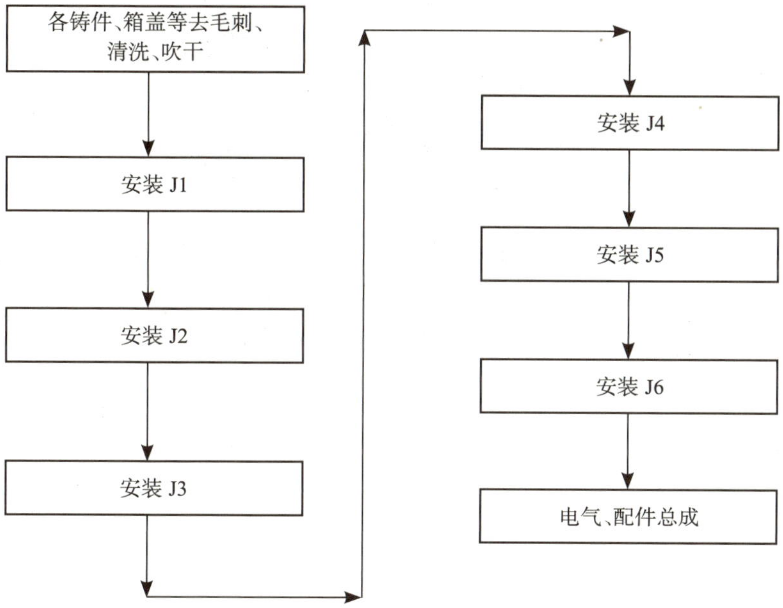

图 1-2-22　TKB 1200 机器人本体装配流程图

1.2.3　知识准备 3:TKB 1200 机器人本体装配说明

按照图 1-2-22 所示的流程装配 TKB 1200 机器人的本体,装配过程中注意以下几点:

（1）不同零部件的紧固螺钉要求不同,有的需要加垫片,有的需要涂密封胶（加下简称涂胶）,但都是对角交叉锁紧,防止逐个锁紧螺钉时将工件压变形。

（2）注意零部件之间的平行度误差,以免影响后续的工作。

1）J1 的零部件及其装配顺序

（1）基座组件（图 1-2-23）。

作业工具有内六角扳手、扭矩扳手、气枪。

① 取基座 SR6ARC.1.1.1-1。

② 装基座限位座 SR6ARC.1.1.1-2,用螺钉 4-M8 × 25（涂胶）打扭矩锁紧。

③ 装缓冲块 SR6ARC.1.1.1-4,用螺钉 2-M5 × 10（涂胶）打扭矩锁紧。

④ 用气枪吹扫 J1 油腔,装油堵 M10 × 1 加 M10 的密封垫圈。

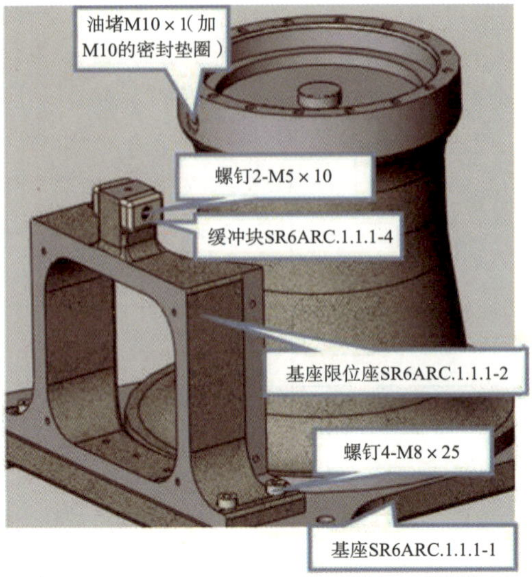

图 1-2-23　基座组件

（2）旋转座组件（图 1-2-24）。

作业工具有油封工装铜锤、内六角扳手、扭矩扳手、气枪。

① 取旋转座 SA1400A.1.1-1。

② 如图 1-2-24（a）所示，装 J1 和 J2 油封 36×50×7（注：未注明或省略的尺寸单位均为 mm），油封装配面涂 RV 减速机专用润滑脂。

③ 装 J1 和 J2 油封压盖 SA1400A.1.1-2，用螺钉 4-M3×6（涂胶）打扭矩锁紧。

④ 装 J1 旋转座限位块 SR6ARC.1.1-4，用螺钉 4-M3×6（涂胶）打扭矩锁紧。

⑤ 如图 1-2-24（b）所示，装 J1 零位块 SR6ARC.1.1-5 并用圆柱销定位，用螺钉 2-M4×10（加 2-M4 平垫片，涂胶）打扭矩锁紧。

⑥ 用气枪吹扫 J1 和 J2 的排油孔，装油堵 M10×1（加 M10 的密封垫圈）。

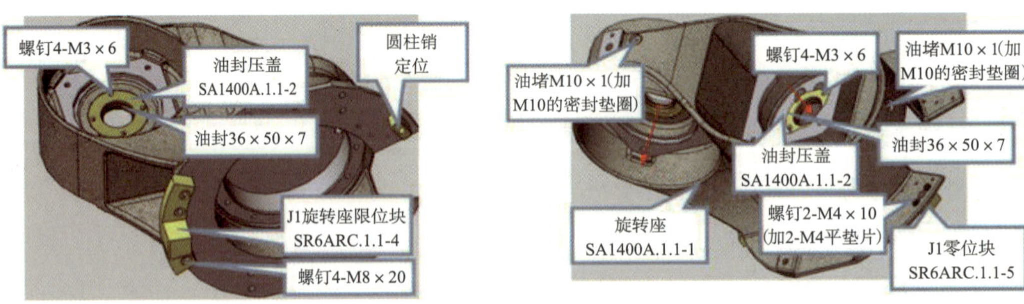

（a）　　（b）

图 1-2-24　旋转座组件

（3）J1 电机组件（图 1-2-25）。

作业工具有锉刀、砂纸、内六角扳手、扭矩扳手。

① 取 J1 电 机 TSM1306N8224、键 A8×25、齿 轮 RV-40E-121 INPUTGEAR/SN35E107AH0 并进行修配。

② 吹扫、清理以上各零部件，保证清洁度。

③ 在 J1 电机 TSM1306N8224 上镶键 A8×25。

④ 装齿轮 RV-40E-121 INPUTGEAR/SN35E107AH0（齿轮装配面涂 RV 减速机专用润滑脂）。

⑤ 装螺钉 M5×45 及密封垫圈（GSWC5），螺钉（涂胶）打扭矩锁紧。

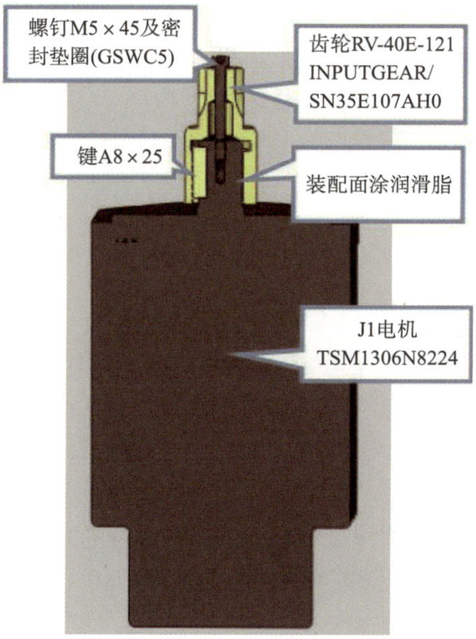

图 1-2-25　J1 电机组件

（4）旋转臂装配（图 1- 2-26）。

作业工具有内六角扳手、扭矩扳手、气密性测试仪。

① 如图 1-2-26（a）所示，取 J1 减速机 RV-40E-121-Z-B，装 O 形圈 151.99×3.53（O 形圈涂 RV 减速机专用润滑脂）。

② 将装好 O 形圈的 J1 减速机安装于基座组件 SA1400A1.1.3-F-S 上，用螺钉 16-M8×40（涂胶）打扭矩锁紧。

③ 减速机面涂平面密封胶。

④ 如图 1-2-26（b）所示，装旋转座组件 SA1400A.1.1.2-F-S，用螺钉 6-M14×40（涂胶）打扭矩锁紧（注意旋转座组件的安装方向）。

⑤ 装 J1 电机组件 SA1400A.1.1.3-F-S，用螺钉 4-M8×30（加 M8 垫片，涂胶）打扭矩锁紧。

⑥ 测试 J1 的气密性。

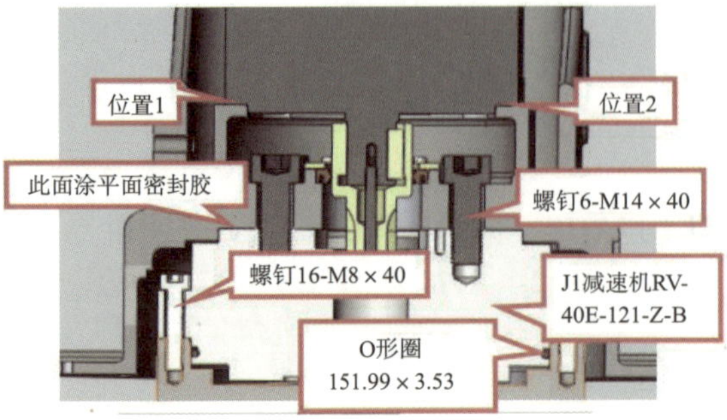

（a）

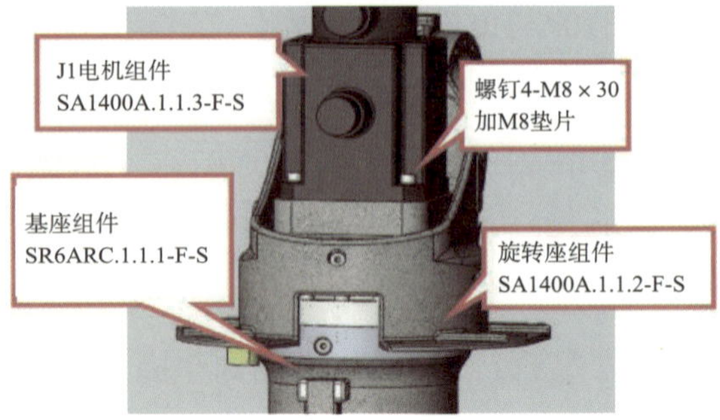

（b）

图 1-2-26　旋转臂

2）J2 的零部件及其装配顺序

（1）J2 电机组件（图 1-2-27）。

作业工具有锉刀、砂纸、内六角扳手、扭矩扳手。

① 取 J2 电机 TSM1306N8224、键 A8 × 25、齿轮 RV-40E-121 INPUTGEAR/SN35E107AH0 并进行修配。

② 对以上各零部件进行吹扫、清理，保证清洁度。

③ 在 J2 电机 TSM1306N8224 上镶键 A8 × 25。

④ 装齿轮 RV-40E-121 INPUTGEAR/SN35E107AH0（齿轮装配面涂 RV 减速机专用润滑脂）。

⑤ 装螺钉 M5 × 45 及密封垫圈（GSWC5），螺钉（涂胶）打扭矩锁紧。

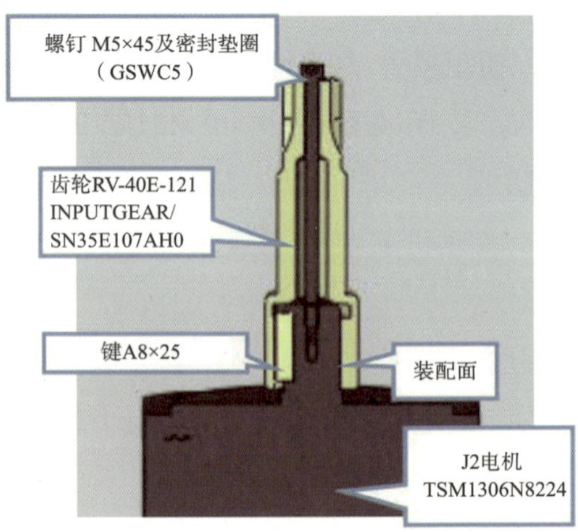

图 1-2-27　J2 电机组件

（2）J2 防撞块组件（图 1-2-28）。作业工具是内六角扳手。

步骤 1：取 J2 关节限位块 SR6ARC.1-1，装缓冲块 SR6ARC.1.1.1-4（2 个）。

步骤 2：用螺钉 2-M5 × 10（涂胶）锁紧（无须打扭矩，拧紧即可）。

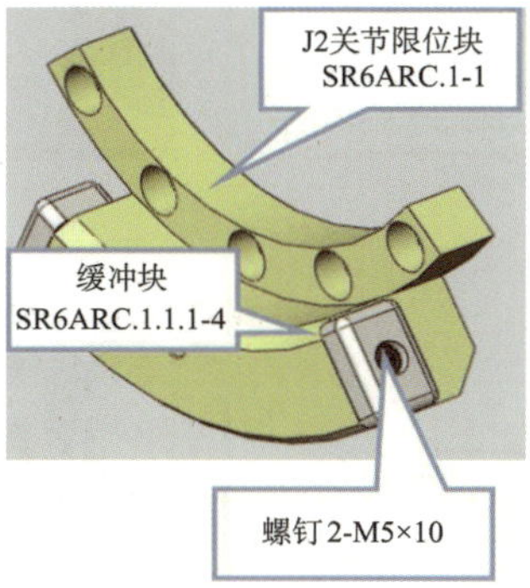

图 1-2-28 J2 防撞块组件

（3）J2 基本总成（图 1-2-29）。

作业工具有导杆、内六角扳手、扭矩扳手、气枪、加长杆、气密性测试仪。

① 取 J2 减速机 RV-40E-121-Z-B，在减速机键槽中镶嵌 O 形圈 151.99 × 3.53（O 形圈涂 RV 减速机专用润滑脂）。

② 将 J2 减速机安装到旋转座中（减速机需用导杆工装垂直导入）。

③ 按图 1-2-29（a）所示位置装 J2 防撞块组件（SA1400.1.2-F-S），用螺钉 11-M8 × 40、螺钉 5-M8 × 45（涂胶）打扭矩锁紧。

④ 按图 1-2-29（a）所示在 J2 减速机端面涂密封胶。

⑤ 取下臂镶钢丝螺套组件 SR6ARC.1-2-F-S，吹扫清理 J2 注油孔及下臂油腔面，装油堵 M10 × 1（加 M10 的密封垫圈）。

⑥ 装下臂镶钢丝螺套组件 SR6ARC.1-2-F-S，装 J2 减速机压垫 SR6ARC.1-3，用螺钉 6-M1 × 40（涂胶）打扭矩锁紧。

⑦ 调整下臂位置致通过零位孔可以观察到限位块。

⑧ 将 J2 电机组件垂直装入旋转座，使电机法兰面与旋转座面贴合。

⑨ 来回盘动电机组件，检测有无卡阻现象。

⑩ 用螺钉 4-M8 × 30（加 M8 平垫片，涂胶）打扭矩将 J2 电机组件锁紧。

⑪ 进行 J2 气密性测试。

⑫ 装缓冲块 SR6ARC.1.1.1-4，用螺钉 2-M5 × 10（涂胶）锁紧（注意：不打扭矩）。

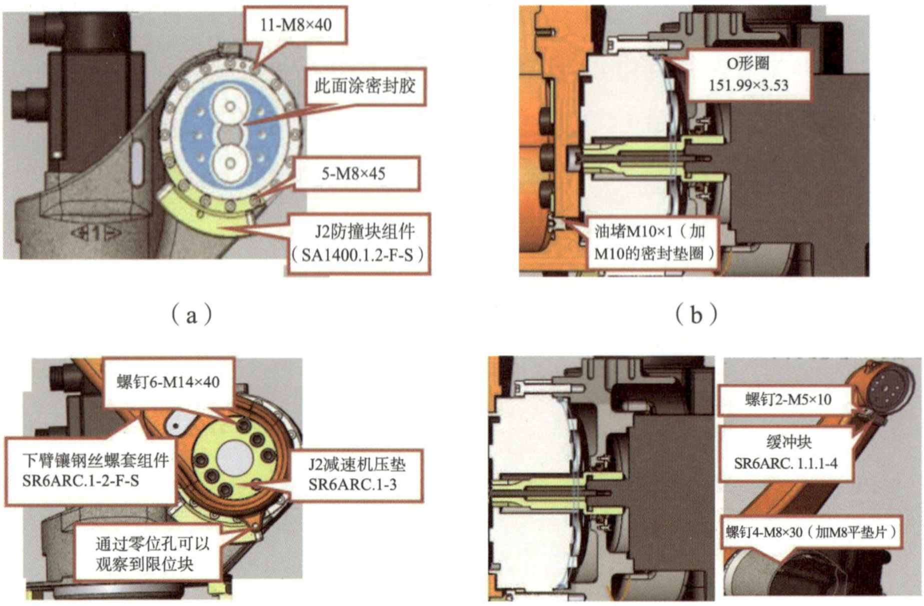

（a）（b）（c）（d）

图 1-2-29　J2 基本总成

3）J3 的零部件及其装配顺序

（1）J3 电机组件（图 1-2-30）。

作业工具有锉刀、砂纸、内六角扳手、扭矩扳手。

① 取 J3 电机 TS4614N7124E200、键 C6×25、齿轮 RV-20E-121 INPUTGEAR/SN25E107AY0 并进行修配。

② 将键 C6×25 修配后再镶嵌到 J3 电机上。

③ 装齿轮 RV-20E-121 INPUTGEAR/SN25E107AY0（齿轮装配面涂润滑脂）。

④ 装螺钉 M6×80 及密封垫圈 M6×10，并将螺钉（涂胶）打扭矩锁紧。

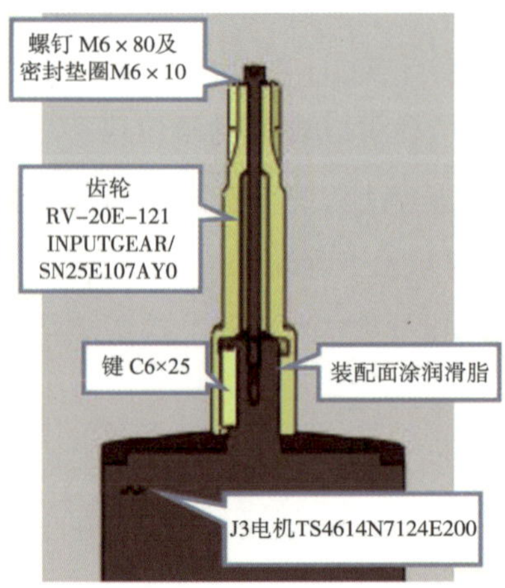

图 1-2-30　J3 电机组件

（2）J3 基本总成（图 1-2-31）。

作业工具有气枪、橡皮锤、内六角扳手、扭矩扳手、导杆。

① 用气枪吹扫 J3 排油孔及 J3 油腔面，装油堵 M10 × 1 及密封垫圈 M10。

② 取上臂驱动壳体镶钢丝螺套组件，装油封 33 × 45 × 7（涂 RV 减速机专用润滑脂）、油封压板 SR6ARC.2-7，用螺钉 4-M3 × 6（涂胶）打扭矩锁紧。

③ 取 J3 减速机 RV-20E-121-Z-B，将 O 形圈 120 × 2.0（涂 RV 减速机专用润滑脂）镶嵌于减速机 O 形圈槽中。

④ 将减速机装入上臂驱动壳体组件中。

⑤ 取 J3 关节限位块 SR6ARC.2-6，安装位置如图 1-2-31（b）所示，装减速机螺钉 11-M6 × 30、限位块安装螺钉 5-M6 × 35，并将螺钉（涂胶）打扭矩锁紧。

⑥ 取基本总成（J1 和 J2 总装），吹扫、清理 J3 注油孔及油腔面，装油堵 M10 × 1（加密封垫圈 M10）。

⑦ 取上臂驱动总成，将减速机面涂平面密封胶，装上臂驱动总成、J3 减速机压垫，用螺钉 6-M10 × 40（涂胶）打扭矩锁紧。

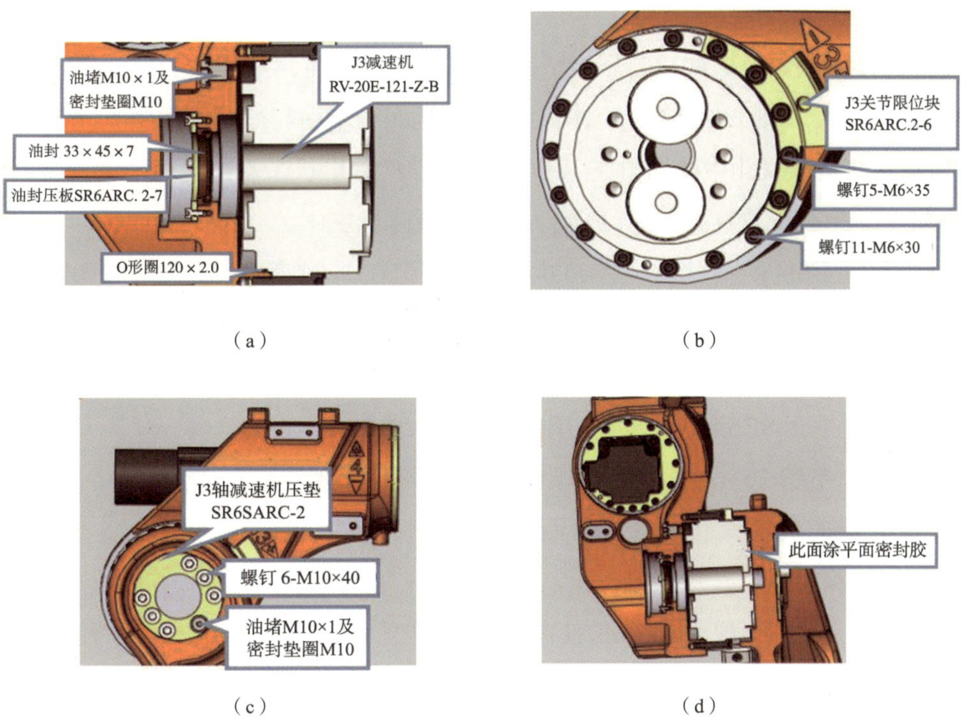

图 1-2-31　J3 基本总成

4）J4 的零部件及其装配顺序

（1）J4 电机组件（图 1-2-32）。

作业工具有锉刀、砂纸、内六角扳手、扭矩扳手、注射器、伺服工装、橡皮锤。

① 取 J4 电机 TS4603N7185E200、键 C3 × 16、减速机 LCS-17-50-C-I。

② 将键 C3 × 16（电机自带）修配后与 J4 电机 TS4603N7185E200、减速机 LCS-17-50-C-I 配合，对减速机进行涂润油脂封装保护。

③ 将修配好的键、减速机、电机分组并加上标识。

④ 将 O 形圈 34 × 1.0（涂润滑脂）镶嵌进 J4 过渡法兰的一个 O 形圈槽中。

⑤ 用螺钉 2-M4 × 10（涂胶）将法兰固定在 J4 电机上，再打扭矩锁紧。

⑥ 将 O 形圈 55 × 1.0（涂润滑脂）镶嵌进 J4 过渡法兰的另一个 O 形圈槽中。

⑦ 向 J4 过渡法兰腔体补润滑脂，至润滑脂面略高于 J4 过渡法兰端面。

⑧ 将键 C3 × 16 装在电机轴上。

⑨ 取 J4 端盖 SR6ARC.2.1A-2 与减速机 LCS-17-50-C-I 的谐波发生器，用螺钉 2-M3 × 12（加 M3 压纹垫片）将二者固定在一起（有凸台的一侧朝向 J4 端盖，螺钉涂胶并打扭矩），将其整体安装在 J4 电机轴上并用螺钉 M3 × 8（加 M3 压纹垫片，涂胶）打扭矩锁紧。

⑩ 取减速机 LCS-17-50-C-I 主体，装 O 形圈 58 × 1.5（减速机附件，O 形圈涂润滑脂）。

⑪ 用螺钉 6-M4 × 16（加 M4 压纹垫片）将减速机固定在 J4 电机法兰上，再打扭矩锁紧。

⑫ 向减速机 LCS-17-50-C-I 腔体补润滑脂，至润滑脂面与外端面间距 12 mm。

⑬ 清理法兰螺纹孔中的润滑脂，用伺服工装使四轴电机带动减速机谐波发生器转动，将减速机主体扣在谐波发生器上，边转动边安装减速机主体。

⑭ 用螺钉 4-M4 × 8（涂胶）将 J4 电机法兰固定在 J4 过渡法兰上，再打扭矩锁紧。

⑮ 取曲轴组件 SR6ARC.2.1.1。

⑯ 装 O 形圈 7.5 × 1.5。

⑰ 装线缆护套 SR6ARC.2.1-4（用橡皮锤敲入曲轴内）。

⑱ 镶嵌 O 形圈 35 × 0.6（减速机附件，O 形圈涂润滑脂）。

⑲ 清理减速机螺纹孔中的润滑脂，将曲轴组件装入减速机，用螺钉 6-M5 × 16（加 M5 压纹垫片，涂胶）打扭矩锁紧。

⑳ 打开电机抱闸，盘动减速机，使曲轴、电机法兰、电机接线柱的相对位置如图 1-2-32（f）所示。

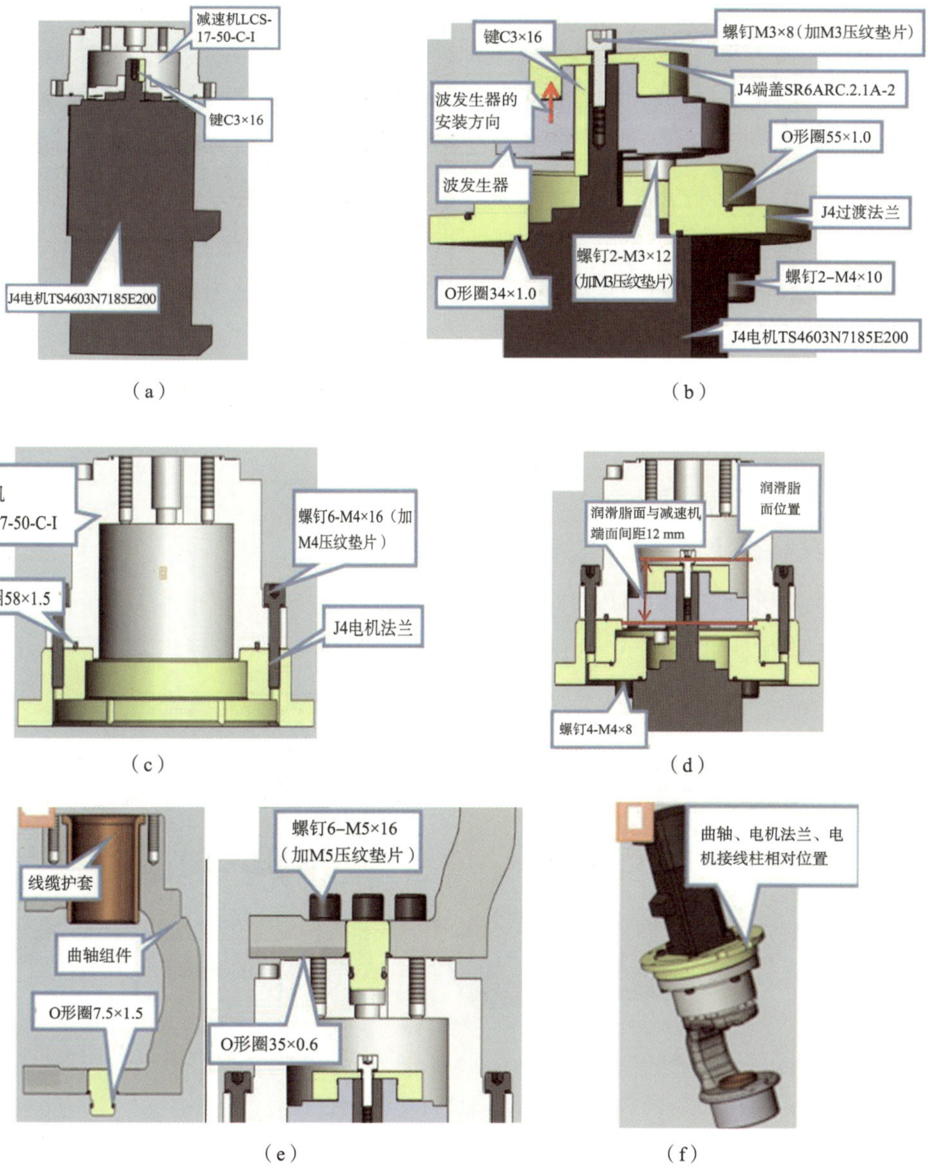

图 1-2-32　J4 电机组件

（2）J4 基本总成（图 1-2-33）。

作业工具有内六角扳手、扭矩扳手。

① 取上臂驱动壳体镶钢丝螺套组件。

② 取 J4 支撑轴承隔套 SR6ARC.2-2，如图 1-2-33（a）所示。

③ 装 J4 支撑轴承压盖 SR6ARC.2-3，用螺钉 6-M3×8（涂胶）打扭矩锁紧。

④ 如图 1-2-33（b）所示，取 J4 电机组件 SA1400A1.2.1-F-S（注意电机接线柱方向），拧紧螺钉 6-M4×10。

⑤ 装 J4 减速机围板，用螺钉 2-M4×20（涂胶）打扭矩锁紧。

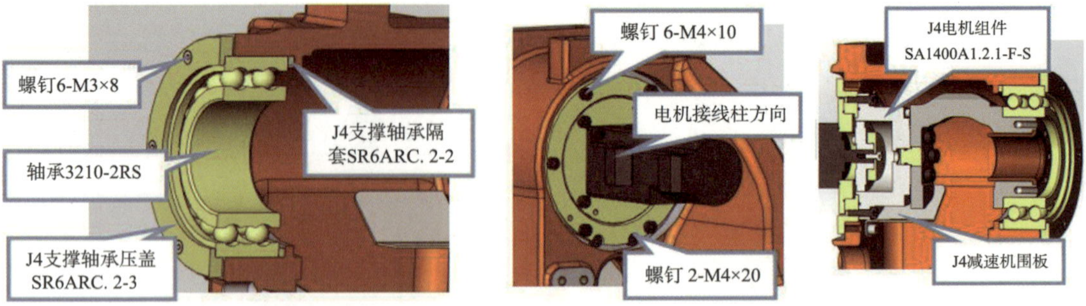

（a）　（b）

图 1-2-33　J4 基本总成

5）J5 的零部件及其装配顺序

（1）J5 电机座（图 1-2-34）。

作业工具有锉刀、砂纸、内六角扳手、扭矩扳手。

① 取 J5 电机法兰 SR6ARC.4.1.1.1-1。

② 将 J5 电机张紧销压入 J5 电机法兰。

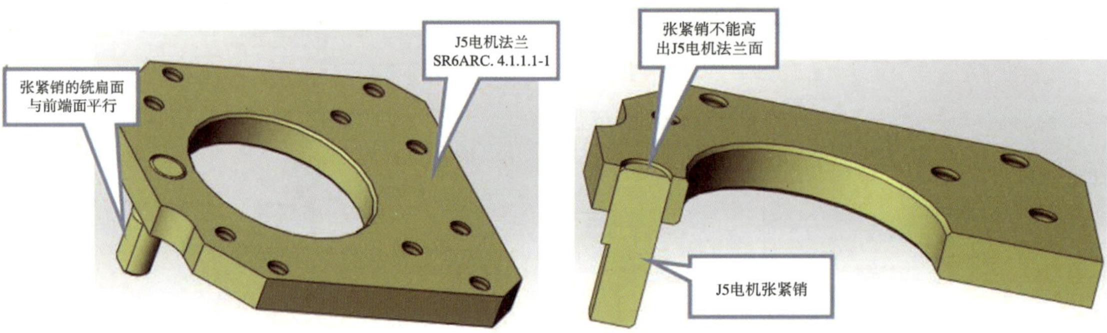

（a）　（b）

图 1-2-34　J5 电机座

（2）J5 电机轴组件（图 1-2-35）。

作业工具有锉刀、砂纸、内六角扳手、斜口钳。

① 取 J5 电机 TS4603N7176，装 J5 电机座组件，用螺钉 2-M4 × 10（涂胶）打扭矩锁紧。

② 装 J5 输入带轮 SR6ARC.4.1 和平键 C2 × 8，装 J5 输入带轮锁紧垫片，用螺钉 1-M2.5 × 8（涂胶）打扭矩锁紧。

③ 装 J5 箱体内支板 SR6ARC.4.1-2，用螺钉 2-M4 × 6（涂胶）锁紧。

④ 用扎带 5 × 350（2 根）按图 1-2-35（d）所示的方式捆扎线。

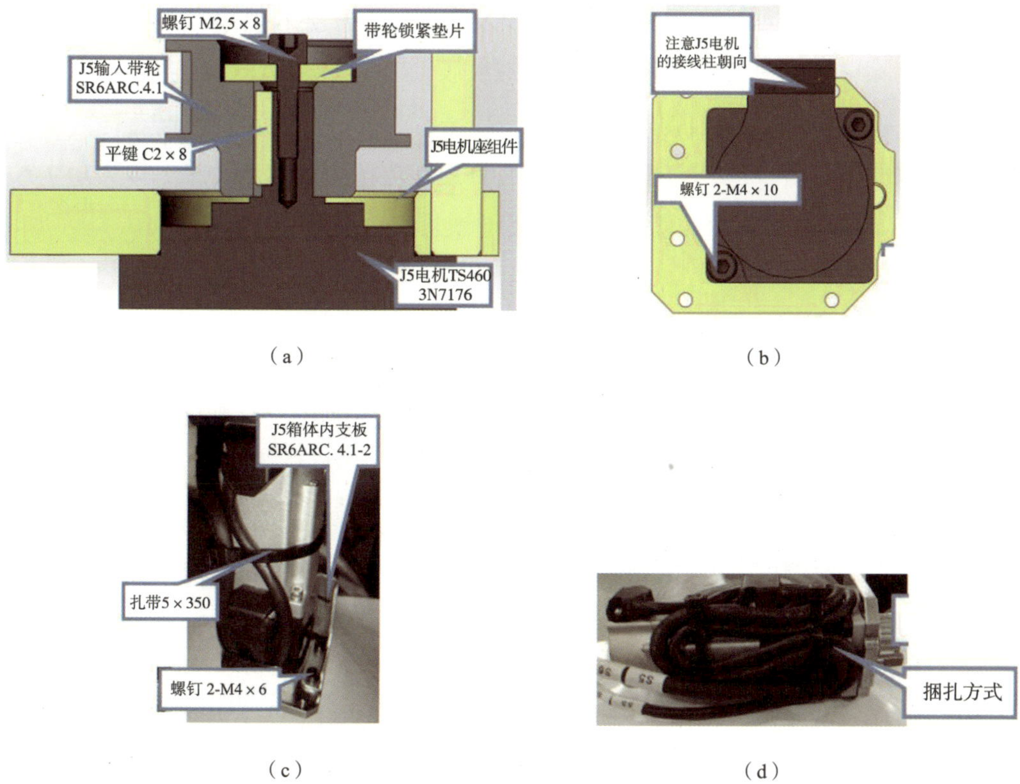

图 1-2-35　J5 电机轴组件

（3）J5 箱体辅件组件（图 1-2-36）。

作业工具有油封工装铜锤、内六角扳手、扭矩扳手、伺服工装。

① 取镶过钢丝螺套的 J5 箱体，装油封 WA14 × 22 × 4。

② 装手腕过渡法兰 SR6ARC.4.1-10，用螺钉 8-M5 × 30（涂胶）打扭矩锁紧。

③ 装 J5 电机张紧座 SR64ARC.4.1，用螺钉打扭矩锁紧。

④ 取 J5 箱体辅件组件 SA1400.4.1.2-F-S，装轴承 6800VV，装 J5 轴承定位压片 SR6AR.4.1-4，用内六角沉头螺钉 4-M3 × 6 打扭矩锁紧。

⑤ 装 J5 带轮轴 SR6ARC.4.1-5A，装 J5 从动带轮 SR6ARC.4.1-6，装键 C3 × 8，装 J5 输入带轮锁紧垫片 SR6ARC.4.1.1-2，用螺钉 M2.5 × 8（涂胶）打扭矩锁紧。

⑥ 安装夹持工装。

⑦ 取 J5 减速机 LHD-17-80-C-I，装减速机自带 O 形圈 64 × 1.5（O 形圈涂润滑脂）。

⑧ 装减速机刚轮，装螺钉 12-M3 × 20。螺钉（涂胶）带紧即可，不用拧紧。

⑨ 向减速机补润滑脂，至润滑脂面距外端面 6 mm。

⑩ 取减速谐机波发生器（涂润滑脂并缓缓盘几圈，使滚珠润滑充分）、键 C3 × 6，用

2-M4 × 20 螺钉施加向下的力轻轻盘动谐波发生器并将其旋入减速机主体中。

⑪ 清除螺纹孔中的润滑脂并滴一滴螺纹胶，装轴套 SR6ARC.4-1-12，用螺钉 M3 × 12（加 M3 压纹垫片，涂胶）打扭矩锁紧。

⑫ 取伺服工装，带动谐波发生器转动，且边转边按力矩梯度（第一级力矩 1 N·m，第二级力矩 1.5 N·m，第三级力矩 2 N·m）逐渐锁紧刚轮。

⑬ 装轴承 6900ZZ。

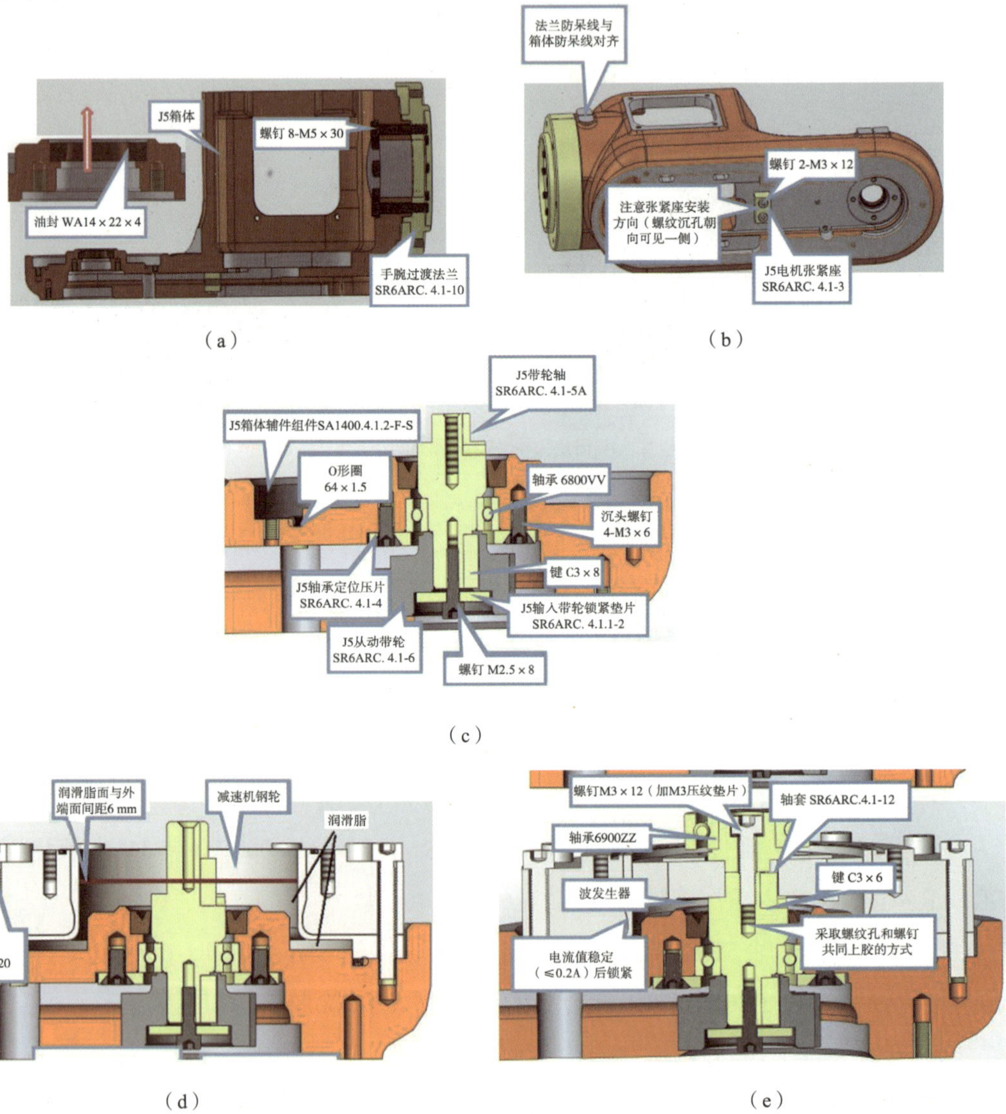

图 1-2-36　J5 箱体辅件组件

6）J6 的零部件及其装配顺序

（1）J6 配键（图 1-2-37）。

作业工具有油封工装铜锤、内六角扳手、扭矩扳手。

① 取 J6 电机 TS4603N7177、J6 减速机 LCD-14-50-C-I。

② 取键 C2 × 8，经修配后与 J6 电机 TS4603N7177、J6 减速机谐波发生器配合。

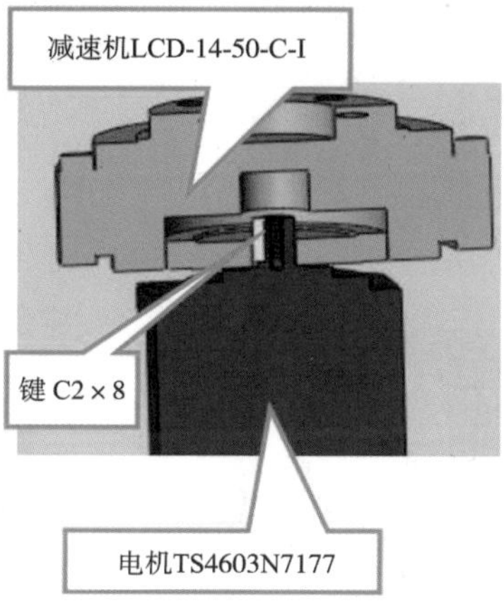

图 1-2-37　J6 配键

（2）J6 箱体组件（图 1-2-38）。

作业工具有内六角扳手、扭矩扳手、伺服工装。

① 取 J6 箱体组件，清理干净油腔，补润滑脂到脂面与 *C* 面平齐。

② 取 J5 箱体组件，装减速机（带 O 形圈 47 × 0.8）。

③ 使用伺服工装带动 J6 箱体组件以 100 r/min 的速度来回转动，且边转边按力矩梯度（第一级力矩 1 N·m，第二级力矩 1.5 N·m，第三级力矩 2 N·m）锁紧螺钉 12-M3 × 10。

④ 取 J6 电机 TS4603N7177，扎线。

⑤ 在 J6 电机法兰 SR6ARC.4.2-2 上涂平面密封胶。

⑥ 装 J6 电机 TS4603N7177。

⑦ 装 J6 减速机隔套 SR6ARC.4-3，且补润滑脂时将其涂抹至与隔套端面平齐。

⑧ 取减速机 LCD-14-50-C-I（减速机主体补润滑脂至脂面与外端面间距 5 mm），镶嵌 O 形圈 56.5 × 2.0。

⑨ 安装减速机谐波发生器（J6 减速机谐波发生器滚珠开放侧朝向电机）。

⑩ 装平键 C2 × 8。

⑪ 装 J6 减速机锁紧垫片 SR6ARC.4-4，用螺钉 M2.5 × 8（涂胶）打扭矩锁紧（螺纹孔清油）；利用伺服工装使 J6 电机带动减速机谐波发生器转动，且边转边安装减速机主体；用螺钉 8-M3 × 25 按力矩梯度（第一级力矩 1 N·m，第二级力矩 1.5 N·m，第三级力矩 2 N·m）逐渐锁紧。

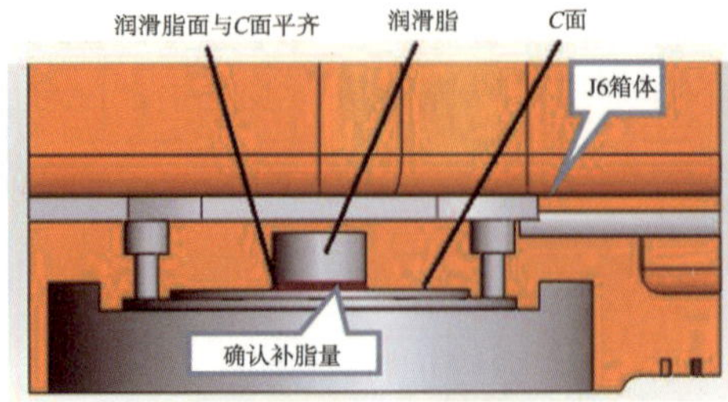

（a）

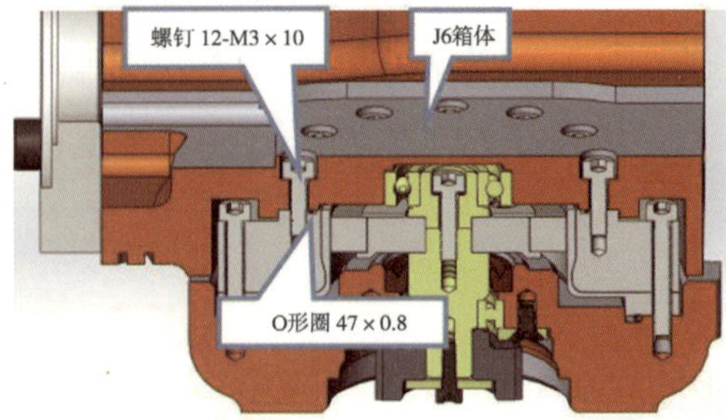

（b）

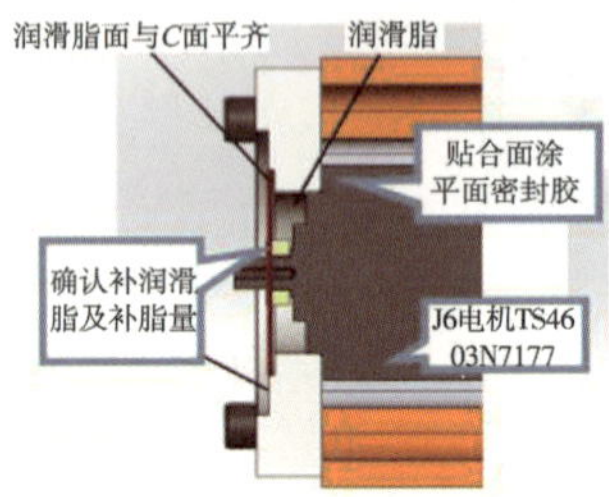

（c）

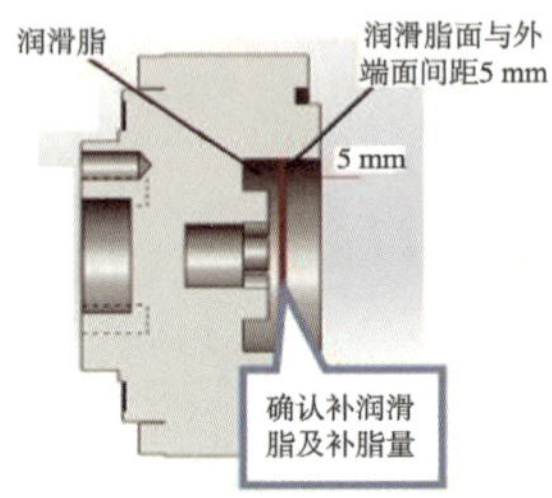

（d）

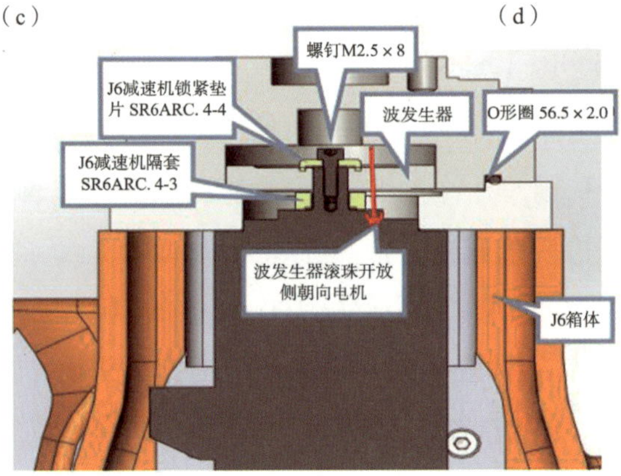

（e）

图 1-2-38 J6 箱体组件

（3）手腕侧盖板组件（图 1-2-39）。

作业工具有内六角扳手、扭矩扳手。

① 取 J5 箱体侧盖 SR6ARC.4-1，装手腕扎线板 SA1400A-3，用螺钉 2-M3 × 6（涂胶）锁紧。

② 装 J6 手腕线缆护套 SR6ARC.4-2，用内六角沉头螺钉 6-M3 × 8（涂胶）紧固。

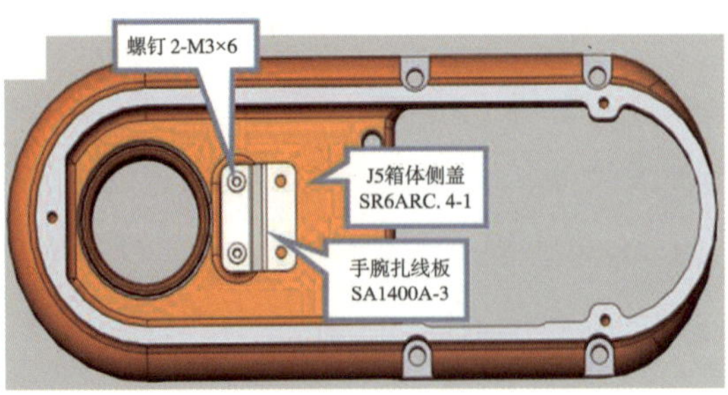

（a）

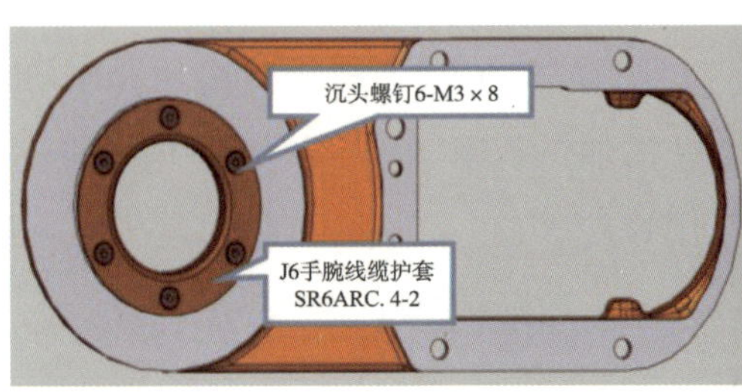

（b）

图 1-2-39 手腕侧盖板组件

（4）腕关节总成（图 1-2-40）。

作业工具有内六角扳手、扭矩扳手。

① 装手腕侧盖组件 SA1400.4.4-F-S，用螺钉 4-M5×16（涂胶）打扭矩锁紧，理顺 J6 电机线缆，用扎带 3×150 将线缆固定在手腕扎线板 SA1400A-3 上。

② 装 J6 箱体后盖板 SR6ARC.4-6，用螺钉 M3×6（加 M3 平垫片，涂胶）锁紧。

③ 装 J5 电机组件 SA1400A1.4.1-F-S，用螺钉 4-M4×16（加 M4 平垫片，涂胶）锁紧。

④ 装同步带 AT3-300-6，装全牙内六角螺钉 1-M4×25，通过松紧该螺钉调节皮带张紧力，拧紧螺钉 4-M4×16。

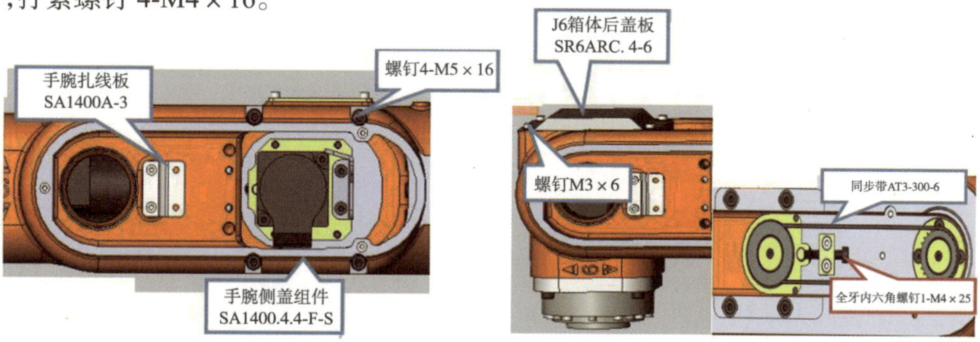

（a）　（b）

图 1-2-40　腕关节总成装配

7）**上臂总成**

上臂总成如图 1-2-41 所示。作业工具有内六角扳手、T 型扳手、斜口钳、扭矩扳手。

① 调整上臂驱动姿势至向上呈 45°，取前臂筒 SR6ARC-1 并装入总成 SA1400A1.2-F-S；从 J4 减速机下围板安装处观察，使零位孔与曲轴筋部成 180° 角；用螺钉 8-M5×30（涂胶）打扭矩锁紧总成 SA1400A 1.2-F-S。

② 取整体管线包、手腕总成 SA1400A1.4-F-S，手持 J3，J4，J5 及 J6 线缆，使其依次穿过 J4 低速管、上臂筒、手腕 J5 箱体，用螺钉 6-M5×20（涂胶）打扭矩锁紧手腕总成 SA1400A1.4-F-S。

③ 对没有点胶的各接插件点胶（主要是电机上的接插件），理顺 J5 及 J6 线缆；将各线转接头对插并从卡扣根部剪去无用的卡扣；用 2 根扎带 3×150 将 J5 动力线和编码器线捆扎在一起（J6 转接头同样捆扎）；用 1 根扎带 3×150 将 4 对转接头沿一端捆扎在一起，用 1 根扎带 5×350 将这 4 对转接头的另外一端捆扎在 J5 箱体线缆支架上。

④ 将捆扎好转接头的 J5 箱体线缆支架塞到 J5 箱体中，并用螺钉 2-M4×8（涂胶）将 J5 箱体线缆支架固定在 J5 箱体侧盖相应的螺孔上；将线缆盘到 J5 箱体内（转接头根部线缆不得拉扯和严重扭曲），并用 1 根扎带 3×100 将 J6 线缆扎到 J5 箱体线缆支架的扎线孔中。

⑤ 将 J5 和 J6 对接线缆穿过手腕口并用扎带 8×250 固定在 J5 箱体内支板 SR6ARC.4.1-2 上，剪掉多余部分扎带，将线缆塞到 J5 箱体中。

⑥ 装手腕接口盖板 SR6ARC.4.1-11，用螺钉 4-M3×8（涂胶）锁紧；装上臂盖板 SR6ARC.4-5，用螺钉 3-M3×6（涂胶）锁紧。

⑦ 装前上臂驱动壳体下盖板 SR6ARC.2-5，用螺钉 4-M4×10（加 M4 平垫片，涂胶）锁紧。

⑧ 调整上臂至水平姿态，装 J3 电机组件 SA1400A1.3-F-S，用螺钉 4-M6×20（涂胶）打扭矩锁紧。

⑨ 测试 J3 的气密性，调整外漏线缆。

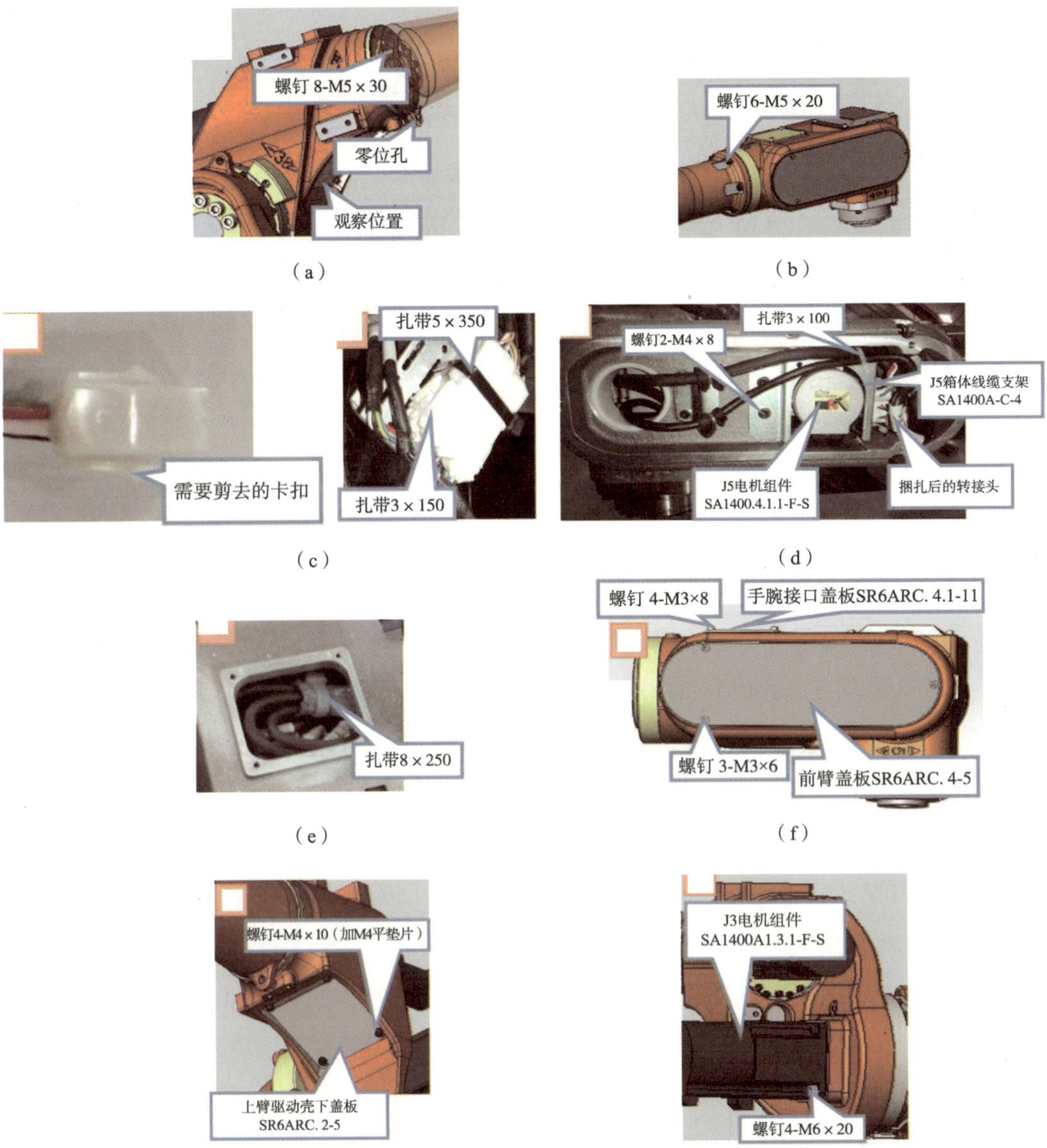

图 1-2-41　上臂总成

1.2.4 工作任务实施

以小组为单位完成工作任务并填写表 1-2-3。

表 1-2-3 “装配工业机器人本体”工作任务实施表

任务名称　装配工业机器人本体				实施表编号		
班级		姓名		学号	教师签字	
工序号	工序名称	工序内容	工具/材料	操作过程	完成时间	备　注
1	J1，J2 装配	（1）J1 减速机装配	气枪、内六角扳手、扭矩扳手、润滑脂、密封胶	（1）使用气枪将 J1 减速机、旋转座和基座吹干净。 （2）将 O 形圈装入 J1 减速机。 （3）在 J1 减速机、旋转座的安装面涂上润滑脂。 （4）将 J1 减速机轻轻装入旋转座，注意止口位置，不可敲打进去，可先使用 4 颗螺钉（加弹垫，涂胶），再采用对角交叉方式慢慢锁紧，将减速机平衡压入旋转座，然后以同样的方式完成后面 12 颗螺钉的锁紧。将扭矩扳手调至对应扭短值，并对角交叉将上述 16 颗螺钉锁紧		
2		（2）旋转座装配		（1）在 J1 减速机和基座的安装面涂上润滑脂和密封胶。 （2）将 O 形圈装入基座的沟槽中，涂适量密封胶。 （3）将基座安装到装配好减速机的旋转座上，对准绞孔（注意：一次到位，不可转动）。 （4）使用 6 颗螺钉（加弹垫，涂胶）锁紧减速机，将扭矩扳手调至对应扭矩值，将螺钉锁紧		
3		（3）J1 电机组件装配		（1）将装配的基座和旋转座翻转至正常状态，使用螺栓将基座固定于安装底板上。 （2）将 J1 电机装入旋转座，上紧电机紧固螺钉		
4		（4）J1 减速机注油及测试	润滑脂	（1）向 J1 减速机注油孔注入 300 mL（270 g）润滑脂。 （2）手动来回转动旋转座 3 次，检查减速机是否转动灵活、有无异响等		
5		（5）J2 减速机装配	气枪、内六角扳手、扭矩扳手、润滑脂、密封胶	（1）使用气枪将 J2 减速机、旋转座吹干净。 （2）将 O 形圈装入 J2 减速机。 （3）在 J2 减速机、旋转座的安装面涂上润滑脂。 （4）将 J2 减速机轻轻装入旋转座，注意止口不可敲打进去，可先使用 4 颗螺钉（加弹垫，涂胶）以对角交叉的方式慢慢锁紧，将减速机平衡压入旋转座，然后以同样的方式锁紧后面 12 颗螺钉。将扭矩扳手调至相应扭矩值，对角交叉将上述 16 颗螺钉锁紧		

续表

工序号	工序名称	工序内容	工具/材料	操作过程	完成时间	备　注
6	J1，J2装配	（6）下臂装配	密封胶、内六角扳手、扭矩扳手	（1）在J2减速机螺纹孔周围涂抹适量密封胶。 （2）将下臂的J2安装面擦拭干净，装O形圈。 （3）将下臂吊装至旋转座J2减速机安装面，对准止口位置，轻轻将下臂与减速机接触到位，并用内六角扳手将6颗螺钉（加弹垫，涂胶）锁紧，将扭矩扳手调至相应扭矩值，对角交叉将螺钉锁紧		
7		（7）J2电机组件装配		（1）将装配的基座和旋转座翻转至正常状态。 （2）将J2电机装入旋转座，轻轻转动调整电机位置，使齿轮轴与减速机齿轮正确啮合，上紧电机紧固螺钉		
8		（8）J2减速机注油及测试	润滑脂	（1）向J2减速机注油孔注入550 mL（480 g）润滑脂。 （2）手动小幅度来回转动下臂3次，检查减速机是否转动灵活、有无异响等		
9	J3，J4装配	（1）J4减速机装配	气枪、内六角扳手、扭矩扳手、润滑脂、密封胶	（1）用气枪将J4减速机的波发生器及各零件吹干，在零件表面、内外齿面涂抹润滑脂。 （2）将刚轮与柔轮一同放入肘部箱体止口内，使用8颗螺钉（带弹垫）按相应扭矩值将刚轮紧固在肘部箱体上。 （3）再用8颗螺钉（带弹垫），将柔轮安装在肘部箱体的支撑套端面上		
10		（2）J4电机组件装配		（1）用4颗螺钉（加弹垫和平垫片）将法兰盘固定在J4电机上，对角交叉锁紧。 （2）将谐波发生器用1颗螺钉安装到装好法兰盘的J4电机轴上。 （3）将安装好谐波发生器的电机组件装入肘部箱体内（注意：谐波发生器的长短轴方向不要弄混），将电机组件推进去，用6颗螺钉（加弹垫）对角交叉锁紧		
11		（3）J3减速机装配		（1）使用气枪将J3减速机、肘部箱体吹干净。 （2）将O形圈装入J3减速机。 （3）在J3减速机、肘部箱体的安装面涂上润滑脂。 （4）将J3减速机轻轻装入肘部箱体，注意止口不可敲打进去，可先使用4颗螺钉（加弹垫，涂胶）对角交叉锁紧，将减速机平衡压入旋转座，然后以同样的方式锁紧后面12颗螺钉。将扭矩扳手调至相应扭矩值，对角交叉将上述16颗螺钉锁紧		

续表

<table>
<tr><th>工序号</th><th>工序名称</th><th>工序内容</th><th>工具/材料</th><th>操作过程</th><th>完成时间</th><th>备　注</th></tr>
<tr><td>12</td><td rowspan="3">J3，J4 装配</td><td>（4）肘部箱体装配</td><td rowspan="2">内六角扳手、扭矩扳手、润滑脂、密封胶</td><td>（1）将 J3 减速机和下臂 J3 安装面擦拭干净，在安装面装 O 形圈，然后涂抹适量润滑脂和密封胶。
（2）将肘部箱体安装到下臂上，对准螺纹孔，用 6 颗螺钉（加弹垫，涂胶）锁紧，然后用扭矩扳手调至对应扭矩值，并对角交叉将螺钉锁紧</td><td></td><td></td></tr>
<tr><td>13</td><td>（5）J3 电机组件装配</td><td>（1）将齿轮轴安装于 J3 电机上。
（2）在电机安装止口处涂抹适量止口密封胶。
（3）将 J3 电机组件装入肘部箱体，注意在安装过程中缓慢调整电机位置，使齿轮轴与减速机正确啮合。用 4 颗螺钉（加弹垫和平垫片）固定电机，将扭矩扳手调至相应扭矩值，对角交叉将螺钉锁紧</td><td></td><td></td></tr>
<tr><td>14</td><td>（6）J3 减速机注油及测试</td><td>润滑脂</td><td>（1）向 J3 减速机注油孔注入 300 mL（270 g）润滑脂。
（2）手动小幅度来回转动肘部箱体 3 次，检查减速机是否转动灵活、有无异响等</td><td></td><td></td></tr>
<tr><td>15</td><td rowspan="3">J5，J6 装配</td><td>（1）J6 箱体组件装配；</td><td rowspan="3">气枪、内六角扳手、扭矩扳手、润滑脂、密封胶</td><td>（1）在 J6 减速机上拆出谐波发生器，用气枪分别将各零件吹干净，然后在零件表面、内外齿面等地方涂抹润滑脂。
（2）取小齿轮轴，安装轴承和隔套。
（3）将圆头平键装入齿轮轴，将 J6 减速机谐波发生器键槽对准平键缓慢轻轻敲到位，然后装上盖板，使用 M5 × 16 螺钉（加弹垫，涂胶）锁紧。
（4）将装配好的小齿轮轴组件装入 J6 箱体，用 6-M5 × 14 螺钉（加弹垫，涂胶）锁紧</td><td></td><td></td></tr>
<tr><td>16</td><td>（2）J6 减速机装配</td><td>（1）将 J6 减速机的刚轮和柔轮一同装入箱体。
（2）使用 6-M4 × 10 螺钉锁紧柔轮。
（3）使用 8-M4 × 16 螺钉固定刚轮。
（4）安装 J6 减速机支座</td><td></td><td></td></tr>
<tr><td>17</td><td>（3）J5 减速机装配</td><td>（1）将轴承装入装配好 J6 减速机的 J6 箱体。
（2）将 J6 箱体放进上臂安装位置内，依次安装套、轴承、柔轮、垫片，并使用 8 颗螺钉（加弹垫，涂胶）分数次对角交叉锁紧。
（3）装入垫片、刚轮，用螺钉固定锁紧</td><td></td><td></td></tr>
</table>

续表

工序号	工序名称	工序内容	工具/材料	操作过程	完成时间	备　注
18		(4) J6 输入组件装配		(1) 取大齿轮轴放到轴套中。 (2) 将内套装入大齿轮轴,使用轴承安装工具将内套轻轻敲入外套中。 (3) 依次敲入轴套和轴承。 (4) 装上法兰盘,使用 4 颗螺钉 (加弹垫,涂胶) 分数次锁紧。 (5) 用铜棒将装配好的大齿轮轴轻轻敲入 J6 箱体,直至到位,然后检查大齿轮轴与小齿轮轴啮合是否良好,齿轮轴转动是否灵活。 (6) 使用 4 颗螺钉 (加垫片) 将大齿轮轴组件锁紧。 (7) 装上同步带轮,使用 M6×20 螺钉 (加弹垫,涂胶) 锁紧		
19		(5) J5 输入组件装配		(1) 将带轮轴对准柔轮内轴承孔,轻轻敲打到位。 (2) 将隔套及法兰盘依次装入并轻敲到位,使用 8-M5×20 螺钉 (加弹垫,涂胶) 锁紧。 (3) 将同步带轮装入,使用 M5×16 (加弹垫,涂胶) 锁紧		
20	J5,J6 装配	(6) J6 电机组件装配	铜棒、内六角扳手、扭矩扳手	(1) 将 J6 电机安装于电机支撑架上。 (2) 将安装好支撑架的电机装在上臂上,使用 3 颗螺钉稍微带上几个螺纹。 (3) 将同步带轮安装于电机上,用螺钉 (加弹垫) 锁紧。 (4) 安装同步带。 (5) 调节电机支撑架的 3 颗螺钉至同步带张进度合适,锁紧螺钉		
21		(7) J5 电机组件装配		(1) 将 J5 电机安装在电机支撑架上。 (2) 将安装好支撑架的电机装到上臂上,使用 3 颗螺钉稍微带上几个螺纹。 (3) 将同步带轮安装于电机上,用螺钉 (加弹垫) 锁紧。 (4) 安装同步带。 (5) 调节电机支撑架的 3 颗螺钉至同步带张进度合适,锁紧螺钉		
22		(8) 上臂装配		(1) 将 J5 和 J6 动力线和编码器线依次穿过下臂、肘部箱体、上臂。 (2) 将上臂安装到肘部箱体内的支持套止口上,对准螺纹孔,用 8-M8×45 螺钉 (加弹垫) 锁紧。 (3) 检查上臂转动是否灵活。 (4) 连接 J5 和 J6 动力线和编码器线接头,安装好侧盖板		

1.2.5　工作任务检查与评价

按照表 1-2-4 的标准评价任务完成情况并交由教师评分。

表 1-2-4　“装配工业机器人本体”工作任务检查与评价表

<table>
<tr><td colspan="3">任务名称　装配工业机器人本体</td><td colspan="3">检查与评价表编号</td></tr>
<tr><td colspan="2">班级</td><td>姓名</td><td>学号</td><td colspan="2">教师签字</td></tr>
<tr><td>序号</td><td>工序名称</td><td>检查内容</td><td>评价标准</td><td>分　值</td><td>教师评分</td></tr>
<tr><td>1</td><td rowspan="8">J1,J2 装配</td><td>（1）J1 减速机装配</td><td rowspan="3">（1）装配面间隙小于 0.5 mm；
（2）螺钉对角交叉锁紧；
（3）扭矩值符合要求</td><td>5</td><td></td></tr>
<tr><td>2</td><td>（2）旋转座装配</td><td>2</td><td></td></tr>
<tr><td>3</td><td>（3）J1 电机组件装配</td><td>5</td><td></td></tr>
<tr><td>4</td><td>（4）J1 减速机注润滑脂及测试</td><td>（1）注脂量合格；
（2）减速机转动无异响</td><td>5</td><td></td></tr>
<tr><td>5</td><td>（5）J2 减速机装配</td><td>（1）装配面间隙小于 0.2 mm；
（2）螺钉对角交叉锁紧；
（3）扭矩值符合要求</td><td>5</td><td></td></tr>
<tr><td>6</td><td>（6）下臂装配</td><td rowspan="2">（1）装配面间隙小于 0.5 mm；
（2）螺钉对角交叉锁紧；
（3）扭矩值符合要求</td><td>3</td><td></td></tr>
<tr><td>7</td><td>（7）J2 电机组件装配</td><td>2</td><td></td></tr>
<tr><td>8</td><td>（8）J2 减速机注润滑脂及测试</td><td>（1）注脂量合格；
（2）减速机转动无异响</td><td>5</td><td></td></tr>
<tr><td>9</td><td rowspan="6">J3,J4 装配</td><td>（1）J4 减速机装配</td><td>（1）装配面间隙小于 0.2 mm；
（2）螺钉对角交叉锁紧；
（3）扭矩值符合要求</td><td>5</td><td></td></tr>
<tr><td>10</td><td>（2）J4 电机组件装配</td><td>（1）装配面间隙小于 0.5 mm；
（2）螺钉对角交叉锁紧；
（3）扭矩值符合要求</td><td>5</td><td></td></tr>
<tr><td>11</td><td>（3）J3 减速机装配</td><td>（1）装配面间隙小于 0.2 mm；
（2）螺钉对角交叉锁紧；
（3）扭矩值符合要求</td><td>5</td><td></td></tr>
<tr><td>12</td><td>（4）肘部箱体装配</td><td rowspan="2">（1）装配面间隙小于 0.5 mm；
（2）螺钉对角交叉锁紧；
（3）扭矩值符合要求</td><td>5</td><td></td></tr>
<tr><td>13</td><td>（5）J3 电机组件装配</td><td>5</td><td></td></tr>
<tr><td>14</td><td>（6）J3 减速机注润滑脂及测试</td><td>（1）注脂量合格；
（2）减速机转动无异响</td><td>5</td><td></td></tr>
</table>

续表

序号	工序名称	检查内容	评价标准	分值	教师评分
15	J5,J6 装配	（1）J6 箱体组件装配	（1）装配面间隙小于 0.5 mm； （2）螺钉对角交叉锁紧； （3）扭矩值符合要求	5	
16		（2）J6 减速机装配	（1）装配面间隙小于 0.2 mm； （2）螺钉对角交叉锁紧； （3）扭矩值符合要求	5	
17		（3）J5 减速机装配		5	
18		（4）J6 输入组件装配		3	
19		（5）J5 输入组件装配	（1）装配面间隙小于 0.5 mm； （2）螺钉对角交叉锁紧； （3）扭矩值符合要求	5	
20		（6）J6 电机组件装配		5	
21		（7）J5 电机组件装配		5	
22		（8）上臂装配		5	
总分				100	

1. 你是否达到了本任务要求的学习目标和你的个人目标？

2. 你还存在不足吗？（若有，请在下方写出）

3. 你的后续提升计划是什么？

1.2.6 练习题

1）单选题

（1）在装配工业机器人本体时，首先需要根据什么来确定装配方式？（　　）

A. 机器人型号　　B. 机器人尺寸

C. 机器人总装配图　　D. 机器人重量

（2）在装配工业机器人本体时，以下哪种工具是必需的？（　　）

A. 内六角扳手　　B. 扳手

C. 螺丝刀　　D. 以上都是

（3）在装配 J1 时，以下哪个部件是首先安装的？（　　）

A. J1 电机　　B. J1 减速器

C. J1 谐波发生器　　D. J1 刚轮

（4）在装配 J2 时，以下哪个部件是首先安装的？（　　）

A. J2 电机　　B. J2 减速器

C. J2 谐波发生器　　D. J2 刚轮

（5）在装配 J3 时，以下哪个部件是首先安装的？（　　）

A. J3 电机　　B. J3 减速器

C. J3 谐波发生器　　D. J3 刚轮

（6）在装配 J4 时，以下哪个部件是首先安装的？（　　）

A. J4 电机　　B. J4 减速器

C. J4 谐波发生器　　D. J4 刚轮

2）判断题

（1）在装配工业机器人本体时，必须先安装基座单元。（　　）

（2）在装配 J1 时，J1 电机可以直接安装在基座上。（　　）

（3）在装配 J2 时，J2 电机必须先安装在旋转座上。（　　）

（4）在装配 J3 时，J3 电机必须先安装在肘部箱体上。（　　）

（5）在装配 J4 时，J4 电机必须先安装在肘部箱体上。（　　）

（6）在装配 J5 时，J5 电机必须先安装在上臂上。（　　）

3）多选题

（1）在装配工业机器人本体时，以下哪些是必需的工具？（　　）

A. 内六角扳手　　B. 扳手

C. 螺丝刀　　D. 气枪

（2）在装配 J1 时，以下哪些部件是必需的？（　　）

A. J1 电机　　B. J1 减速器

C. J1 谐波发生器　　D. J1 刚轮

（3）在装配 J2 时，以下哪些部件是必需的？（　　）

A. J2 电机　　B. J2 减速器

C. J2 谐波发生器　　D. J2 刚轮

（4）在装配 J3 时，以下哪些部件是必需的？（　　）

A. J3 电机　　B. J3 减速器

C. J3 谐波发生器　　D. J3 刚轮

（5）在装配 J4 时，以下哪些部件是必需的？（　　）

A. J4 电机　　B. J4 减速器

C. J4 谐波发生器　　D. J4 刚轮

（6）在装配 J5 时，以下哪些部件是必需的？（　　）

A. J5 电机　　B. J5 减速器

C. J5 谐波发生器　　D. J5 刚轮

4）简答题

（1）简述工业机器人本体的装配顺序。

（2）简述装配工业机器人本体时的注意事项。

练习题参考答案

任务 1.3　拆卸工业机器人本体

【任务目标】

（1）掌握拆卸须知，养成良好的拆卸习惯。

（2）能拆卸 J6，J5，J4，J3，J2 和 J1 的每个零件。

（3）面对烦琐的拆卸工作，保持耐心和专注，培养坚韧不拔的工作态度。

在机器人的使用过程中会遇到各种故障，需要拆卸和维修。为了保证拆卸后零件齐全并且后期装配方便，应该养成良好的拆卸习惯，包括拆卸后各轴的零件必须放置到该轴指定零件物品盒内；谐波减速器必须在足够清洁的环境下拆装，且拆装过程中不能有任何异物进入；拆装工具必须按照工艺卡的要求使用，特别是要求使用木槌、橡皮锤或紫铜棒等轻轻敲击的，不允许使用铁锤敲击；对于拆卸时要求清洁或涂润滑脂的部件，必须清洁或涂润滑脂；拆装过程必须遵守安全须知，以免造成安全事故。

工业机器人手腕单元的拆卸　工业机器人上臂单元的拆卸　工业机器人肘部单元的拆卸　工业机器人下臂单元的拆卸　工业机器人旋转座单元的拆卸

1.3.1　TKB 1200 机器人本体拆卸说明

TKB 1200 机器人本体按照 J6，J5，J4，J3，J2 和 J1 的顺序拆卸。

1）J6 拆卸

（1）J6 箱体组件拆卸（图 1-3-1）。

作业工具有内六角扳手、斜口钳。

① 拆卸 J6 箱体后盖板螺钉，取下 J6 箱体后盖板 SR6ARC.4-6。

② 拆卸上臂盖板 SR6ARC.4-5 的右侧螺钉 3-M3 × 6，取下上臂盖板 SR6ARC.4-5。

③ 解开 J6 电机线缆（电源线和编码器线）接头。

④ 剪断扎带 3 × 100（扎带剪断后，将 J6 电机线缆拖出）。

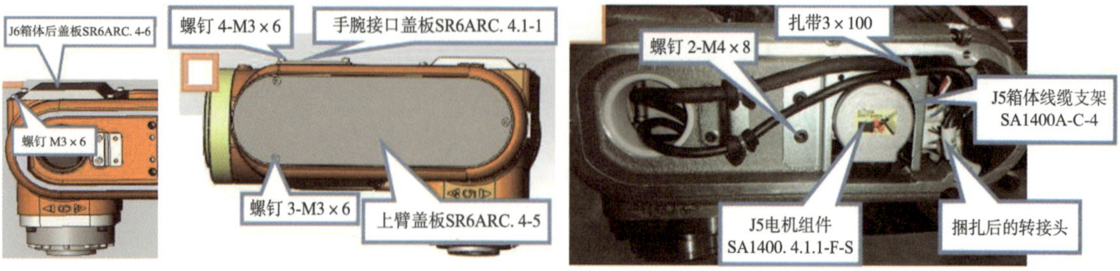

(a)　　　　(b)　　　　(c)

图 1-3-1　J6 箱体组件拆卸

（2）J6 减速机与电机拆卸（图 1-3-2）。

作业工具有内六角扳手、伺服工装、一字螺丝刀。

① 拆卸 J6 减速机螺钉 8-M3×25，取下 J6 减速机 LCD-14-50-C-I（主体）。

② 使用一字螺丝刀将 J6 减速机 LCD-14-50-C-I（主体）O 形圈 56.5×2.0 拆下。

③ 拆卸螺钉 M2.5×8，取下 J6 减速机锁紧垫片 SR6ARC.4-4。

④ 拆卸 J6 减速机谐波发生器 LCD-14-80-C-I，拆卸键 C2×8。

⑤ 取下 J6 减速机隔套 SR6ARC.4-3。

⑥ 拆卸 J6 电机法兰螺钉 M5×30。

⑦ 将 J6 电机法兰 / 电机组件与 J6 箱体分离。

⑧ 拆卸 J6 电机螺钉 2-M4×10，将 J6 电机 TS4603N7177 与电机法兰分离。

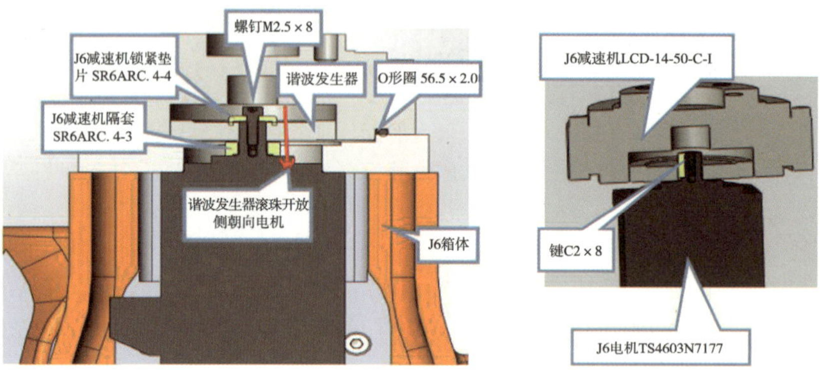

(a)　　　　(b)

图 1-3-2　J6 减速机与电机的拆卸

（3）J6 箱体与 J5 分离拆卸（图 1-3-3）。

作业工具是内六角扳手。拆卸步骤如下：

① 拆卸手腕扎线板螺钉 2-M3×6，取下手腕扎线板 SA1400A-3。

② 拆卸 J5 箱体线缆支架螺钉 2-M4×8，取下 J5 箱体线缆支架 SA1400A-C-4。

③ 拆卸 J5 箱体侧盖螺钉 4-M5×16，将手腕侧盖组件 SA1400.4.4-F-S 与手腕分离。

④ 拆卸 J6 手腕线缆护套内六角沉头螺钉 6-M3×8，将 J6 手腕线缆护套 SR6ARC.4-2 取出。

⑤ 拆卸 J6 箱体螺钉 12-M3×10，取下 J6 箱体。

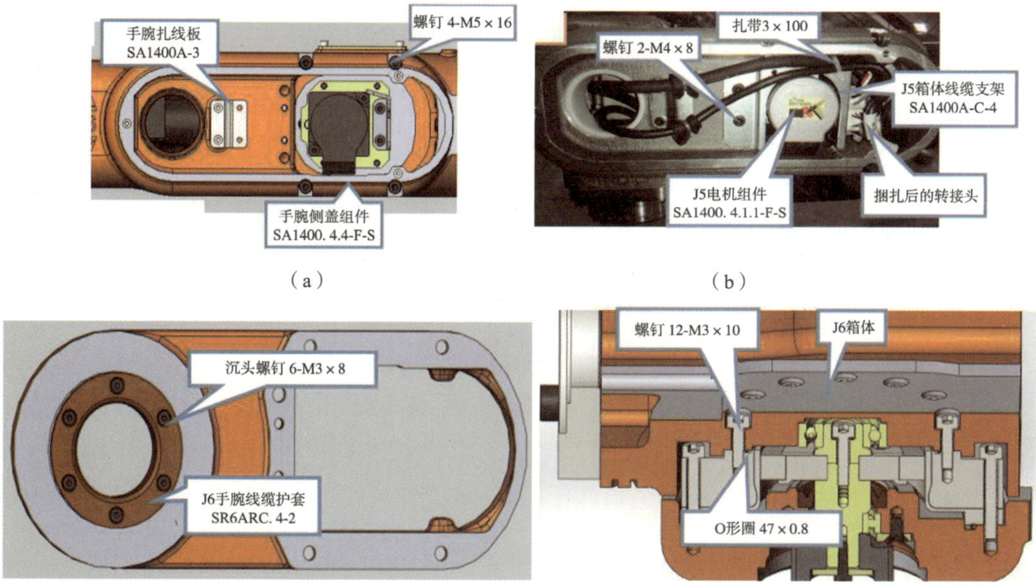

（a）　（b）　（c）　（d）

图 1-3-3　J6 箱体与 J5 分离拆卸

2）J5 拆卸

（1）J5 箱体组件拆卸（图 1-3-4）。

作业工具是内六角扳手。

① 拆卸手腕接口盖板螺钉 4-M3×8，取下手腕接口盖板 SR6ARC.4.1-1。

② 解开 J5 电机线缆接头。

③ 拆卸上臂盖板螺钉 3-M3×6，取下上臂盖板 SR6ARC.4-5。

④ 拆卸全牙螺钉 1-M4×25，将 J5 电机座螺钉 4-M4×16 松开，将同步带 AT3-300-6 取下，再拆卸 J5 电机座螺钉 4-M4×16，取出 J5 电机组件 SA1400A1.4.1.1-F-S。

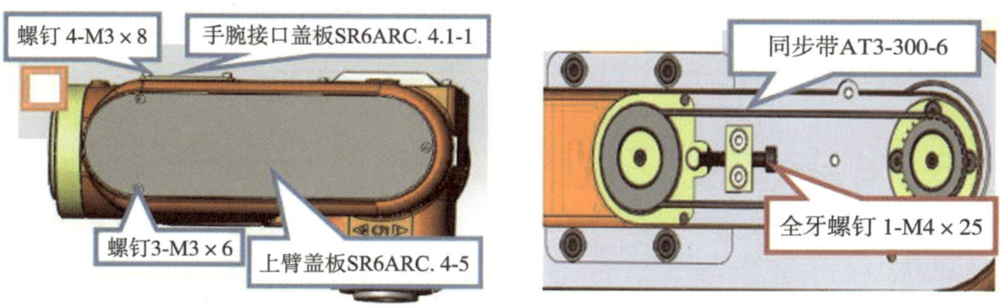

（a）　（b）

图 1-3-4　J5 箱体组件拆卸

（2）J5 电机组件拆卸（图 1-3-5）。

作业工具是内六角扳手。

① 拆卸螺钉 M2.5×8，依次取下锁紧垫片 SR6ARC.4.1.1-2、J5 输入带轮 SR6ARC.4.1、

平键 C2×8。

② 拆卸 J5 电机螺钉 2-M4×10，取下 J5 电机 TS4603N7176。

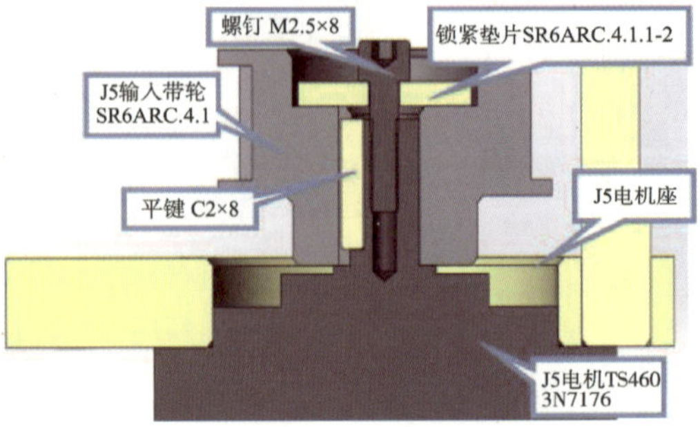

图 1-3-5　J5 电机组件拆卸

（3）J5 减速机拆卸（图 1-3-6）。

作业工具有内六角扳手、伺服工装。

① 拆卸螺钉 M2.5×8，依次取出 J5 输入带轮锁紧垫片 SR6ARC.4.1.1-2、J5 从动带轮 SR6ARC.4.1-6、键 C3×8。

② 拆卸螺钉 M3×12 和压纹垫片 M3。

③ 拆卸轴承 6900ZZ。

④ 拆卸轴套 SR6ARC.4.1-12。

⑤ 拆卸 J5 减速机 LHD-17-80-C-I 的谐波发生器，取出键 C3×6。

⑥ 拆卸 J5 减速机刚轮的螺钉 12-M3×20，使用伺服工装取下 J5 减速机 LHD-17-80-C-I 的刚轮。

⑦ 拆卸 J5 带轮轴 SR6ARC.4.1-5A。

⑧ 拆卸 J5 轴承定位压片的内六角沉头螺钉 4-M3×6，取出 J5 轴承定位压片 SR6ARC.4.1-4、轴承 6800VV、油封 WA14×22×4。

⑨ 拆卸螺钉 6-M5×20，取下 J5 箱体和手腕过渡法兰 SR6ARC.4.1-10。

⑩ 拆卸手腕过渡法兰螺钉 8-M5×30，将手腕过渡法兰与 J5 箱体分离。

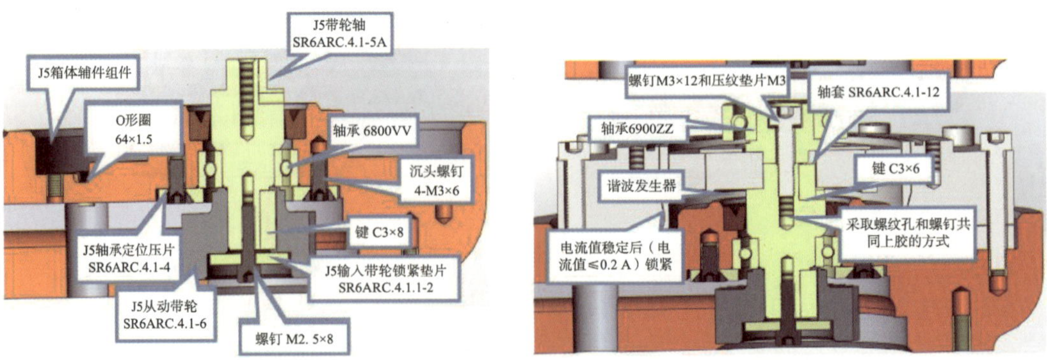

（a）　　　　（b）

图 1-3-6　J5 减速机拆卸

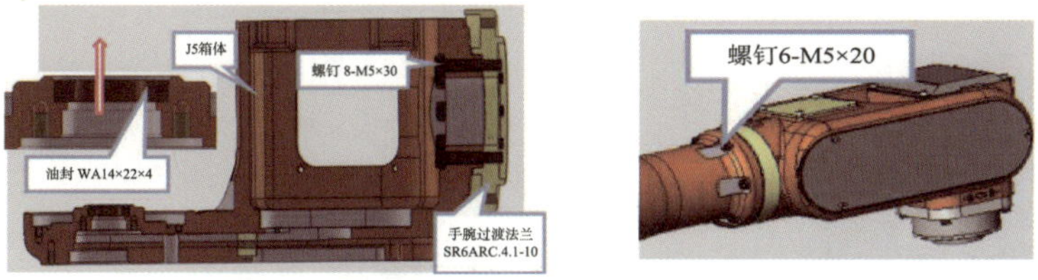

（c）　　　　　　　　（d）

图 1-3-6（续）　J5 减速机拆卸

3）J4 拆卸

（1）J4 箱体拆卸（图 1-3-7）。

作业工具是内六角扳手。

① 拆卸上臂驱动壳体下盖板螺钉 4-M4×10，取下上臂驱动壳体下盖板 SR6ARC.2-5。

② 将 J5 和 J6 电机线缆（共 4 条）抽出。

③ 拆卸上臂筒螺钉 8-M5×30，取下上臂筒 SR6ARC-1。

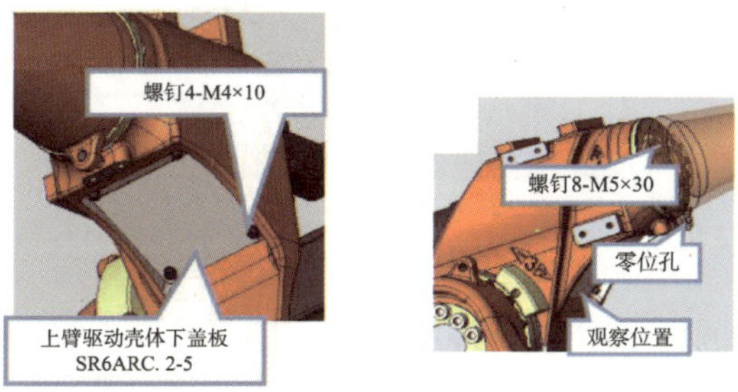

（a）　　　　　　　　（b）

图 1-3-7　J4 箱体拆卸

（2）J4 电机组件拆卸（图 1-3-8）。

作业工具有内六角扳手、手持伺服工装。

① 拆卸 J4 电机法兰的螺钉 6-M4×10，将 J4 电机组件 SA1400A1.2.1-F-S 整体从旋转座上抽出分离。

② 拆卸螺钉 6-M5×16 和压纹垫片 M5，将曲轴组件 SR6ARC.2.1.1 取下。

③ 拆卸螺钉 4-M4×8，将 J4 电机组件、J4 减速机组件分开。

④ 拆卸螺钉 M3×8，依次取出压纹垫片 M3、J4 端盖 SR6ARC.2.1A-2、J4 减速机谐波发生器、键 C3×16。

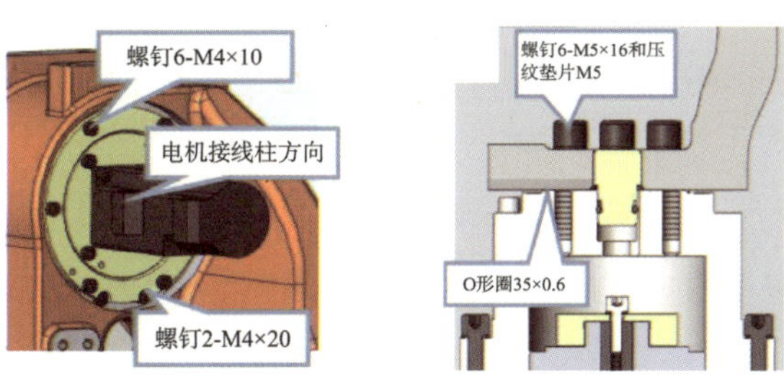

（a）　　　　　　　　（b）

图 1-3-8　J4 电机组件拆卸

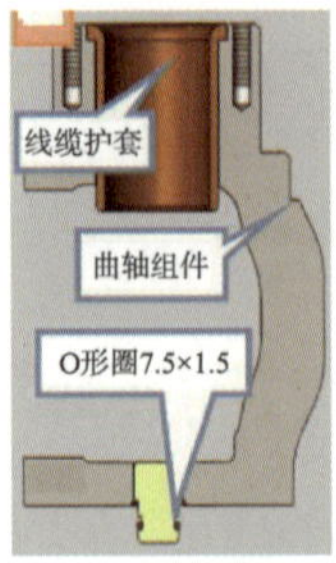

（c）

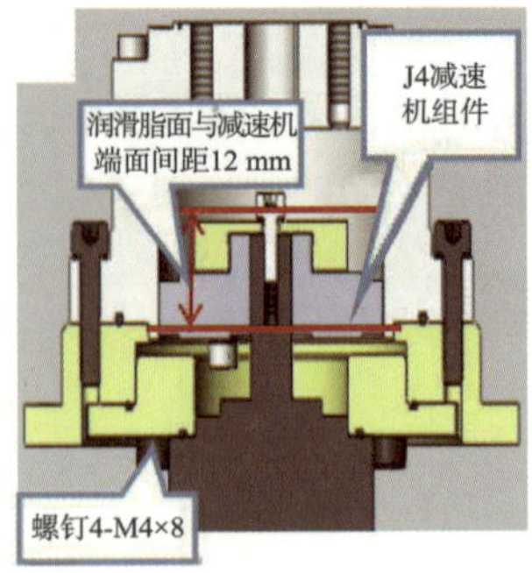

（d）

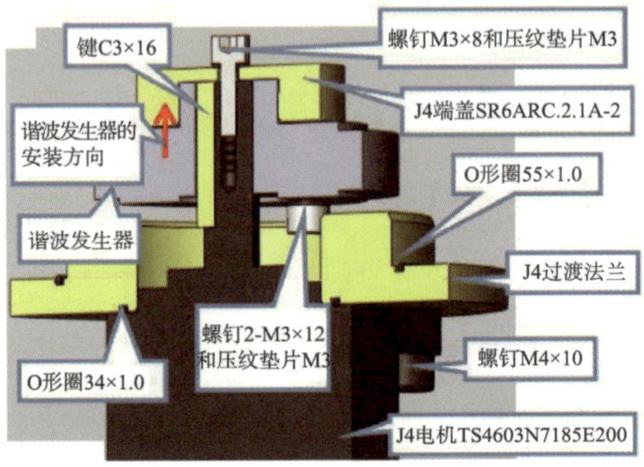

（e）

图 1-3-8（续） J4 电机组件拆卸

（3）J4 减速机组件拆卸（图 1-3-9）。

作业工具有内六角扳手、一字螺丝刀。

① 拆卸螺钉 6-M4 × 16，将 J4 电机法兰与减速机 LCS-17-50-C-I 分离。

② 将 O 形圈 58 × 1.5 从减速机上拆卸下来。

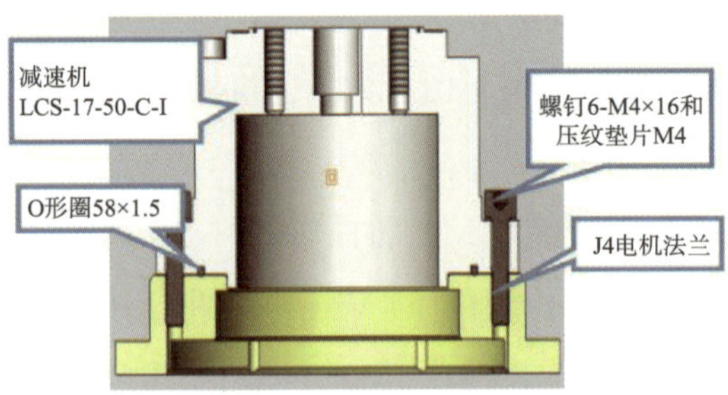

图 1-3-9 J4 减速机组件拆卸

（4）J4 支撑轴承拆卸（图 1-3-10）。

作业工具有内六角扳手、榔锤、铝管、一字螺丝刀。

① 拆卸 J4 支撑轴承压盖螺钉 6-M3 × 8。

② 将 J4 支撑轴承压盖 SR6ARC.2-3 取出，使用榔锤和铝管将 J4 支撑轴承 3210-2RS 敲出。

③ 拆卸 J4 支撑轴承隔套 SR6ARC.2-2。

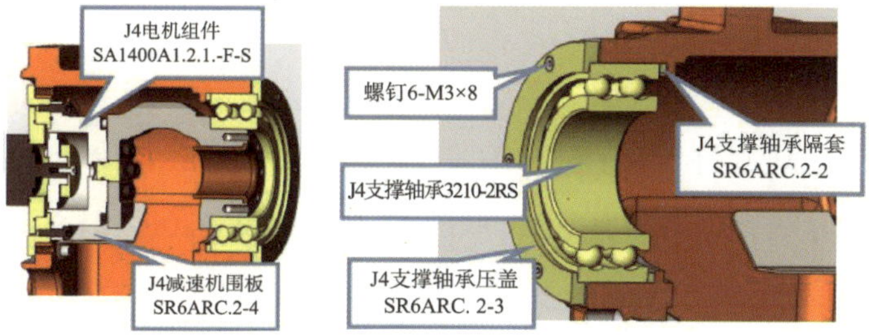

（a）　　（b）

图 1-3-10　J4 支撑轴承拆卸

4）J3 拆卸

（1）J3 电机组件拆卸（图 1-3-11）。

作业工具是内六角扳手。

① 拆卸 J3 电机螺钉 4-M6 × 20，将 J3 电机组件 SA1400A1.3.1-F-S 整体抽出。

② 拆卸螺钉 M6 × 80，将密封垫圈 M6 × 10、齿轮 RV-20E-121、键 C6 × 25 修配后依次取出。

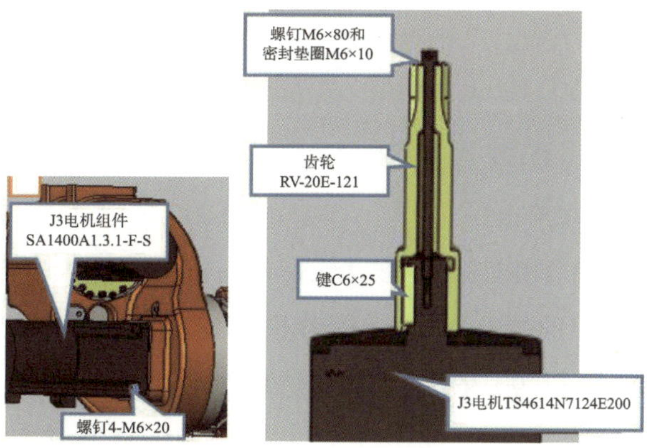

（a）　　（b）

图 1-3-11　J3 电机组件拆卸

（2）上臂驱动拆卸（图 1-3-12）。

作业工具是内六角扳手。

① 拆卸油堵 M10 × 1 和密封垫圈 M10。

② 拆卸螺钉 6-M10 × 40，取出 J3 减速机压垫 SR6SARC-2，将上臂与下臂分离。

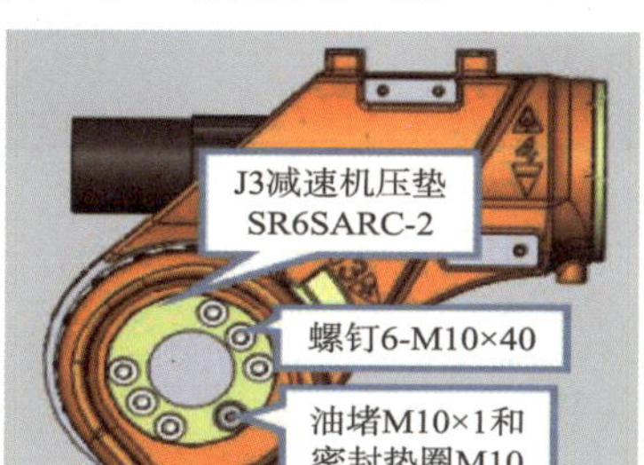

图 1-3-12　上臂驱动拆卸

（3）J3 减速机拆卸（图 1-3-13）。

作业工具有内六角扳手、伺服工装。

① 拆卸 J3 限位块螺钉 5-M6×35，取下 J3 关节限位块 SR6ARC.2-6。

② 拆卸 J3 减速机螺钉 11-M6×30，取出 J3 减速机 RV-20E-121-Z-B。

③ 拆卸油封压板的螺钉 4-M3×6，依次取出油封压板 SR6ARC.2-7、油封 33×45×7。

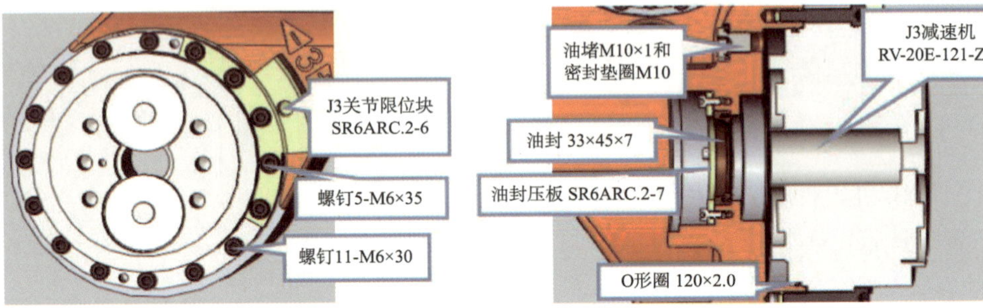

（a）　　（b）

图 1-3-13　J3 减速机拆卸

5）J2 拆卸

（1）J2 电机组件拆卸（图 1-3-14）。

作业工具是内六角扳手。

① 拆出 J2 电机 TSM1306N8224 快速接头。

② 拆卸 J2 电机的螺钉 4-M8×30 和垫片 M8，将 J2 电机组件与旋转座分离。

③ 拆卸螺钉 M5×90，依次取下密封垫圈、齿轮 RV-40E-121、键 A8×25。

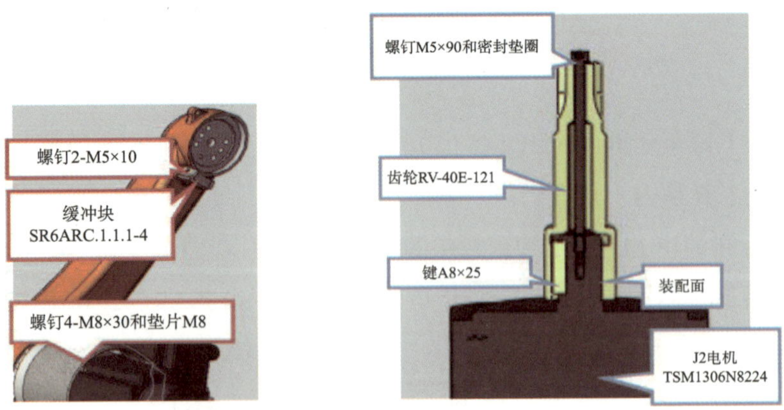

（a）　　（b）

图 1-3-14　J2 电机组件拆卸

（2）下臂组件拆卸（图 1-3-15）。

作业工具是内六角扳手。

① 拆卸螺钉 6-M14 × 40,取下 J2 减速机压垫 SR6ARC.1-3。

② 拆卸下臂镶钢丝螺套组件 SR6ARC.1-2-F-S。

③ 拆卸 J2 防撞块螺钉 5-M8 × 45,取下 J2 防撞块组件 SA1400.1.2-F-S。

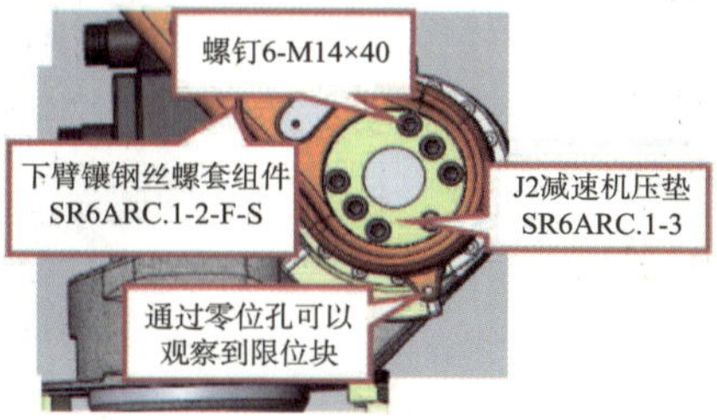

图 1-3-15　下臂组件拆卸

（3）J2 减速机拆卸（图 1-3-16）。

作业工具是内六角扳手。

① 拆卸 J2 减速机螺钉 8-M8 × 40。

② 将 J2 减速机 RV-40E-121-Z-B 与旋转臂分离。

③ 步骤 3:拆卸 J2 减速机上的 O 形圈 151.99 × 3.53。

④ 拆卸油封螺钉 4-M3 × 6,取出油封压盖 SA1400A.1.1-2、油封 36 × 50 × 7。

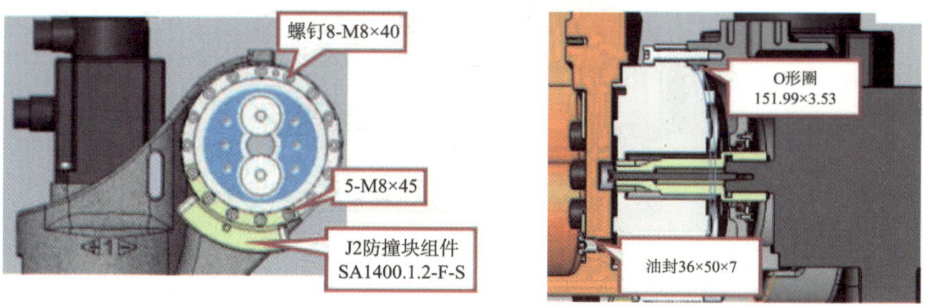

图 1-3-16　J2 减速机拆卸

6）J1 拆卸

（1）J1 电机组件拆卸（图 1-3-17）。

作业工具是内六角扳手。

① 解出 J1 电机电缆线接头。

② 拆卸 J1 电机螺钉 4-M8 × 30 和垫片 M8,取出 J1 电机组件 SA1400A.1.1.3-F-S（从旋转座分离）。

③ 拆卸螺钉 M5 × 45,依次取下密封垫圈（GSWC5）、齿轮 RV-40E-121、键 A8 × 25。

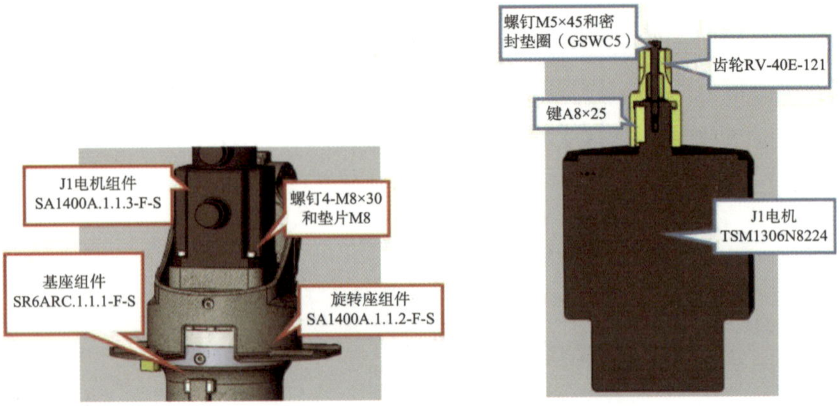

（a） （b）

图 1-3-17 J1 电机组件拆卸

（2）J1 减速机组件拆卸（图 1-3-18）。

作业工具是内六角扳手。

① 拆卸 J1 减速机螺钉 16-M8×40，将减速机组件与基座分离。

② 将 O 形圈 151.99×3.53 从 J1 减速机 RV-40E-121-Z-B 上取下。

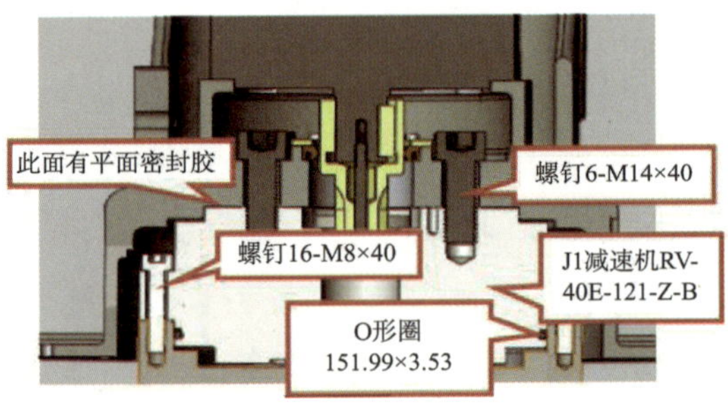

图 1-3-18 J1 减速机组件拆卸

（3）旋转座组件拆卸（图 1-3-19）。

作业工具是内六角扳手。

① 拆卸油封螺钉 4-M3×6，取下油封压盖 SA1400A.1.1-2、油封 36×50×7。

② 拆卸 J1 旋转座限位块的螺钉 4-M8×20，取下 J1 限位块。

③ 拆卸圆柱销螺钉 2-M4×10 和 2-M4 平垫片，取下 J1 零位块 SR6ARC.1.1-5。

④ 拆卸 J1 油堵 M10×1 和密封垫圈。

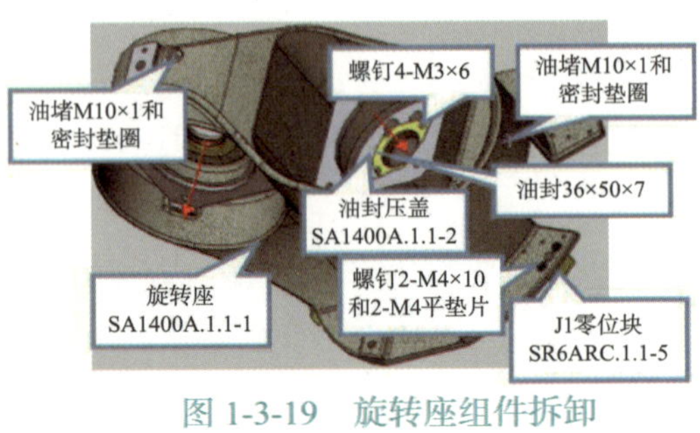

图 1-3-19 旋转座组件拆卸

1.3.2 工作任务实施

以小组为单位完成工作任务并填写表 1-3-1。

表 1-3-1 “拆卸工业机器人本体”工作任务实施表

<table>
<tr><td colspan="4">任务名称 拆卸工业机器人本体</td><td colspan="3">实施表编号</td></tr>
<tr><td>班级</td><td colspan="3">姓名</td><td>学号</td><td colspan="2">教师签字</td></tr>
<tr><td>工序号</td><td>工序名称</td><td>工序内容</td><td>工具/材料</td><td>操作过程</td><td>完成时间</td><td>备注</td></tr>
<tr><td>1</td><td rowspan="4">J5，J6拆卸</td><td>（1）上臂组件拆卸</td><td>葫芦吊、吊绳、内六角扳手</td><td>（1）拆卸手腕箱体两侧盖板；
（2）松开 J6 和 J5 电机动力线缆和编码器线缆接头；
（3）用葫芦吊吊绳将上臂固定，检查吊绳是否绑紧，以及拆除上臂固定螺钉后上臂是否失去平衡而脱落；
（4）拆卸上臂与肘部箱体紧固螺钉 8-M8 × 45；
（5）取下上臂组件；
（6）使用内六角扳手分别将 J6 和 J5 电机支撑架螺钉松开（但不完全拆卸）；
（7）取下 J6 和 J5 同步带轮皮带</td><td></td><td></td></tr>
<tr><td>2</td><td>（2）J6 电机组件拆卸</td><td>内六角扳手</td><td>（1）拆卸同步带轮（与电机直接相连的同步带轮）的紧固螺钉 M5 × 16 及其弹垫；
（2）取下同步带轮；
（3）拆卸 J6 电机支撑架螺钉；
（4）取下 J6 电机组件；
（5）拆卸 J6 电机固定螺钉；
（6）取下 J6 电机；
（7）取下平键</td><td></td><td></td></tr>
<tr><td>3</td><td>（3）J6 输入组件拆卸</td><td>内六角扳手、铜棒、物品盒、抹布</td><td>（1）拆卸同步带轮的齿轮轴套固定螺钉 M4 × 10，取下大齿轮组件；
（2）拆卸同步带轮的紧固螺钉 M6 × 20 及其弹垫，取下同步带轮；
（3）拆卸法兰盘的螺钉 M6 × 20，取下法兰盘；
（4）使用铜棒轻轻敲出大齿轮轴；
（5）使用铜棒轻轻敲出内套；
（6）取下内套上的标准弹片；
（7）清洁上述配件并将其放入指定物品盒中</td><td></td><td></td></tr>
<tr><td>4</td><td>（4）J5 电机组件拆卸</td><td>内六角扳手</td><td>（1）拆卸同步带轮（与电机直接相连的同步带轮）的紧固螺钉 M5 × 16 及其弹垫；
（2）取下同步带轮；
（3）拆卸 J5 电机支撑架螺钉；
（4）取下 J5 电机组件；
（5）拆卸 J5 电机固定螺钉；
（6）取下 J5 电机；
（7）取下平键</td><td></td><td></td></tr>
</table>

续表

工序号	工序名称	工序内容	工具/材料	操作过程	完成时间	备注
5	J5，J6拆卸	（5）J5减速机组件拆卸	内六角扳手、物品盒、抹布	（1）拆卸紧固同步带轮的螺钉 M5×16 及其弹垫，取下同步带轮； （2）拆卸法兰盘螺钉，取下法兰盘； （3）取下隔套，将同步带轮缓慢取出，再取下圆头平键； （4）使用 2 颗螺钉缓慢将 J5 减速机谐波发生器取出； （5）拆卸固定刚轮的螺钉 4-M4×16，取下垫片； （6）使用 2 颗螺钉缓慢将 J5 减速机刚轮取出； （7）清洁上述配件并将其放入指定物品盒中		
6		（6）J6箱体、减速机拆卸	内六角扳手、抹布	（1）将 J6 箱体从上臂上取出； （2）拆卸 J6 减速机支座的螺钉 4-M6×25； （3）使用 2 颗 M4 螺钉将支座顶出； （4）将 J6 减速机上的润滑脂擦拭干净； （5）拆卸固定柔轮的螺钉 6-M4×10； （6）拆卸固定刚轮的螺钉 8-M4×16； （7）取出柔轮与刚轮； （8）取出小齿轮； （9）取出轴承		
7	J3，J4拆卸	（1）肘部箱体与大臂分离	葫芦吊、吊绳、内六角扳手、润滑脂回收盒、抹布	（1）使用吊绳固定肘部箱体； （2）拆卸肘部箱体后盖； （3）拧开 J3 和 J4 电机的动力线和编码器线接头； （4）拆卸固定 J3 电机组件的螺钉 4-M5×16； （5）使用 2 颗螺钉将电机平衡顶出（拆除电机时会有大量润滑脂漏出，应做好清洁工作）； （6）拆卸并放好 J3 电机，清除下臂及电机上的密封胶； （7）打开电机对面的电线固定卡扣，拨开电线，拆出卡扣； （8）拆除下臂上的 J3 固定螺钉，用螺钉在顶孔处平衡顶开，使肘部箱体与下臂分离		
8		（2）J3减速机拆卸	内六角扳手、物品盒、抹布	（1）拆卸固定 J3 减速机刚轮外圈的 14 颗螺钉； （2）使用 2 颗螺钉将 J3 减速机顶出； （3）将 J3 减速机上的润滑脂擦拭干净，再放到指定位置		
9		（3）J4电机组件拆卸		（1）拆卸固定电机组件的螺钉 6-M5×16，取出 J4 电机组件； （2）拆卸固定 J4 电机的螺钉 4-M5×16，取下 J4 电机，取出平键； （3）取出 J4 减速机谐波发生器和法兰； （4）清洁上述配件并将其放入指定物品盒中		

续表

工序号	工序名称	工序内容	工具/材料	操作过程	完成时间	备注
10	J3，J4 拆卸	（4）J4 减速机拆卸	内六角扳手、抹布	（1）拆卸固定刚轮的 8 颗螺钉； （2）拆卸 J6 减速机支座螺钉 4-M6 × 25； （3）使用 2 颗 M4 螺钉将支座顶出； （4）将 J6 减速机润滑脂擦拭干净； （5）拆卸固定柔轮的螺钉 6-M4 × 10； （6）拆卸固定刚轮的螺钉 8-M4 × 16； （7）取出柔轮与刚轮； （8）取出小齿轮； （9）取出轴承		
11		（5）肘部箱体组件拆卸	内六角扳手、铜棒、抹布	（1）使用铜棒将支撑套和轴承轻轻敲出； （2）将肘部箱体清洁干净，再放到指定位置		
12	J1，J2 拆卸	（1）J2 电机组件拆卸；	葫芦吊、吊绳、内六角扳手、抹布、钢丝刷	（1）使用吊绳固定下臂； （2）拧开 J2 动力线及编码器线接头； （3）拆卸固定 J2 电机组件的 4 颗螺钉； （4）使用 2 颗螺钉将电机平衡顶出（拆除电机时会有大量润滑脂漏出，应做好清洁工作）； （5）放好 J2 电机，清除下臂及电机上的密封胶		
13		（2）下臂拆卸	内六角扳手、扭矩扳手、销棒	（1）打开电机对面的电线固定卡扣，拨开电线，拆出卡扣； （2）将下臂推至机械零点，用销棒在 J2 机械零点处固定，然后用扭矩扳手松开螺钉； （3）拆卸固定下臂的 6 颗螺钉； （4）使用 2 颗螺钉将下臂顶出，使下臂与旋转座分离		
14		（3）J2 减速机拆卸	内六角扳手、抹布	（1）拆卸 J2 减速机刚轮外圈的 14 颗螺钉； （2）使用 2 颗螺钉将 J2 减速机顶出； （3）将 J2 减速机上的润滑脂擦拭干净，再放到指定位置		
15		（4）J1 电机组件拆卸	内六角扳手、钢丝刷	（1）拧开 J1 电机动力线和编码器线接头； （2）拆除固定电机的 3 颗螺钉，在 2 个顶孔处用螺钉将电机平衡顶出； （3）放好电机，清除转盘及电机上的密封胶		
16		（5）旋转座拆卸	内六角扳手、安装锤	（1）将机器人放倒； （2）拆卸底部的 6 颗螺钉； （3）使用安装锤敲击基座使其与转盘分离		
17		（6）J1 减速机拆卸	内六角扳手、抹布	（1）拆卸 J1 减速机刚轮外圈的 14 颗螺钉； （2）使用 2 颗螺钉将 J1 减速机顶出； （3）将 J3 减速机上的润滑脂擦拭干净，再放到指定位置		

1.3.3 工作任务检查与评价

按照表 1-3-2 中的标准检查任务完成情况并交由教师评分。

表 1-3-2 “拆卸工业机器人本体”工作任务检查与评价表

<table>
<tr><td colspan="3">任务名称　拆卸工业机器人本体</td><td colspan="3">检查与评价表编号</td></tr>
<tr><td>班级</td><td></td><td>姓名</td><td>学号</td><td colspan="2">教师签字</td></tr>
<tr><td>序号</td><td>工序名称</td><td>检查内容</td><td>检查标准</td><td>分　值</td><td>教师评分</td></tr>
<tr><td>1</td><td rowspan="6">J5,J6 拆卸</td><td>（1）上臂组件拆卸</td><td>（1）吊绳固定牢固；
（2）拆卸步骤正确；
（3）拆卸后零部件无损坏；
（4）零部件清洁,放置位置正确</td><td>7</td><td></td></tr>
<tr><td>2</td><td>（2）J6 电机组件拆卸</td><td rowspan="5">（1）拆卸步骤正确；
（2）顶出方法正确；
（3）拆卸后零部件无损坏；
（4）零部件清洁,放置位置正确</td><td>7</td><td></td></tr>
<tr><td>3</td><td>（3）J6 输入组件（大齿轮）拆卸</td><td>7</td><td></td></tr>
<tr><td>4</td><td>（4）J5 电机组件拆卸</td><td>7</td><td></td></tr>
<tr><td>5</td><td>（5）J5 减速机拆卸</td><td>7</td><td></td></tr>
<tr><td>6</td><td>（6）J6 箱体、减速机拆卸</td><td>7</td><td></td></tr>
<tr><td>7</td><td rowspan="5">J3,J4 拆卸</td><td>（1）肘部箱体与下臂分离</td><td>（1）吊绳固定牢固；
（2）拆卸步骤正确；
（3）拆卸后零部件无损坏；
（4）零部件清洁,放置位置正确</td><td>7</td><td></td></tr>
<tr><td>8</td><td>（2）J3 减速机拆卸</td><td rowspan="4">（1）拆卸步骤正确；
（2）顶出方法正确；
（3）拆卸后零部件无损坏；
（4）零部件清洁,放置位置正确</td><td>5</td><td></td></tr>
<tr><td>9</td><td>（3）J4 电机组件拆卸</td><td>5</td><td></td></tr>
<tr><td>10</td><td>（4）J4 减速机拆卸</td><td>6</td><td></td></tr>
<tr><td>11</td><td>（5）肘部箱体组件拆卸</td><td>5</td><td></td></tr>
</table>

续表

<table>
<tr><th>序号</th><th>工序名称</th><th>检查内容</th><th>检查标准</th><th>分　值</th><th>教师评价</th></tr>
<tr><td>12</td><td rowspan="6">J1,J2
拆卸</td><td>（1）J2 电机组件拆卸</td><td></td><td>5</td><td></td></tr>
<tr><td>13</td><td>（2）下臂拆卸</td><td>（1）吊绳固定牢固；
（2）拆卸步骤正确；
（3）拆卸后零部件无损坏；
（4）零部件清洁,放置位置正确</td><td>5</td><td></td></tr>
<tr><td>14</td><td>（3）J2 减速机拆卸</td><td rowspan="4">（1）拆卸步骤正确；
（2）顶出方法正确；
（3）拆卸后零部件无损坏；
（4）零部件清洁,放置位置正确</td><td>5</td><td></td></tr>
<tr><td>15</td><td>（4）J1 电机组件拆卸</td><td>5</td><td></td></tr>
<tr><td>16</td><td>（5）旋转座拆卸</td><td>5</td><td></td></tr>
<tr><td>17</td><td>（6）J1 减速机拆卸</td><td>5</td><td></td></tr>
<tr><td colspan="4">总　分</td><td>100</td><td></td></tr>
<tr><td colspan="6">1. 你是否达到了本任务要求的学习目标和你的个人目标？</td></tr>
<tr><td colspan="6">2. 你还存在不足吗？（若有,请在下方写出）</td></tr>
<tr><td colspan="6">3. 你的后续提升计划是什么？</td></tr>
</table>

1.3.4　练习题

1）单选题

（1）在拆卸工业机器人本体时,首先需要拆卸哪个部件？（　　）

A. J6　　B. J5

C. J4　　D. J1

（2）在拆卸 J6 时，以下哪个部件是首先拆卸的？（　　）

A. J6 电机　　B. J6 减速机

C. J6 箱体　　D. J6 输入组件

（3）在拆卸 J5 时，以下哪个部件是首先拆卸的？（　　）

A. J5 电机　　B. J5 减速机

C. J5 箱体　　D. J5 输入组件

（4）在拆卸 J4 时，以下哪个部件是首先拆卸的？（　　）

A. J4 电机　　B. J4 减速机

C. J4 箱体　　D. J4 输入组件

（5）在拆卸 J3 时，以下哪个部件是首先拆卸的？（　　）

A. J3 电机　　B. J3 减速机

C. J3 箱体　　D. J3 输入组件

（6）在拆卸 J2 时，以下哪个部件是首先拆卸的？（　　）

A. J2 电机　　B. J2 减速机

C. J2 箱体　　D. J2 输入组件

2）判断题

（1）在拆卸工业机器人本体时，必须先拆卸 J6。（　　）

（2）在拆卸 J6 时，必须先拆卸 J6 箱体。（　　）

（3）在拆卸 J5 时，必须先拆卸 J5 箱体。（　　）

（4）在拆卸 J4 时，必须先拆卸 J4 箱体。（　　）

（5）在拆卸 J3 时，必须先拆卸 J3 箱体。（　　）

（6）在拆卸 J2 时，必须先拆卸 J2 箱体。（　　）

3）多选题

（1）在拆卸工业机器人本体时，以下哪些工具是必需的？（　　）

A. 内六角扳手　　B. 扳手

C. 螺丝刀　　D. 气枪

（2）在拆卸 J6 时，以下哪些部件是必需的？（　　）

A. J6 电机　　B. J6 减速机

C. J6 箱体　　D. J6 输入组件

（3）在拆卸 J5 时，以下哪些部件是必需的？（　　）

A. J5 电机　　B. J5 减速机

C. J5 箱体　　D. J5 输入组件

（4）在拆卸 J4 时，以下哪些部件是必需的？（　　）

A. J4 电机　　B. J4 减速机

C. J4 箱体　　D. J4 输入组件

（5）在拆卸 J3 时，以下哪些部件是必需的？（　　）

A. J3 电机　　B. J3 减速机

C. J3 箱体　　D. J3 输入组件

（6）在拆卸 J2 时，以下哪些部件是必需的？（　　）

A. J2 电机　　B. J2 减速机

C. J2 箱体　　D. J2 输入组件

4）简答题

（1）简述拆卸工业机器人本体时的注意事项。

（2）简述拆卸工业机器人本体时的步骤。

练习题参考答案

职业成长与技术创新故事

大国工匠——胡双钱

胡双钱，一位在中国商飞公司默默耕耘的钳工巨匠，他的名字或许未被广泛传颂，但他的双手却在中国航空史上刻下了不朽的印记。作为 C919 大型客机的幕后英雄，他曾在 2014 年 5 月 C919 首架机总装冲刺阶段，带领团队用传统铣钻床完成价值百万的钛合金特制件加工。在 36 个孔径精度仅 0.024 mm（不足头发丝直径的 1/3）的关键孔加工中，通过红油冷却配合圆柱销定位法，耗时 1 h 即完成交付并一次性通过检验。正如他在媒体采访中强调的："每个零件都关系着乘客的生命安全。确保质量，是我最大的职责。"在 ARJ21 新支线飞机研制期间，面对要求次日凌晨交付的紧急特制件任务，他主动带领团队通宵作业，凭借"慢一点、稳一点，精一点、准一点"的工作准则，最终在凌晨三点完成所有精密加工件。从 2002 年参与 ARJ21 项目至今，他以 30 多年经验积累的"手感"，在现代化厂房中坚持手工打磨关键部件，独创"反向验证法"（通过三角函数复核划线角度）和"对比复查法"（用双重标记杜绝误差），创造了经手数十万零件而零缺陷的传奇，用比数控机床更精准的轨迹在钛合金表面雕刻出中国航空的安全印记。

在学习工业机器人本体拆装的过程中，我们应以胡双钱为榜样，将每一个零件视作生命的守护符，以一丝不苟的专注和严谨至极的态度，确保拆装的每一步都精确无误，为工业机器人的稳健运行筑起坚不可摧的基石。胡双钱的故事如同一盏明灯，照亮了我们前行的道路，告诉我们：在平凡的岗位上，亦能铸就非凡的辉煌。只要心中有爱，脚下有路，就执着前行。

项目 2　工业机器人电气元件和附件的装配

本项目介绍工业机器人的主要电气元件和附件，以及它们的装配和连线方法，包括伺服控制器、变压器、断路器、接触器、滤波器、继电器、减速器及电源盒等电气元件，以及风扇、指示灯、安装板及线槽等附件。

教	建议教学时数	任务 2.1 是 8 学时，任务 2.2 是 4 学时
	学习任务	2.1 认识工业机器人的电气元件； 2.2 装配工业机器人的电气元件
	知识重点	工业机器人的伺服控制器、变压器、断路器、接触器、滤波器、继电器、减速器及电源盒等电气元件的功能、外形、参数、连线，以及风扇、指示灯、安装板及线槽等附件的连线
	知识难点	（1）工业机器人控制系统的电气组成； （2）工业机器人本体的电气组成； （3）工业机器人的电路图及其控制原理； （4）工业机器人电气元件的安装和连线
	建议教学方法	六步教学法、任务驱动教学法、一体化教学法
学	学习目标	**知识目标** 了解工业机器人的伺服控制器、变压器、断路器、接触器、滤波器、继电器、减速器及电源盒等电气元件的功能和外形，熟悉工业机器人电路图及其控制原理。 **技能目标** 能够熟练装配工业机器人的电气元件，并能连接电气元件和附件的电路。 **素质目标** （1）能规范装配电气元件，确保系统稳定可靠，彰显工匠精神； （2）能深刻认识电气细节的重要性，以极致追求确保操作安全
	实训条件要求	电脑、教材、微课、工业机器人实训基地

任务 2.1 认识工业机器人的电气元件

【任务目标】

（1）认识伺服控制器、变压器、断路器、滤波器、接触器、继电器、减速器及电源盒等电气元件。

（2）认识风扇、指示灯、安装板、线槽等附件。

（3）学习各电气元件电源和信号通路的连线。

（4）通过自主学习电气元件知识，拓宽知识面，培养自主学习能力。

2.1.1 知识准备 1：认识工业机器人控制系统的电气组成

1）**工业机器人控制系统**

工业机器人控制系统是机器人的大脑，是决定工业机器人功能和性能的主要部件，其主要任务是根据工业机器人的作业指令程序及从传感器反馈回来的信号，控制机器人的执行机构（工业机器人本体），使其执行相应的运动和功能。

认识工业机器人控制柜电气元件

工业机器人控制系统主要对工业机器人本体工作过程中的动作顺序、应到达的位置和姿态、路径轨迹和规划、动作时间间隔，以及末端执行器施加在被作用物上的力和转矩等进行控制。

（1）工业机器人控制系统的特点。

① 工业机器人的控制与机构运动学及动力学密切相关；

② 是多变量控制系统；

③ 是计算机控制系统；

④ 是耦合非线性控制系统；

⑤ 是寻优控制系统。

总而言之，工业机器人控制系统是一个与机构运动学和动力学密切相关、有耦合、非线性的多变量控制系统。

（2）工业机器人控制系统的主要功能。

① 位置伺服功能；

② 方便的人机交互功能；

③ 对外部环境（包括作业条件）的检测和感觉功能；

④ 故障诊断和安全保护功能。

（3）工业机器人控制系统的基本组成。

如图 2-1-1 所示，工业机器人控制系统主要包括控制计算机（数控系统单元）、示教器、操作面板、磁盘存储、数字和模拟量输入 / 输出、传感器接口（包括声音、图像等接口和视觉系统接口）、打印机接口、多个伺服控制器、滑觉和力觉传感器、通信接口和网络接口等。

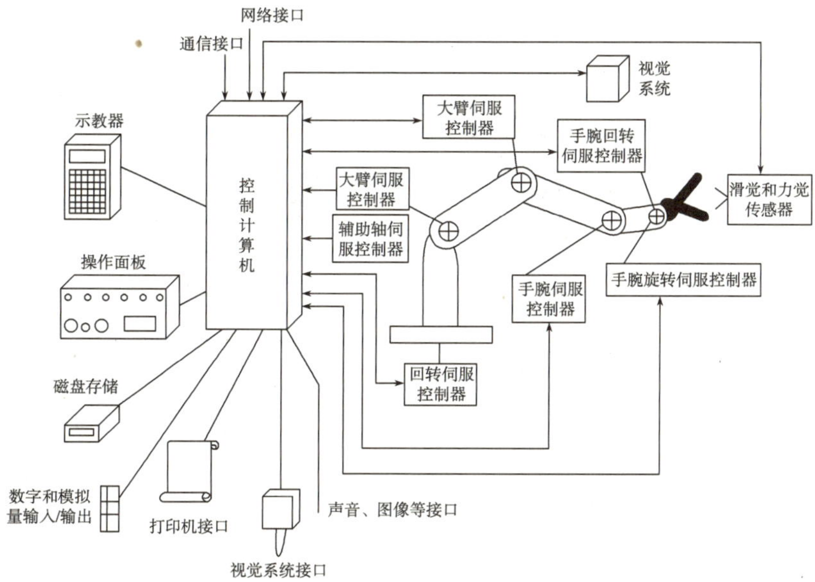

图 2-1-1　工业机器人控制系统的基本组成

2）**工业机器人控制器**

工业机器人控制器又称为控制柜，它是将工业机器人控制系统除示教器以外的其他各种控制单元、存储单元、驱动装置、反馈装置和各类接口等电气元件安装于同一箱体内而制成的一种装置。

本项目以某公司的 RB 08 机器人控制器为例，介绍工业机器人电气元件的组成结构。

小助手　不同型号工业机器人的组成结构及电气元件有所不同，在使用时应查阅对应型号机器人的电气说明书。

RB 08 机器人配套的控制器型号为 GR-C，其外观、内部结构及各电气元件布局分别如图 2-1-2 和图 2-1-3 所示。

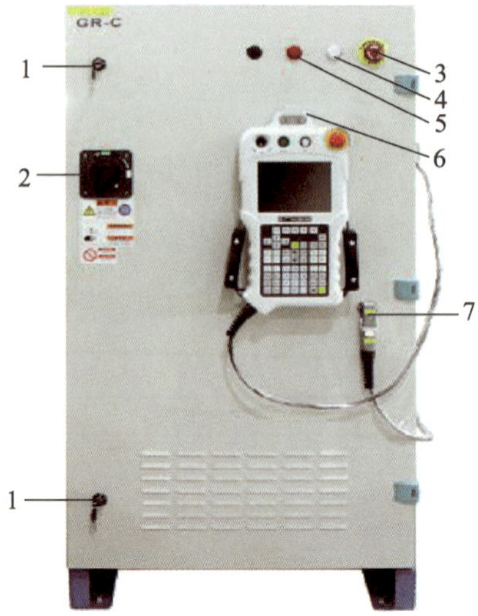

1—门锁；2—主电源开关；3—急停开关；4—电源指示灯；5—报警指示灯；6—示教器挂钩；7—示教器接头。

图 2-1-2　GR-C 型控制器外观结构

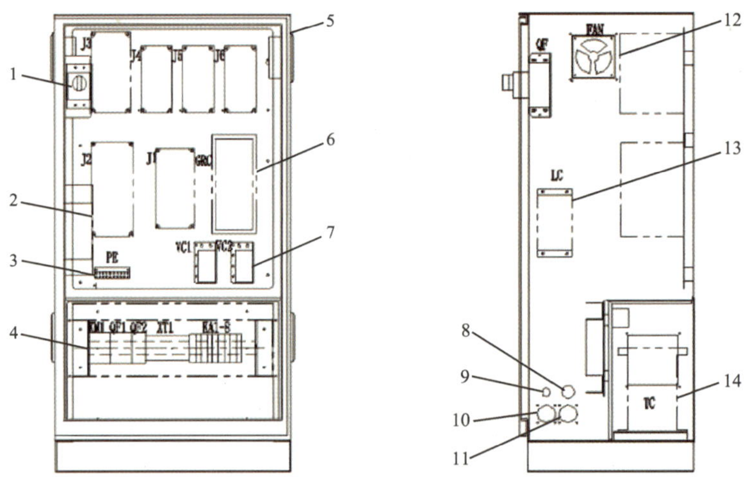

1—主电源开关；2—伺服驱动器；3—接地排；4—电板；5—风扇罩；6—系统单元；7—24 V 电源盒；
8—动力电缆线孔；9—主电源线孔；10—预留孔；11—编码器电缆线孔；12—风扇；13—滤波器；14—变压器。

图 2-1-3　GR-C 型控制器内部结构及电气元件布局图

3）控制器常用电气元件

虽然不同厂家生产的工业机器人控制器的组成结构不相同，但是一般会包含如下电气元件：数控装置（CNC）、伺服驱动器、可编程逻辑控制器（PLC）、开关、断路器、继电器、接触器、变压器等。

（1）数控装置。

数控装置是工业机器人控制系统的核心，主要由中央处理器（CPU）、内存、局部总线、外围逻辑电路及各类接口等组成，如图 2-1-4 所示。

图 2-1-4　不同类型的数控装置

数控装置的原理是先根据输入的数据插补出理想的运动轨迹，然后将轨迹输出到执行部件（如伺服放大器、伺服电机），使机器人本体做出相应的动作。因此，输入、轨迹插补、位置控制是数控装置的 3 项基本功能。所有这些工作都由数控装置内的系统程序（也称控制程序）进行合理的组织，使整个系统有条不紊地工作。

小助手　不同厂家对数控装置的命名可能不同。例如，有的公司将数控装置命名为系统单元，有的公司命名为主机。

（2）伺服驱动器。

伺服驱动器是数控装置和机器人本体的联系者，它把来自数控装置的微弱指令信号放大成控制驱动装置的大功率信号。根据接收指令的不同，伺服驱动器有脉冲式和模拟式之分，而模拟式伺服驱动器按电源种类又可分为直流伺服驱动器和交流伺服驱动器。某公司的 GE 2000 系列交流同步伺服驱动器如图 2-1-5 所示。

图 2-1-5　某公司的 GE 2000 系列交流同步伺服驱动器

（3）可编程逻辑控制器。

可编程控制器是一种以微处理器为基础的通用型自动控制装置。由于最初研制这种装置的目的是解决生产设备的逻辑问题及实现开关控制功能，故把它称为可编程逻辑控制器（PLC，programmable logic controller）。

PLC 已成为工业机器人不可缺少的控制装置。CNC 和 PLC 协调配合，共同控制工业机器人工作。用于工业机器人的 PLC 一般分为两类：一类是 CNC 的生产厂家为实现对工业机器人各轴的顺序控制，将 CNC 和 PLC 综合起来设计的产品，称为内装型（或集成型）PLC，内装型 PLC 是 CNC 装置的一部分；另一类是独立专业化的 PLC 生产厂家的产品，用来实现顺序控制功能，称为独立型（或外装型）PLC。

（4）开关。

工业机器人控制器常用的开关有按钮开关、急停开关、限位开关。

① 按钮开关：常用来接通和断开控制电路，从而使电机设备通断电，有常开和常闭两种类型。工业机器人的按钮开关放在控制回路中，用来上电和断电。

② 急停开关：急停开关实际上也是按钮开关，由按钮帽、复合弹簧、桥式动触点和静触点等组成。

③ 限位开关：限位开关又称为行程开关，可以安装在相对静止的物体（简称静物，如固定架、门框等）上，也可以安装在运动的物体（简称动物，如行车、门等）上。当动物接近静物时，开关的连杆驱动开关的接点，引起闭合接点的分断或者断开接点的闭合，从而控制电路和电机的启停。

（5）断路器。

断路器是指能够关合、承载和开断正常回路条件下的电流，也能在规定的时间内关合、承载和开断异常回路条件下电流的开关装置。断路器按使用范围分为高压断路器与低压断路器，但高低压的界线划分得比较模糊，一般将 3 kV 以上的断路器称为高压断路器。

断路器可用来分配电能，从而避免频繁地启动异步电机，这是对电源线路及电机等的保护。当电路发生严重的过载、短路及欠压等故障时，断路器能自动切断电路，其功能相当于熔断器式开关与过欠热继电器等的组合。在分断故障电流后一般不需要变更零部件。

（6）继电器。

继电器是一种电控制器件，是当输入量（激励量）的变化达到规定要求时，在输出电路中使被控量发生预定阶跃变化的一种电器。它具有控制系统（又称输入回路）和被控制系统（又称输出回路），通常应用于自动化的控制电路中，实际上是用小电流去控制大电流运作的一种“自动开关”，故在电路中起着自动调节、安全保护、电路转换等作用。

（7）接触器。

接触器分为交流（AC）接触器和直流（DC）接触器，常应用于电力、配电与用电场合。接触器广义上是指工业电中利用电流在线圈中流过产生的磁场使触头闭合，从而控制负载的电器。

（8）变压器。

变压器是利用电磁感应的原理来改变交流电压的装置，主要构件是初级线圈、次级线圈和铁芯（磁芯）。变压器的主要功能有电压变换、电流变换、阻抗变换、隔离、稳压（磁饱和变压器）等。

工业机器人控制器常用电气元件的名称、符号、图形及外观图见表 2-1-1。

表 2-1-1　工业机器人控制器常用电气元件

元件名称	符　号	图　形	外观图
按钮开关	SB	 常开按钮　常闭按钮　复合按钮	
急停开关	SB	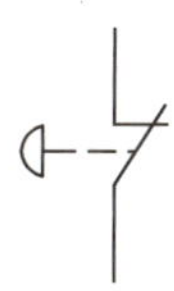	
限位开关	SQ	 常开触头　常闭触头　复合触头	

续表

元件名称	符　号	图　形	外观图
旋钮开关	SA	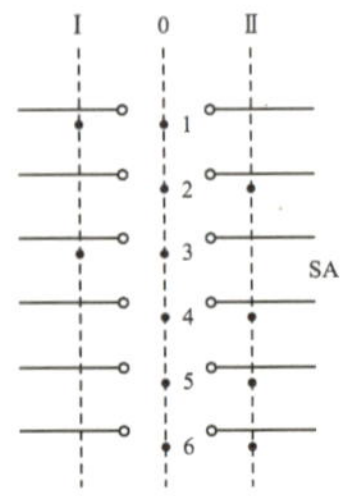	
指示灯	HL		
断路器	QF	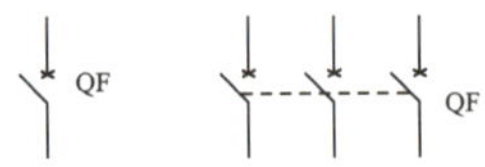 单极断路器　三极断路器	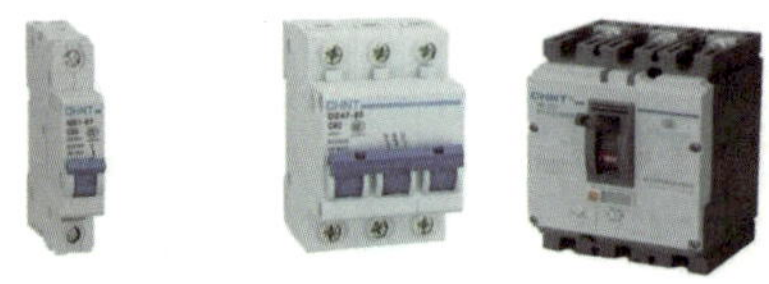
接触器	KM	 接触器线圈图形符号 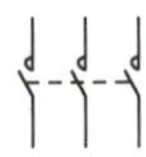 接触器主触头图形符号  接触器辅助常开触头图形符号  接触器辅助常闭触头图形符号	
热继电器	FR	 热继电器元件图形符号  热继电器常开触头图形符号  热继电器常闭触头图形符号	
中间继电器	KA	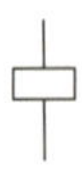 中间继电器线圈图形符号  中间继电器常开触头图形符号  中间继电器常闭触头图形符号	

续表

元件名称	符　号	图　形	外观图
变压器	TC	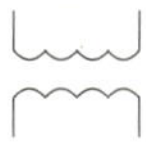	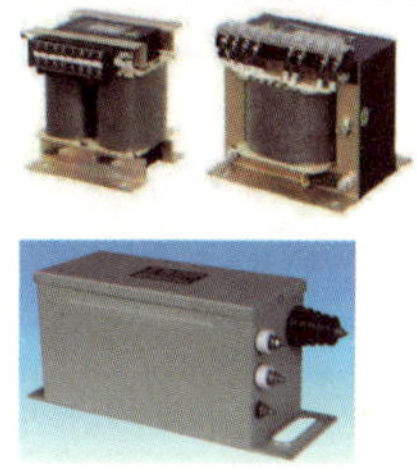

2.1.2　知识准备 2:认识工业机器人本体的电气元件

不同型号机器人本体的电气元件组成及其布局是有差异的。有些型号机器人本体的电缆布置于机器人本体外侧,称为外置型电缆;有些型号机器人本体的电缆布置于机器人本体内部,称为内置型电缆。有些机器人本体留有气管接头和 I/O 信号中转接头及用户电缆,有些没有。

RB 08 机器人本体的电气布局如图 2-1-6 所示。

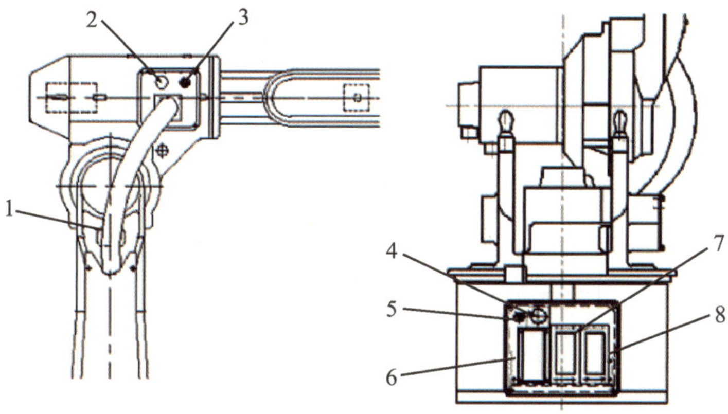

1—穿线软管;2,4—I/O 接头;3,5—气管接头;6—电池盒;7—编码器接头;8—动力电缆接头。

图 2-1-6　RB 08 机器人本体的电气布局图

小助手　虽然不同型号机器人本体的电气元件组成及其布局有差异,但都会含有各轴伺服电机动力电缆、编码器电缆、电池盒。一般机器人各轴伺服电机的动力电缆、编码器电缆会汇总到机器人本体基座,并制成快速连接接头(航空接头),以便于安装。

2.1.3 知识准备 3：熟悉工业机器人的电路图及其控制原理

1）电源通路

RB 08 机器人系统的电源通路如图 2-1-7 所示。

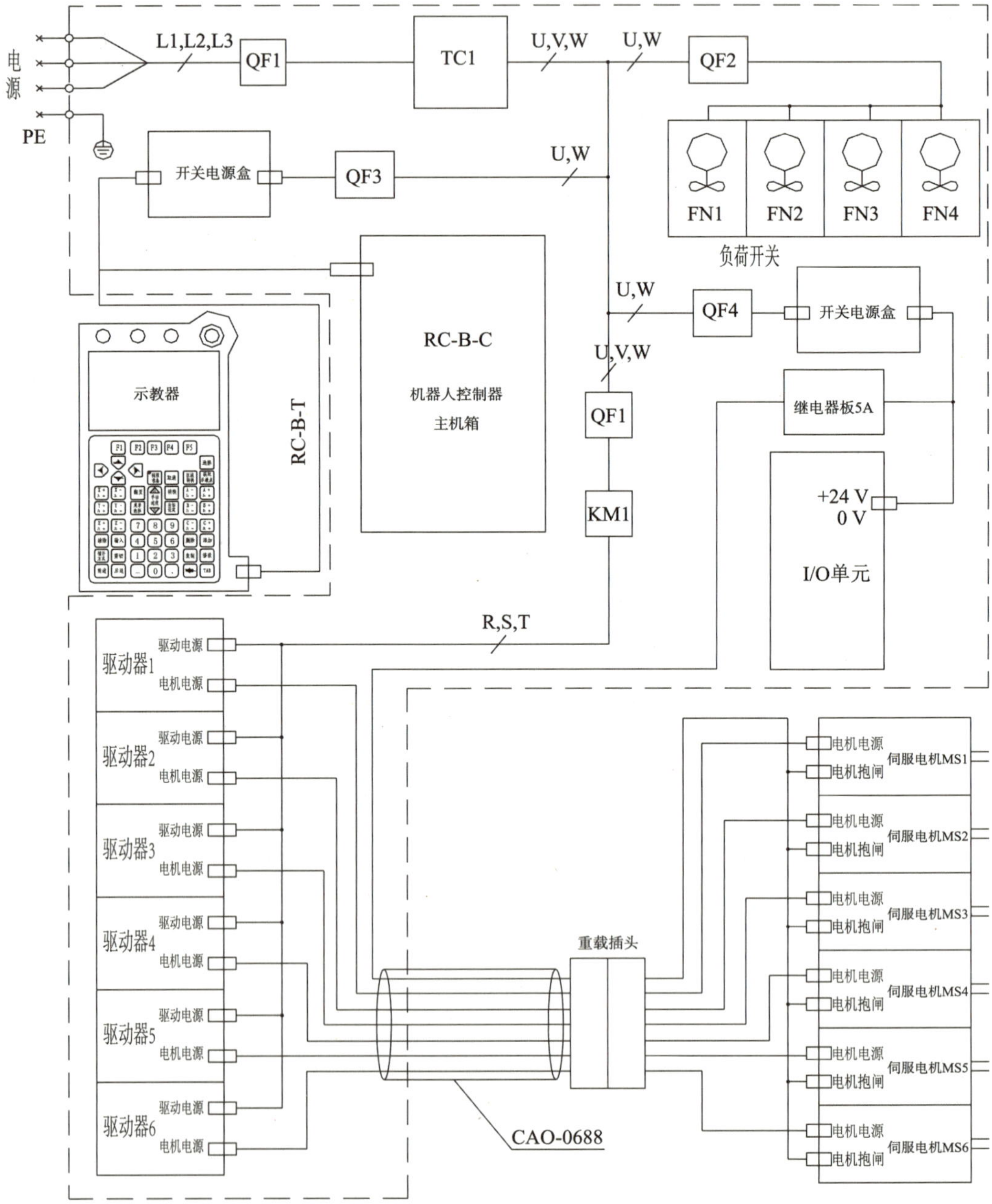

图 2-1-7 RB 08 机器人系统的电源通路

2）信号通路

RB 08 机器人系统的信号通路如图 2-1-8 所示。

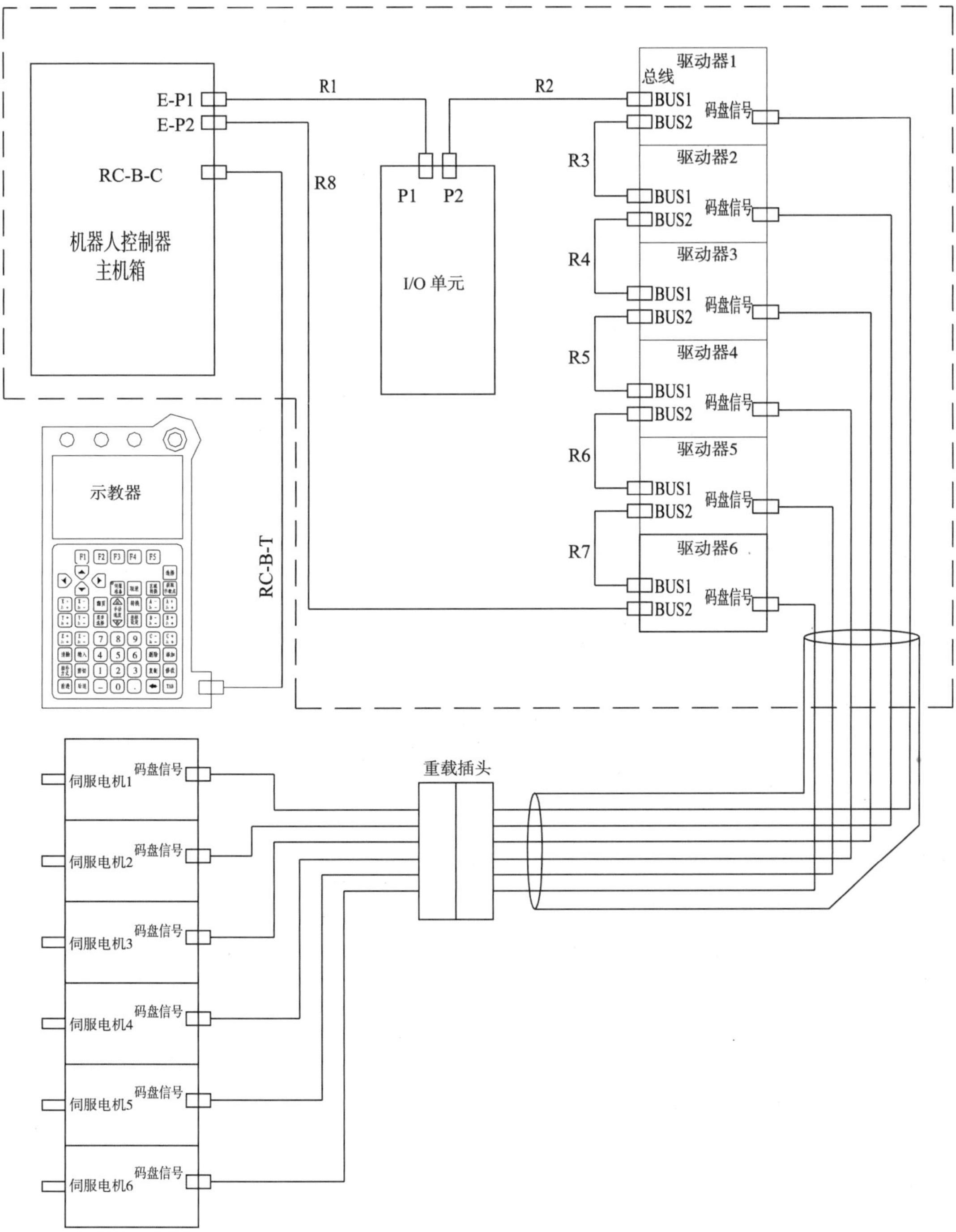

图 2-1-8 RB 08 机器人系统的信号通路

3）控制部件及其功能介绍

GR-C控制器的控制部件有主控开关（QS0）、分断开关（QF1~QF4）、交流接触器（KM1）、单相灭弧器（C1）、伺服驱动器（GE2000）、带抱闸控制伺服电机（MS1~MS6）、系统单元、I/O单元、直流继电器（KA1~KA8）、开关电源盒（SP-240-24）、系统电源盒（PC2）、隔离变压器（TC1）、按钮开关（SB1，SB2）、急停开关（SB1-1，SB1-2，SB3-1，SB3-2）、电机抱闸开关（YB1~YB6）、电源指示灯（LE1）、风扇等。

RB 08工业机器人控制器主要部件的名称和作用见表2-1-2。

表2-1-2 RB08工业机器人控制器主要部件的名称和作用

序号	部件名称	作用
1	主控开关（QS0）	在主电路中起短路、过载、漏电保护等作用
2	分断开关（QF1）	在驱动器出现过流和短路时提供断路保护
3	分断开关（QF2）	在KM1线圈和风扇出现过流和短路时提供断路保护
4	分断开关（QF3）	在系统I/O单元电源盒出现过流和短路时提供断路保护
5	分断开关（QF4）	在开关电源盒出现过流和短路时提供断路保护
6	交流接触器（KM1）	控制驱动器上电
7	单相灭弧器（C1）	消灭电弧，提高开关的分断能力
8	伺服驱动器（GE2000）	控制伺服驱动电机
9	带抱闸控制伺服电机（MS1~MS6）	控制轴的移动，并且带抱闸功能
10	系统单元	控制轴运动
11	I/O单元	用于输入、输出信号
12	继电器（KA1~KA2）	用于控制KM1上电
13	继电器（KA3~KA8）	用于控制电机抱闸开关（YB1~YB6）松闸
14	隔离变压器（TC1）	把380 V电压转变为220 V电压，供驱动器上电
15	按钮开关（SB1，SB2）	SB1用于使驱动器和系统失电，SB2用于使驱动器、系统和指示灯上电
16	急停开关（SB1-1，SB1-2，SB3-1，SB3-2）	用于驱动器上电和失电保护；还用于电机抱闸开关（YB1~YB6），实现得电松闸和失电抱闸
17	电机抱闸开关（YB1~YB6）	用于电机抱闸
18	电源指示灯（LEI）	指示系统电源的状态

4）控制原理分析

控制系统是机器人的关键和核心部分，它类似于人的大脑，控制着机器人的全部功能。机器人功能的强弱、性能的优劣和水平的高低主要取决于控制系统。要使机器人按照人们的要求去完成特定的作业，机器人控制系统还需要完成以下 4 项工作：

一是告诉机器人要做什么。这个过程称为“示教”，也就是通过计算机可以接受的方式告诉机器人应该做什么，给机器人发送作业命令。

二是使机器人接受命令，形成作业过程的控制策略。这个过程实际上是由机器人控制系统中的计算机部分完成的，包括机器人系统的管理、信息的获取及处理、控制策略的制定、作业轨迹的规划等任务。

三是完成作业任务。这个过程是由机器人控制系统中的伺服驱动部分完成的。控制系统可以根据不同的控制方法，将机器人控制策略转化为控制伺服驱动系统的信号，实现机器人的高速、高精度运动，去完成指定的作业任务。

四是保证正确完成作业并通报作业已经完成。这个过程是由机器人控制系统中的传感器部分完成的。传感器检测并向控制系统反馈机器人的各种姿态信息，以便实时监控整个系统的运动情况。

控制系统工作原理如下：

（1）上电前合上所有分断开关（QF1~QF4），按下急停开关（SB1-1，SB1-2，SB3-1，SB3-2），然后打开门上的主控开关（QS0）。打开主控开关后风扇先启动。

（2）按下电源开按钮 SB2，继电器 KA1 得电后常开，触头闭合，同时系统得电，电源指示灯亮，设备开始工作。但此时系统还不能控制轴运动，因为急停开关被按下，驱动器不得电。转动急停开关（SB1-1，SB1-2，SB3-1，SB3-2）至弹出（急停开关复位），伺服驱动器上电。待系统得电启动完毕且不报警后，按下使能开关（或使能按钮）输出使能信号，驱动器接收到信号后输出 SRDY 信号，继电器（KA4~KA8）得电使常开触头闭合，电机抱闸开关（YB1~YB6）线圈得电使抱闸打开，电机工作；放开使能开关或使能按钮后，继电器（KA4~KA8）失电使常开触头断开，电机抱闸开关（YB1~YB6）线圈失电抱闸，电机不工作。

（3）工作结束后，按下急停开关（SB1-1，SB1-2，SB3-1，SB3-2），驱动器断电，电机抱闸开关（YB1~YB6）不得电而松闸。按下电源关按钮 SB1，继电器 KA1 失电，KA1 闭合触头断开，系统和驱动器失电，电源指示灯灭。

（4）关闭门上的主控开关（QS0），风扇停止，机器人完全断电。

RB 08 工业机器人控制原理如图 2-1-9~ 图 2-1-15 所示。图中的 BVR 电线也被称为铜芯聚氯乙烯绝缘软护套电线，具有质地柔软、安装方便快捷的特点，能够提高工作效率。

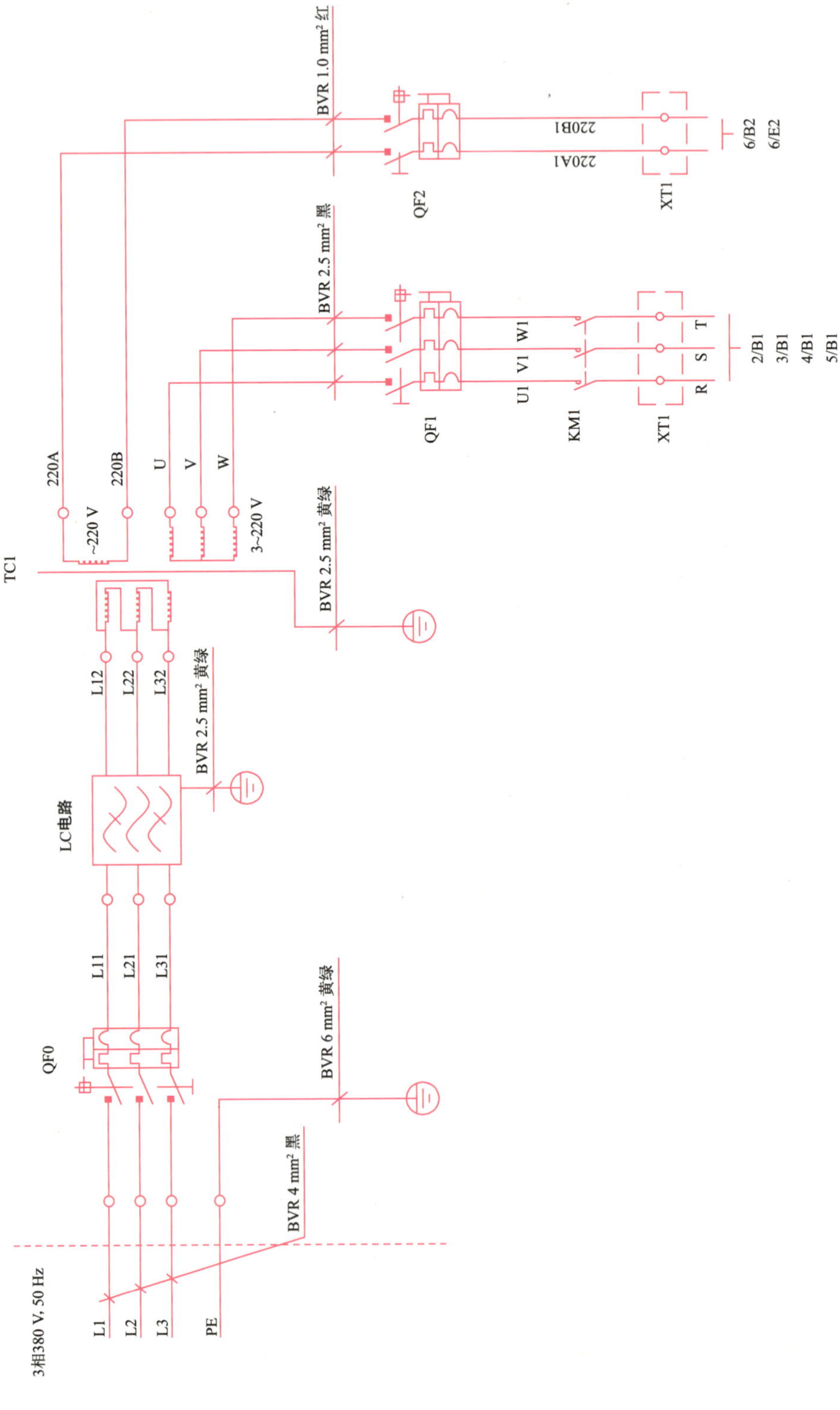
3相380 V, 50 Hz
L1
L2
L3
PE
BVR 4 mm² 黑
QF0
BVR 6 mm² 黄绿
L11
L21
L31
LC电路
BVR 2.5 mm² 黄绿
L12
L22
L32
TC1
BVR 2.5 mm² 黄绿
~220 V
3~220 V
220A
220B
U
V
W
BVR 2.5 mm² 黑
QF1
U1
V1
W1
KM1
XT1
R
S
T
2/B1
3/B1
4/B1
5/B1
BVR 1.0 mm² 红
QF2
220A1
220B1
XT1
6/B2
6/E2

图 2-1-9 主电路图 1

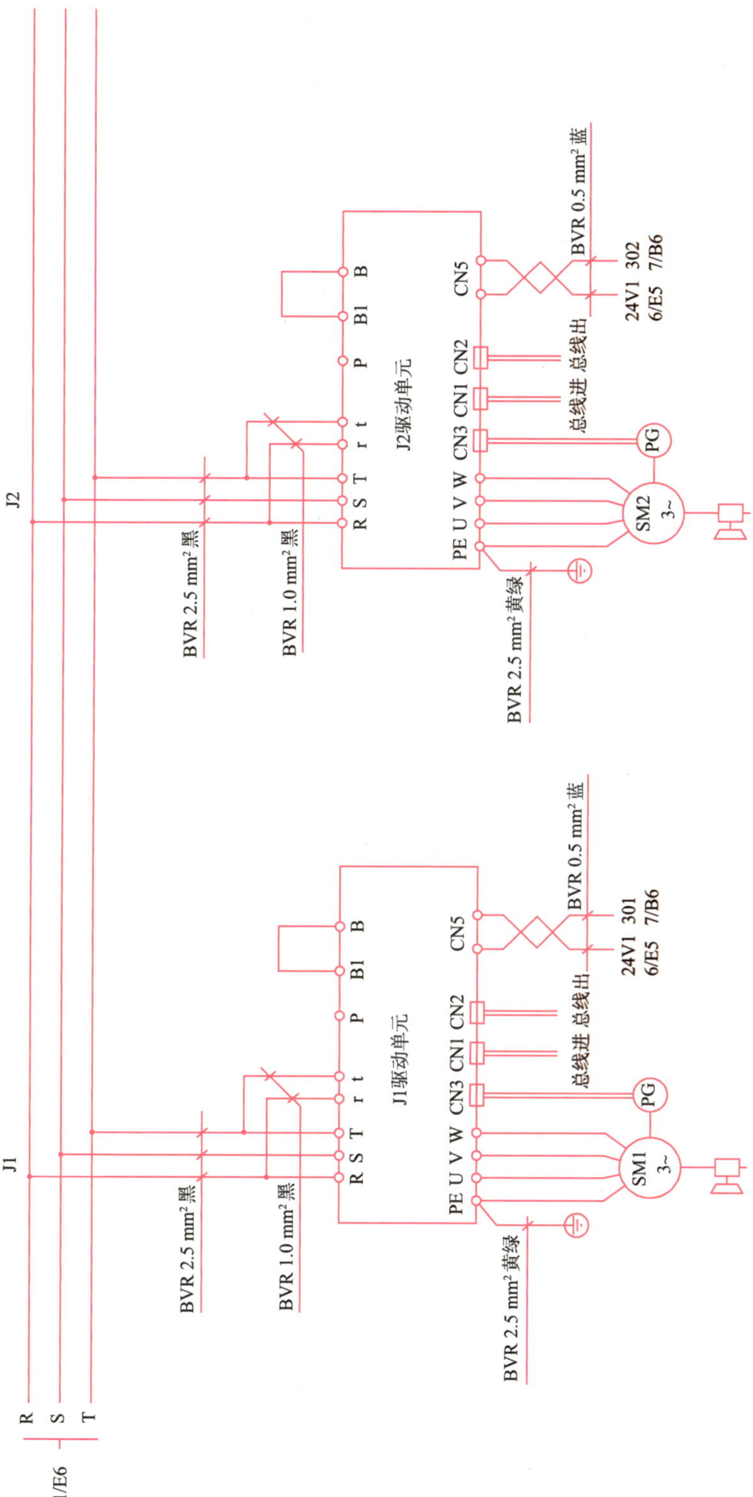
R
S
T
1/E6
J1
J2
BVR 2.5 mm^2 黑
BVR 1.0 mm^2 黑
R S T r t P B1 B
J1驱动单元
J2驱动单元
PE U V W CN3 CN1 CN2 CN5
PG
SM1 3~
SM2 3~
总线进
总线出
BVR 0.5 mm^2 蓝
24V1 6/E5
301 7/B6
302 7/B6
BVR 2.5 mm^2 黄绿

图 2-1-10　主电路图 2

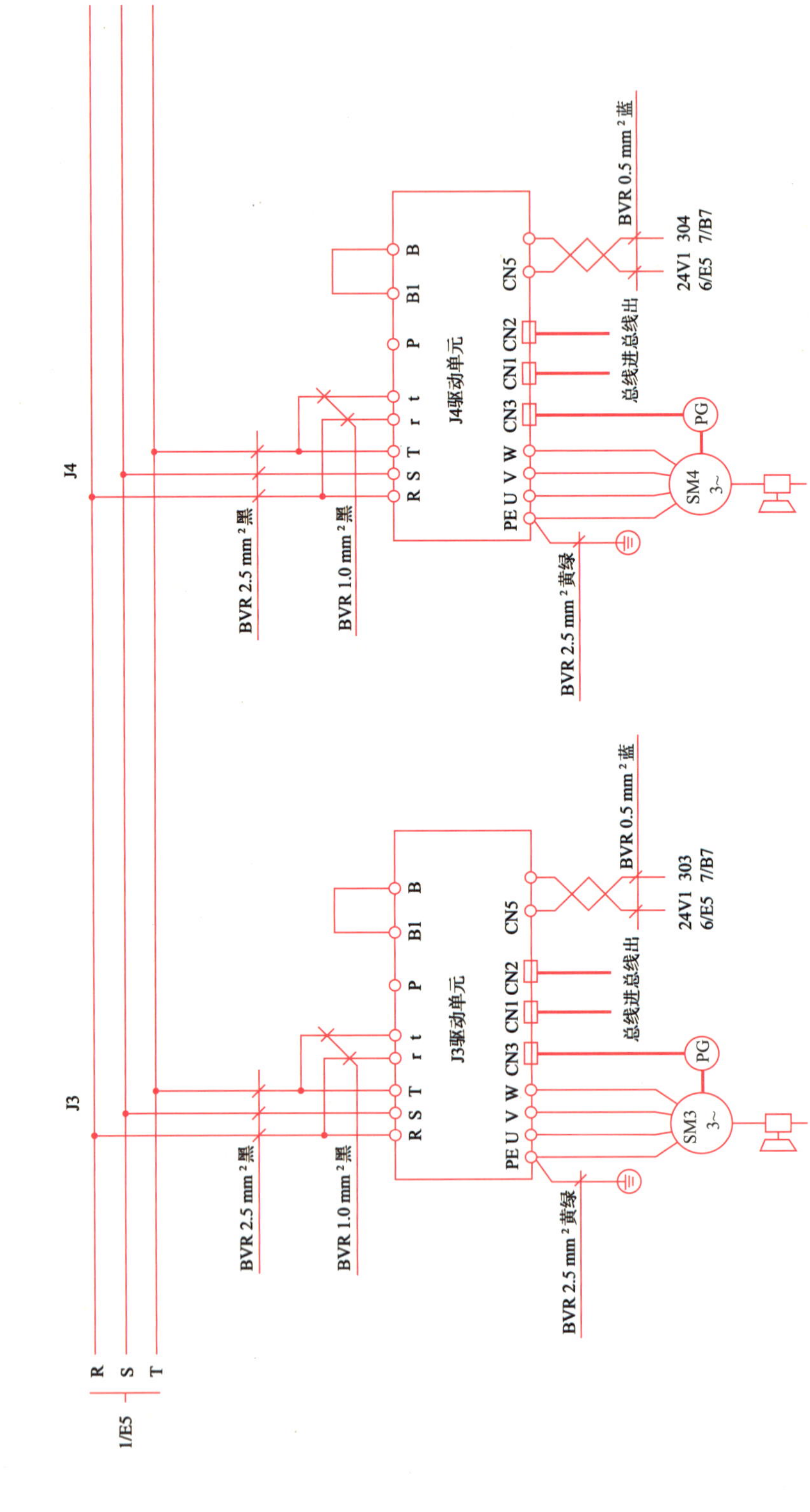
J3
J4
R
S
T
1/E5
BVR 2.5 mm²黑
BVR 1.0 mm²黑
R S T r t P B1 B
PE U V W CN3 CN1 CN2 CN5
J3驱动单元
J4驱动单元
PG
SM3 3~
SM4 3~
总线进 总线出
BVR 0.5 mm²蓝
BVR 2.5 mm²黄绿
24V1 303
6/E5 7/B7
24V1 304
6/E5 7/B7

图 2-1-11 主电路图 3

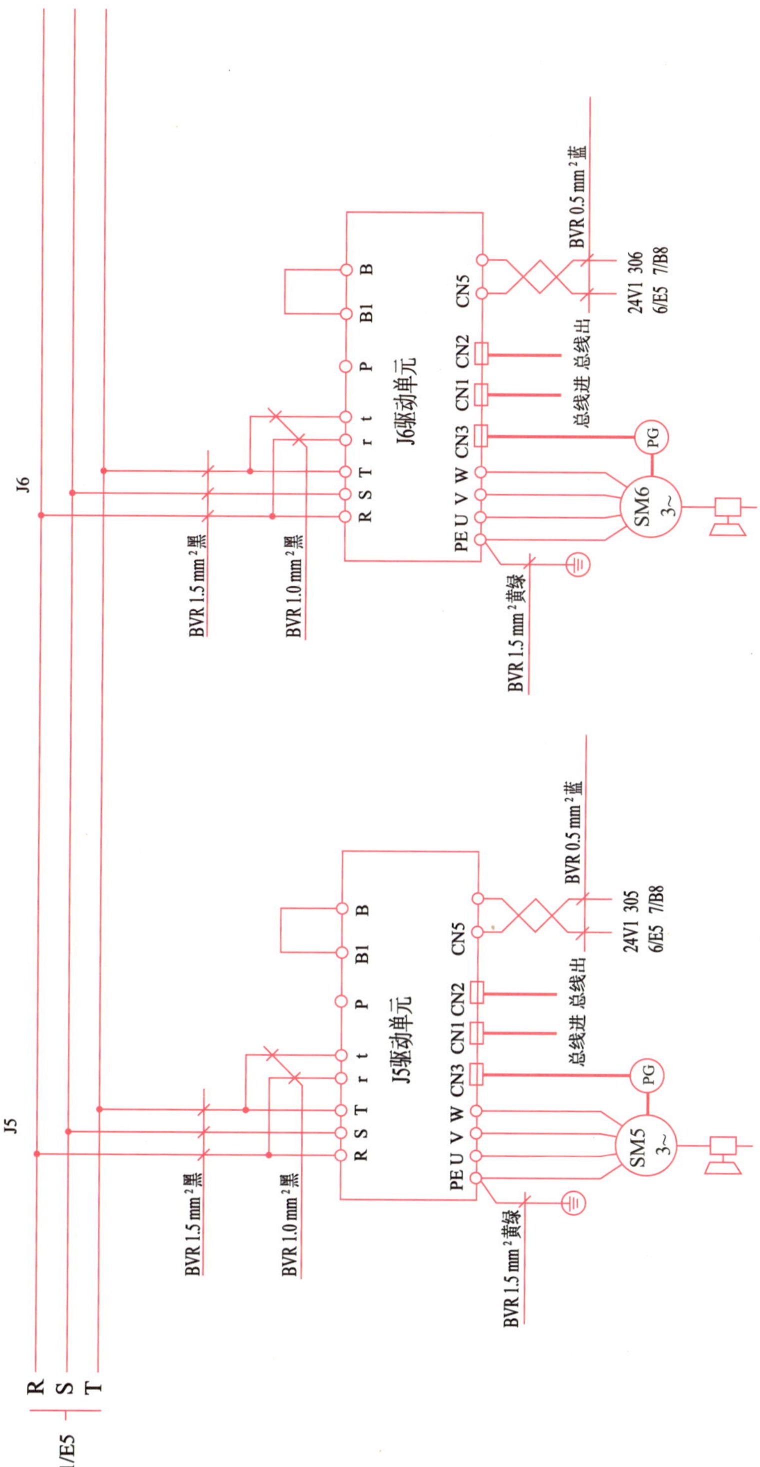
1/E5
R
S
T
J5
J6
J5驱动单元
J6驱动单元
R S T r t P B1 B
PE U V W CN3 CN1 CN2 CN5
BVR 1.5 mm²黑
BVR 1.0 mm²黑
BVR 1.5 mm²黄绿
BVR 0.5 mm²蓝
总线进 总线出
PG
SM5 3~
SM6 3~
24V1 305
6/E5 7/B8
24V1 306
6/E5 7/B8

图 2-1-12　主电路图 4

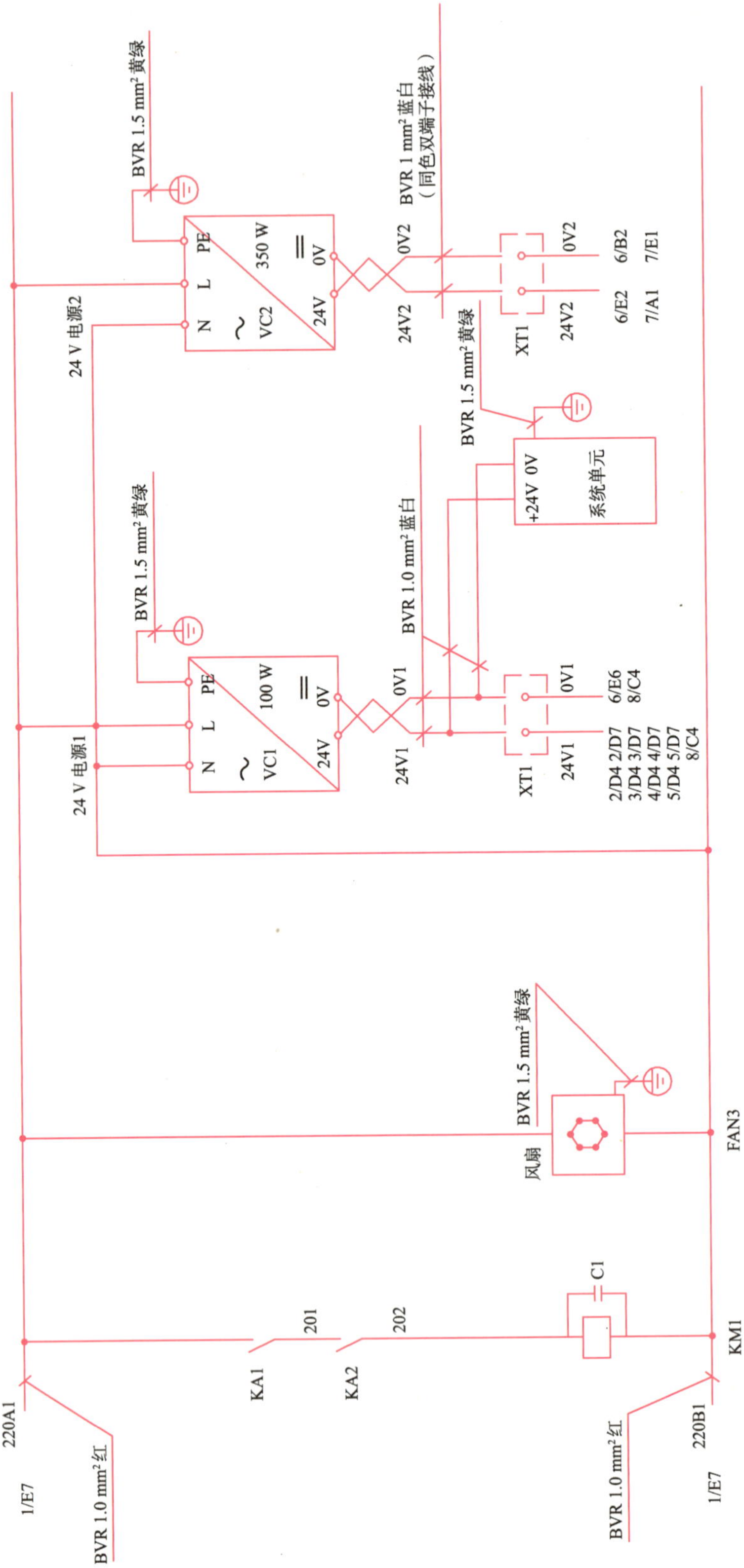

图 2-1-13　控制强电路图

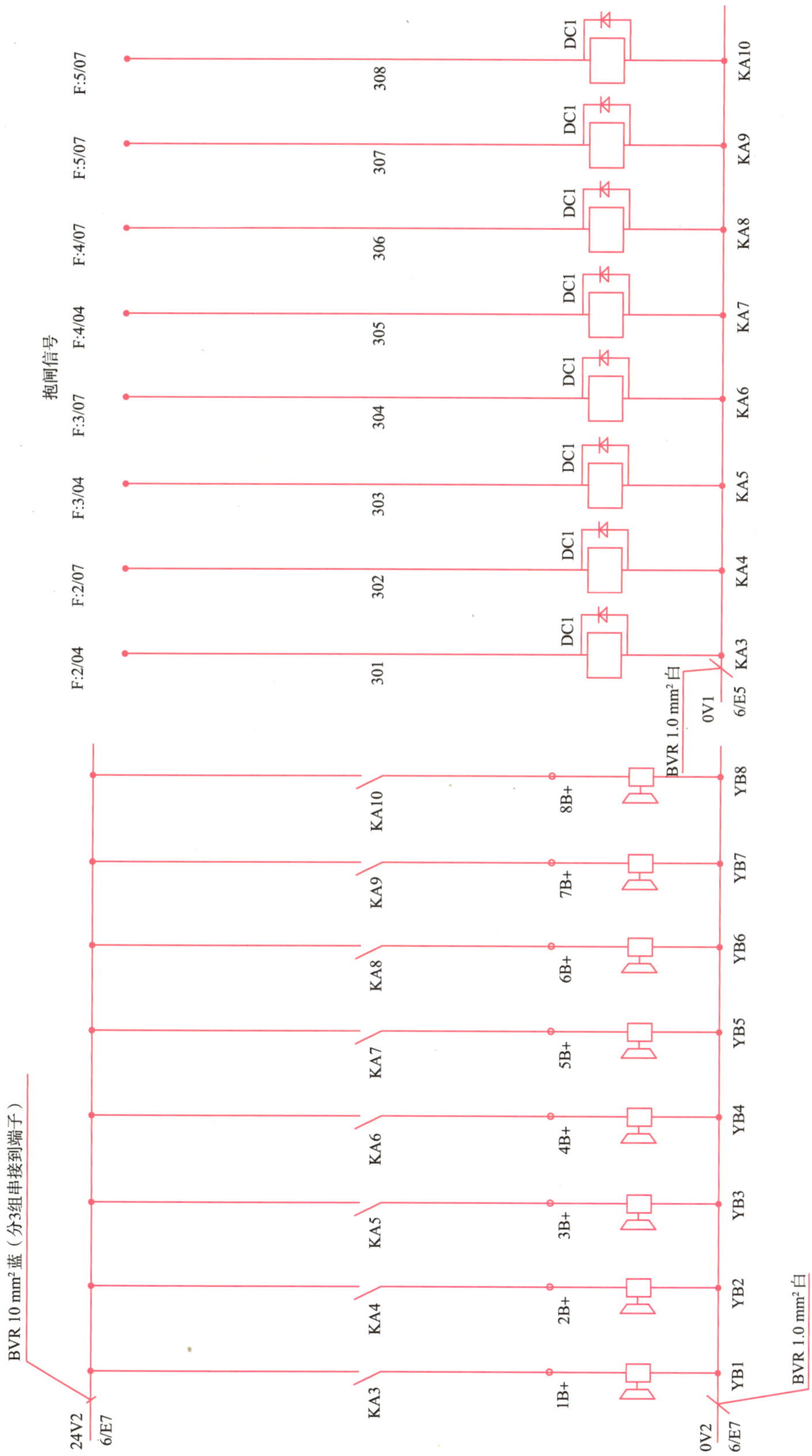

图 2-1-14　控制弱电路图

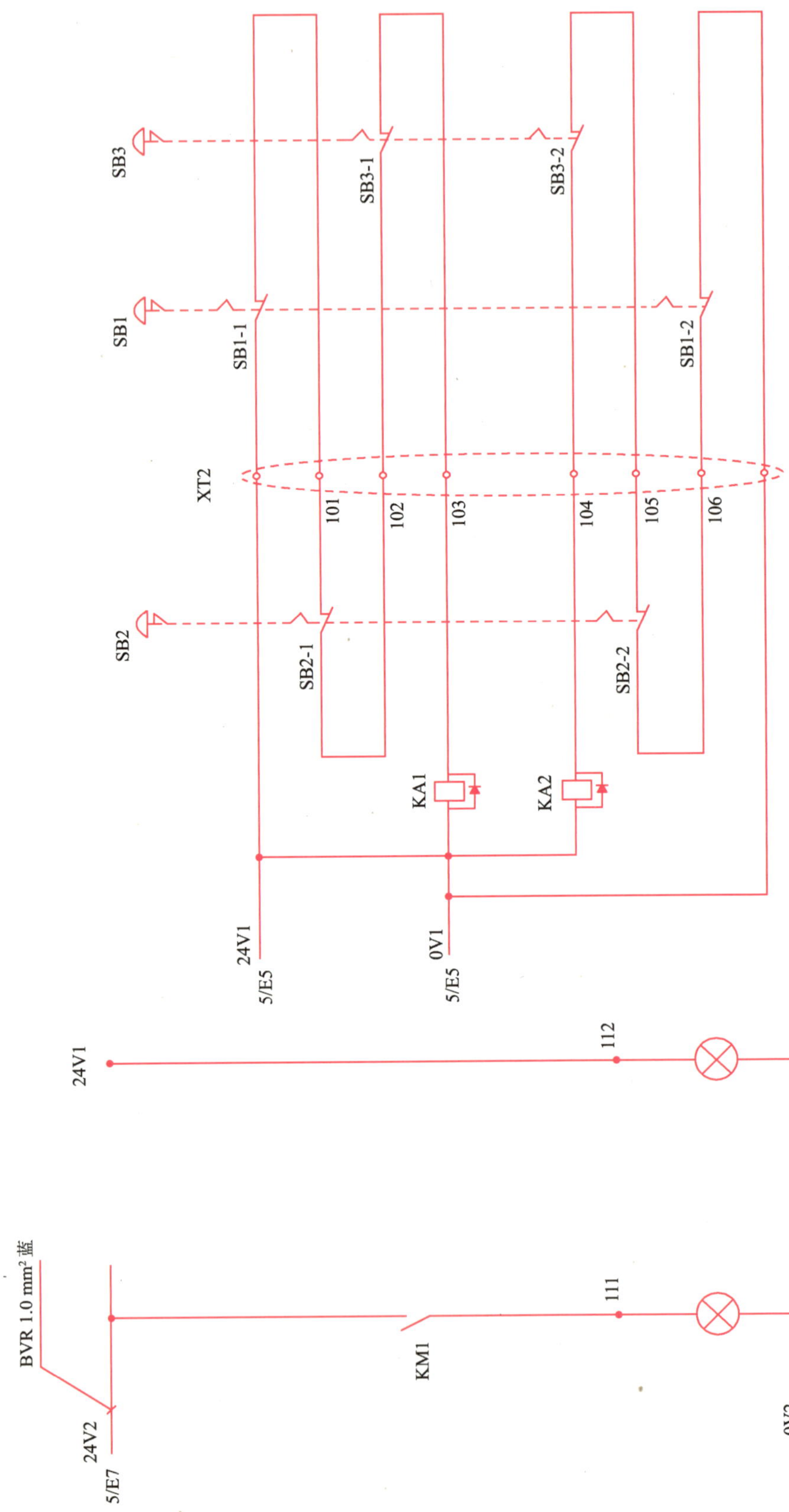

图 2-1-15　急停保护电路图

5）I/O 单元输入输出信号连接电路

（1）输入信号连接电路。

各输入点接高电平（24 V）有效。输入点有 4 组共 32 个，其中 X0.0~X0.7 这一组的接线示意图如图 2-1-16 所示，其他组的接线方式与此相同。

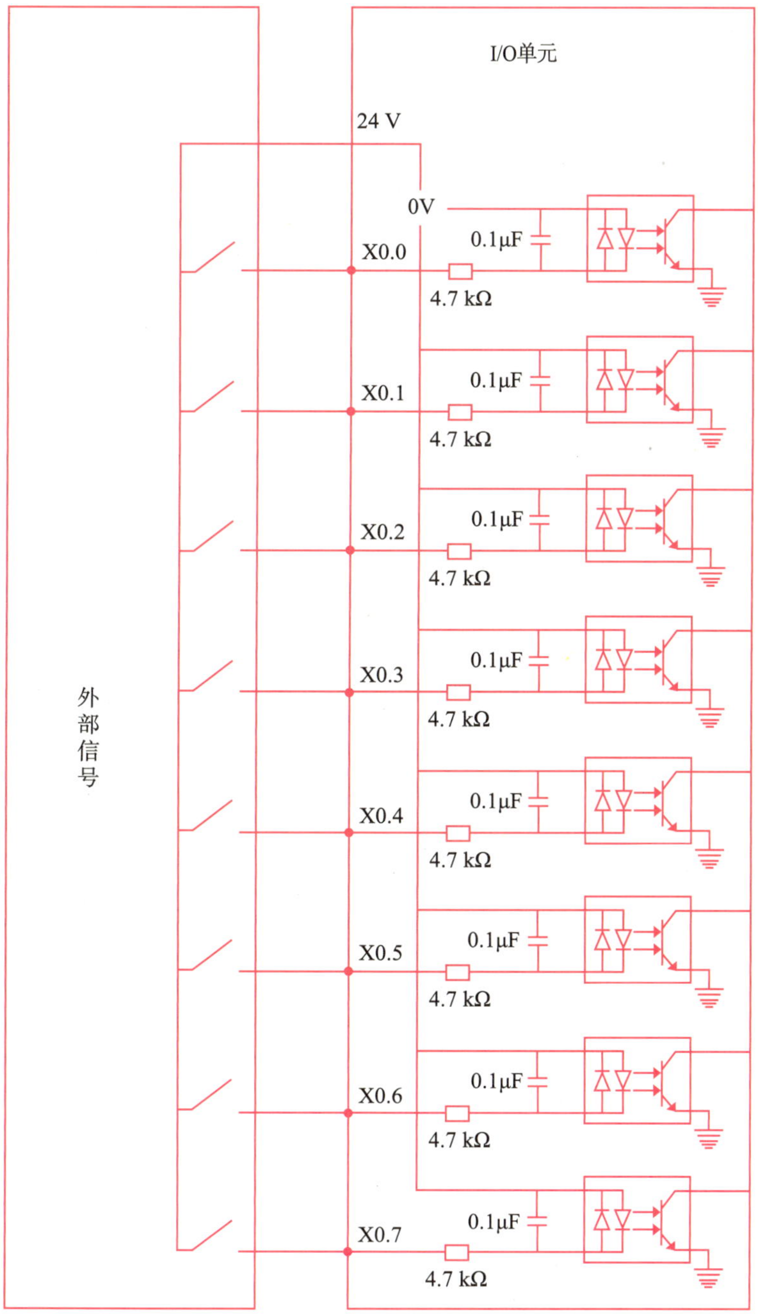

图 2-1-16　高电平输入有效连接示意图

（2）输出信号连接电路。

输出信号点共有 32 个，均为低电平（0 V）输出，每个点的最大通过电流为 70 mA，其连接电路示意图如图 2-1-17 所示。

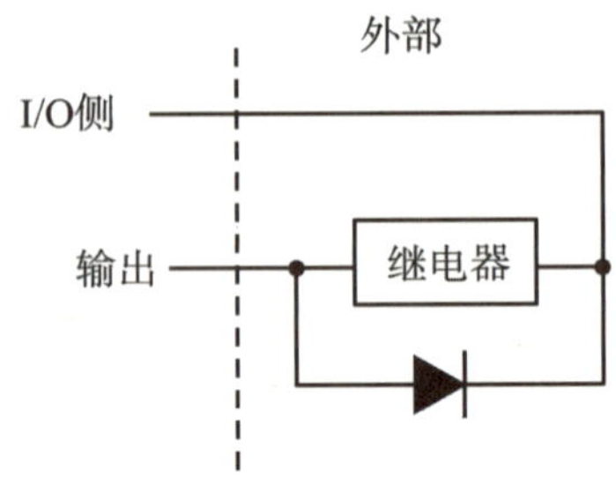

图 2-1-17　输出信号连接电路示意图

输入信号与端口的对应关系见表 2-1-3，输出信号与端口的对应关系见表 2-1-4。

表 2-1-3　输入信号与端口的对应关系

端　口	I/O 输入	端　口	I/O 输入	端　口	I/O 输入	端　口	I/O 输入
0	X0.0 *	8	X1.0	16	X2.0	24	X3.0
1	X0.1 *	9	X1.1	17	X2.1	25	X3.1
2	X0.2 *	10	X1.2	18	X2.2	26	X3.2
3	X0.3 *	11	X1.3	19	X2.3	27	X3.3
4	X0.4 *	12	X1.4	20	X2.4	28	X3.4
5	X0.5 *	13	X1.5	21	X2.5	29	X3.5
6	X0.6 *	14	X1.6	22	X2.6	30	X3.6
7	X0.7 *	15	X1.7	23	X2.7	31	X3.7

注：* 为系统占用信号，其他信号可由客户自行定义。

表 2-1-4　输出信号与端口的对应关系

端　口	I/O 输出	端　口	I/O 输出	端　口	I/O 输出	端　口	I/O 输出
00	Y0.0 *	08	Y1.0	016	Y2.0	024	Y3.0
01	Y0.1 *	09	Y1.1	017	Y2.1	025	Y3.1
02	Y0.2 *	010	Y1.2	018	Y2.2	026	Y3.2
03	Y0.3 *	011	Y1.3	019	Y2.3	027	Y3.3
04	Y0.4 *	012	Y1.4	020	Y2.4	028	Y3.4
05	Y0.5 *	013	Y1.5	021	Y2.5	029	Y3.5
06	Y0.6 *	014	Y1.6	022	Y2.6	030	Y3.6
07	Y0.7 *	015	Y1.7	023	Y2.7	031	Y3.7

注：* 为系统占用信号，其他信号可由客户自行定义。

6）接线端子的定义

图 2-1-18 所示的接线排由内、外两排端子并联构成，端子号从左到右依次为 1~24。其中，上方为端子输入接点，下方为端子输出接点。

图 2-1-18　接线端子

接线排各接线端子的布局见表 2-1-5。

表 2-1-5　接线端子布局

端子号	1	2	3	4	5	6	7	8
接口号	R	S	T	200HA	200HA	200HB	200HB	空
上方接入设备名称	接触器	接触器	接触器	断路器 QF2	接触器线圈	断路器 QF3	继电器	
下方接入设备名称	驱动器	驱动器	驱动器	门上风扇、左侧风扇	后面风扇、右侧风扇	门上风扇、左侧风扇	后面风扇、右侧风扇	
端子号	9	10	11	12	13	14	15	16
接口号	24V	24V	24V	0V	0V	0V	24V	24V
上方接入设备名称	控制电源盒	继电器	J1 驱动器 HOLD+	控制电源盒	控制电源盒	控制电源盒	继电器	继电器
下方接入设备名称				抱闸开关 YB1，YB3，YB4	抱闸开关 YB2，YB5，YB6	继电器	接触器	
端子号	17	18	19	20	21	22	23	24
接口号	空	101		103	104		106	111
上方接入设备								
下方接入设备								

7）继电器板的定义

继电器板接线点的定义如图 2-1-19 所示。

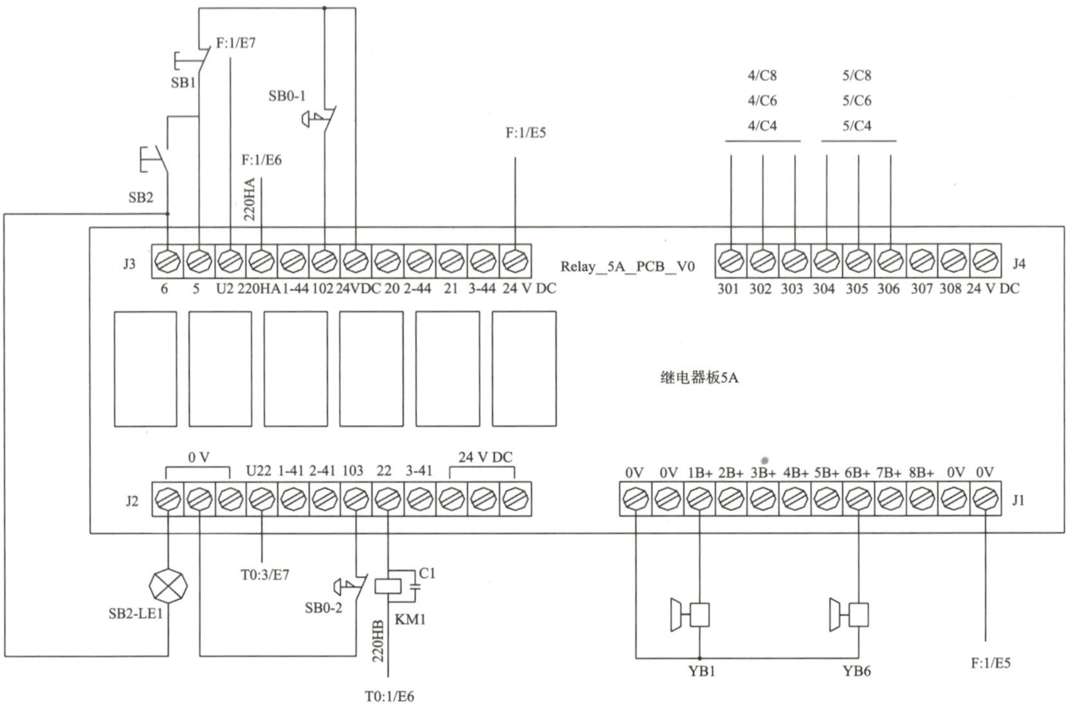

图 2-1-19　继电器板接线点的定义

该继电器板由 8 个直流继电器组成，如图 2-1-20 所示，从左到右依次编号为 KA1，KA2，…，KA8。其中，KA1 和 KA2 用于控制强电路中的交流接触器 KM1 上电，二者使用导线 201 并联；KA3~KA8 用于控制弱电路中的电机抱闸开关（YB1~YB6）松闸，抱闸放电回路与重载线 B+ 并在一起，由 301，302，…，306 并联跳线连接在一起，从 J6 驱动器引出的 306 线接入继电器组 301 脚。

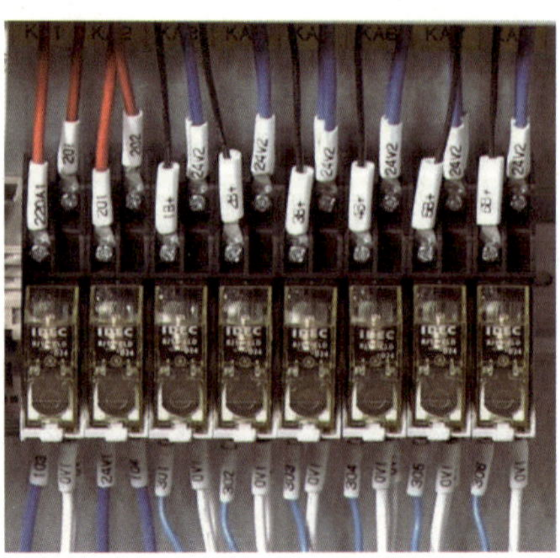

图 2-1-20　继电器板

继电器板的接线点见表 2-1-6。

表 2-1-6 继电器板的接线点

继电器	KA1		KA2		KA3		KA4		KA5		KA6		KA7		KA8	
上方接线点	220A1	201	201	202	1B+	24V	2B+	24V	3B+	24V	4B+	24V	5B+	24V	6B+	24V
下方接线点	103	0V	24V	104	301	0V	302	0V	303	0V	304	0V	305	0V	306	0V

8）**重载接线点的定义**

机器人本体侧和电柜侧重载接线点的定义如图 2-1-21 所示。图 2-1-22~ 图 2-1-24 为各轴电机对应重载电缆线脚号的定义，图 2-1-25 为 J5 和 J6 重载中转电缆线脚号的定义。

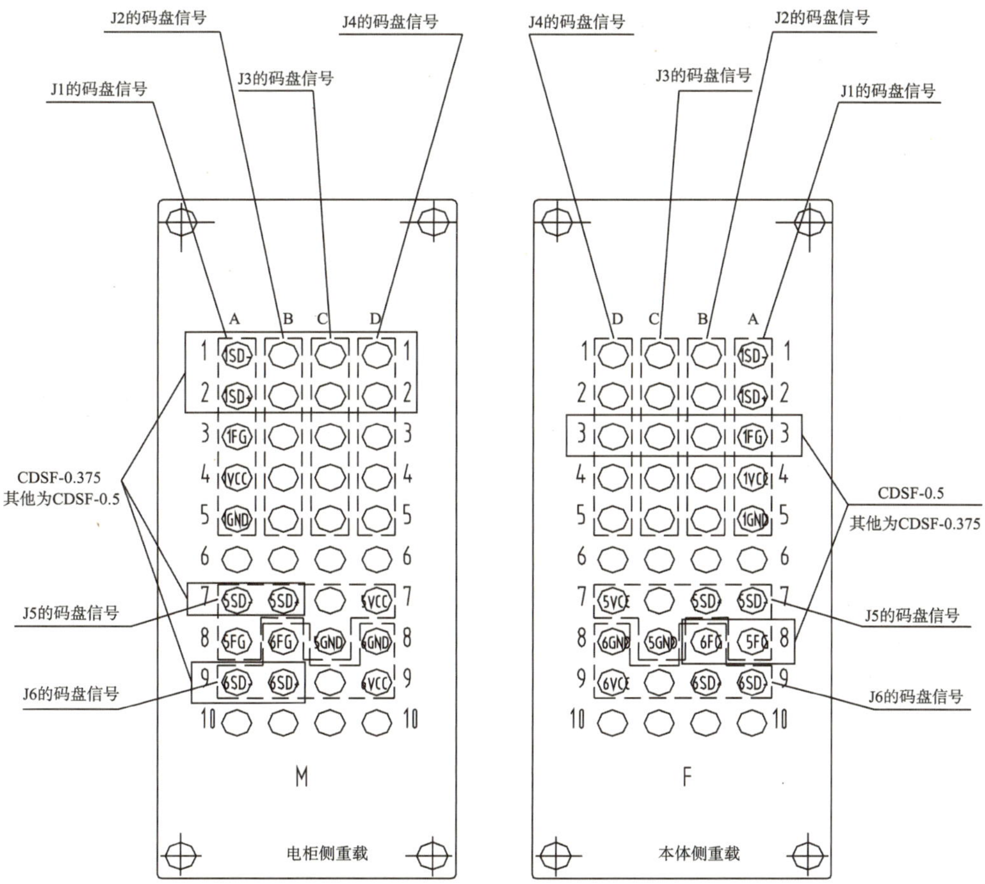

图 2-1-21 重载接线点的定义

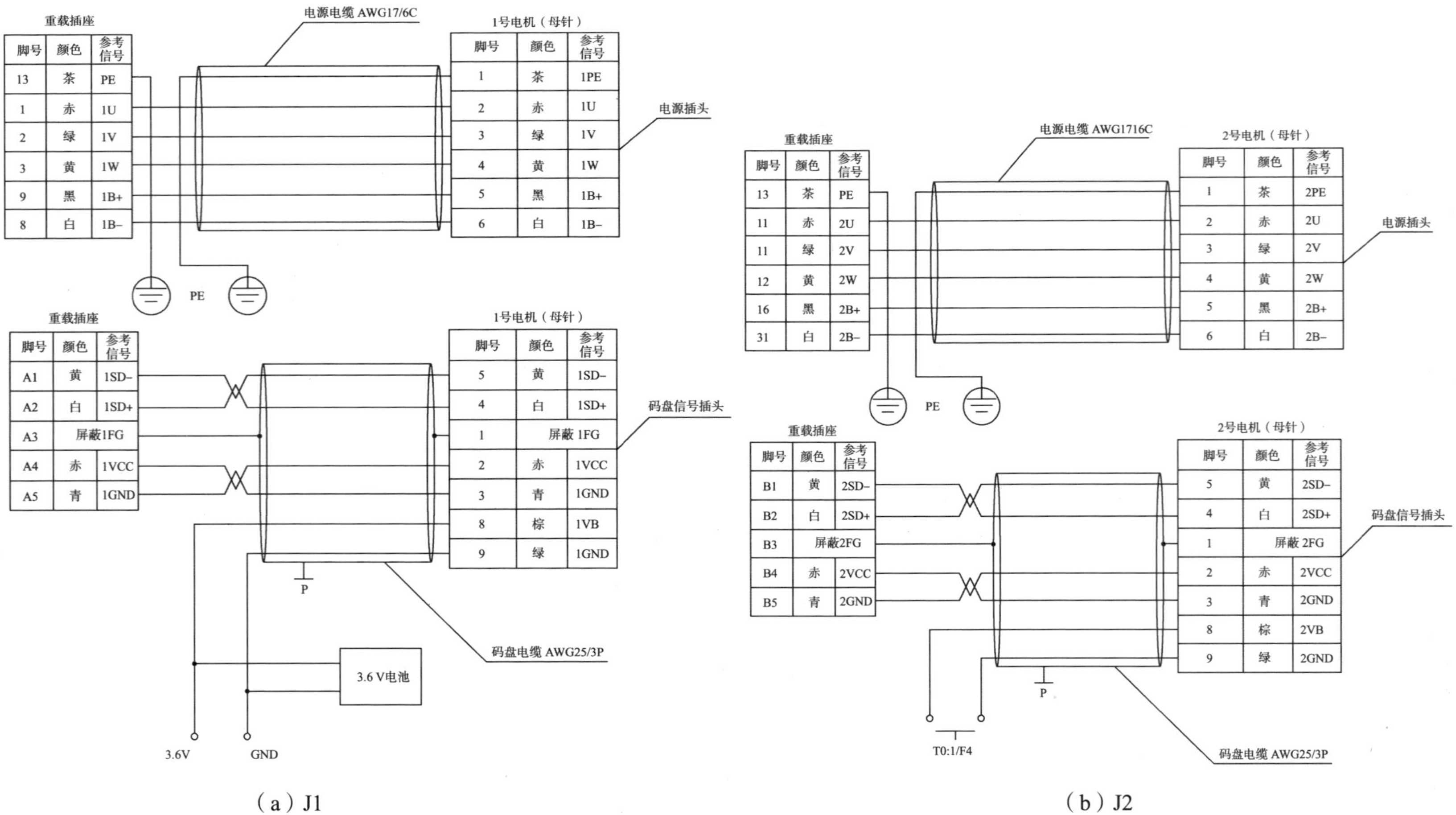

图 2-1-22　J1 和 J2 重载电缆线脚号的定义

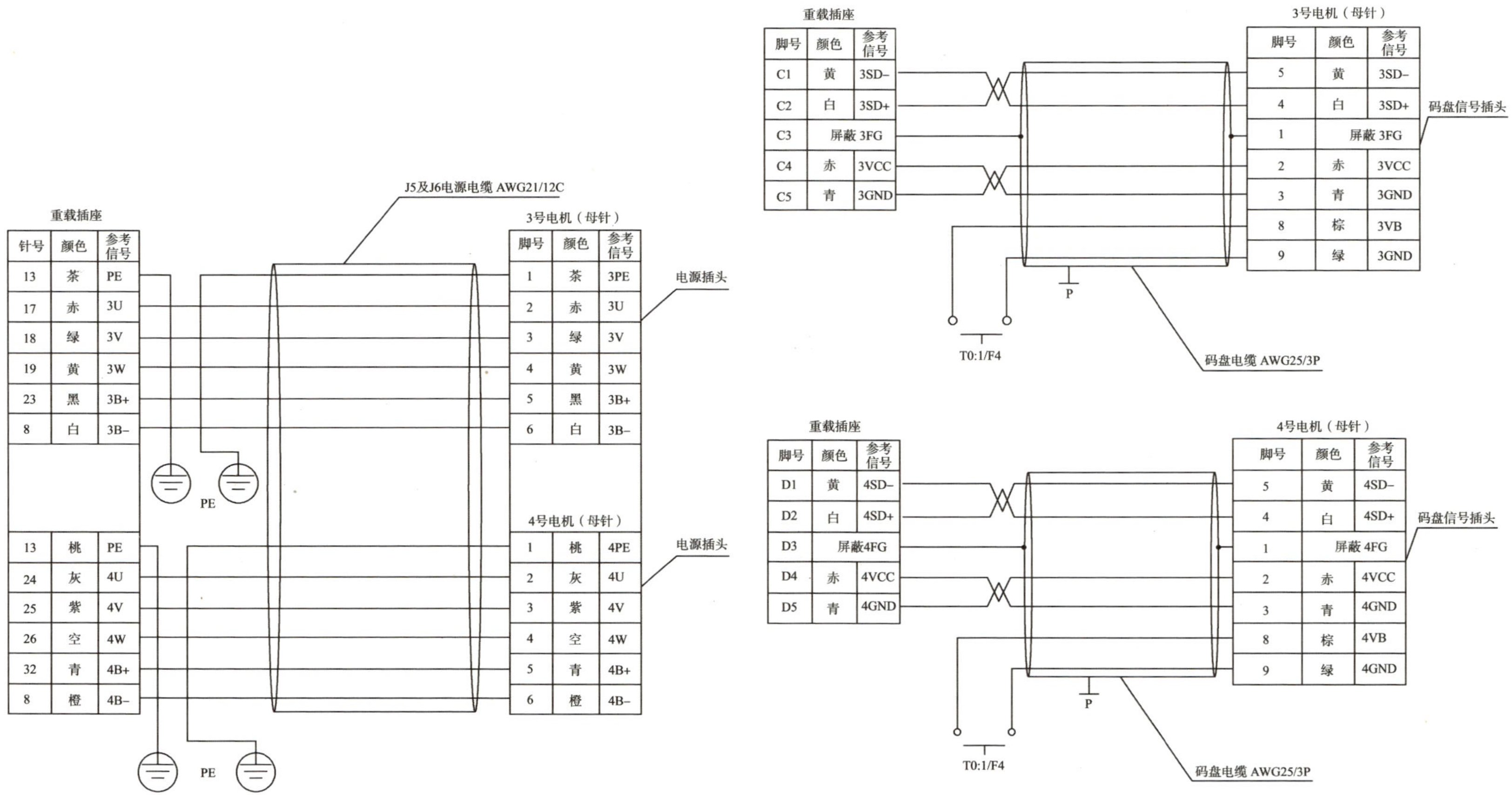

（a）J3　　（b）J4

图 2-1-23　J3 和 J4 重载电缆线脚号的定义

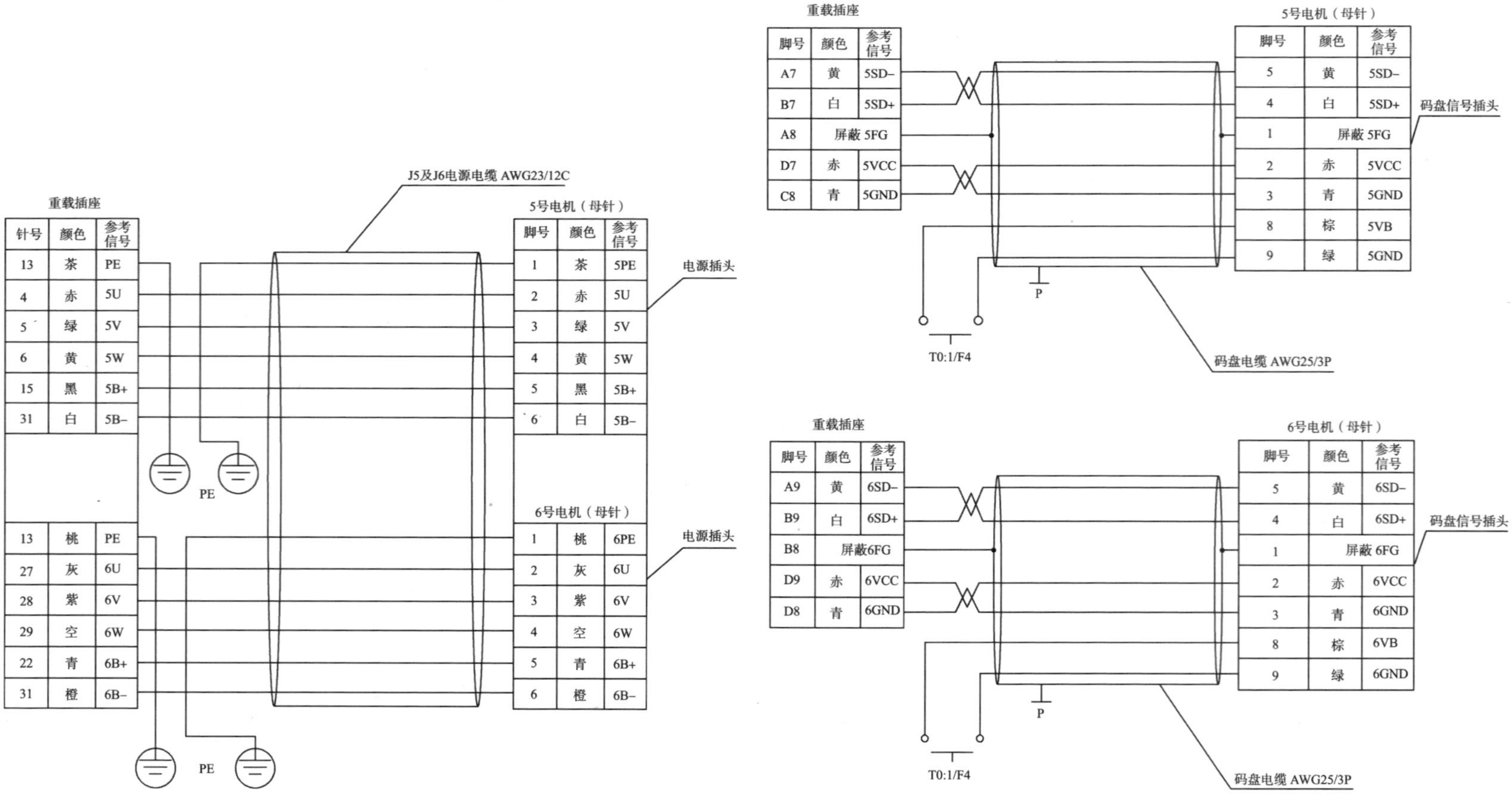

（a）J5　　（b）J6

图 2-1-24　J5 和 J6 重载电缆线脚号的定义

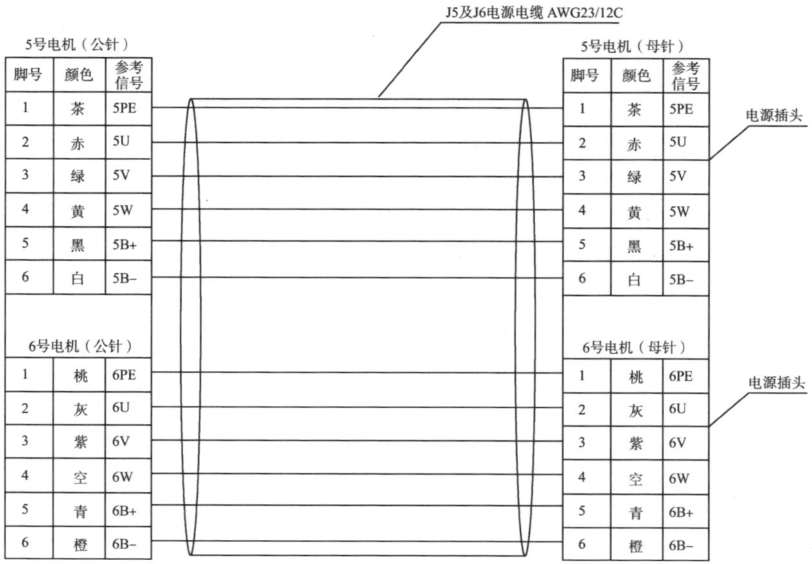

（a）J5

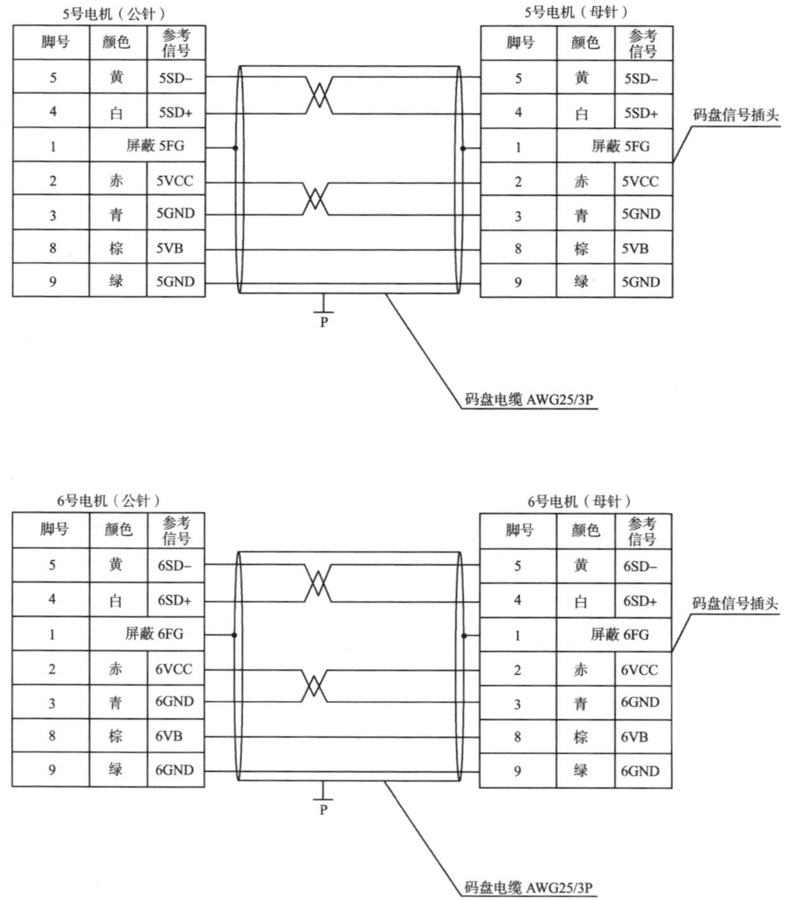

（b）J6

图 2-1-25　J5 和 J6 重载中转电缆线脚号的定义

2.1.4 工作任务实施

以小组为单位，填表 2-1-7 来完成工作任务。

表 2-1-7 “认识工业机器人的电气元件”工作任务实施表

任务名称　认识工业机器人的电气元件			实施表编号		
班级		姓名	学号	教师签字	
序号	部件名称	部件性能介绍	部件照片	完成时间	备　注
1	断路器				
2	滤波器				
3	接触器				
4	隔离变压器				
5	继电器				

续表

序号	部件名称	部件性能介绍	部件照片	完成时间	备　注
6	减速器				
7	电源盒				
8	风　扇				
9	指示灯				
10	安装板				
11	线　槽				

2.1.5 工作任务检查与评价

按照表 2-1-8 中的标准检查工作任务完成情况并交由教师评分。

表 2-1-8 “认识工业机器人的电气元件”工作任务检查与评价表

<table>
<tr><td colspan="3">任务名称　认识工业机器人的电气元件</td><td colspan="2">检查与评价表编号</td></tr>
<tr><td>班级</td><td>姓名</td><td>学号</td><td colspan="2">教师签字</td></tr>
<tr><td>序　号</td><td>部件名称</td><td>检查标准</td><td>分　值</td><td>教师评分</td></tr>
<tr><td>1</td><td>断路器</td><td rowspan="11">部件性能描述清晰、细致，图文对应正确</td><td>10</td><td></td></tr>
<tr><td>2</td><td>滤波器</td><td>10</td><td></td></tr>
<tr><td>3</td><td>接触器</td><td>10</td><td></td></tr>
<tr><td>4</td><td>隔离变压器</td><td>10</td><td></td></tr>
<tr><td>5</td><td>继电器</td><td>10</td><td></td></tr>
<tr><td>6</td><td>减速器</td><td>10</td><td></td></tr>
<tr><td>7</td><td>电源盒</td><td>10</td><td></td></tr>
<tr><td>8</td><td>风　扇</td><td>10</td><td></td></tr>
<tr><td>9</td><td>指示灯</td><td>10</td><td></td></tr>
<tr><td>10</td><td>安装板</td><td>5</td><td></td></tr>
<tr><td>11</td><td>线　槽</td><td>5</td><td></td></tr>
<tr><td colspan="3">总　分</td><td>100</td><td></td></tr>
<tr><td colspan="5">1. 你是否达到了本任务要求的学习目标和你的个人目标？</td></tr>
<tr><td colspan="5">2. 你还存在不足吗？（若有，请在下方写出）</td></tr>
<tr><td colspan="5">3. 你的后续提升计划是什么？</td></tr>
</table>

2.1.6　练习题

1）单选题

（1）以下哪个元件不属于工业机器人的电气元件？（　　）

A. 断路器　　B. 伺服驱动器

C. 液压泵　　D. 继电器

（2）伺服驱动器的主要功能是什么？（　　）

A. 提供电源　　B. 控制电机运动

C. 信号转换　　D. 数据处理

（3）以下哪个元件用于控制电路的通断？（　　）

A. 断路器　　B. 继电器

C. 接触器　　D. 以上都是

（4）以下哪个元件用于保护电路免受过载和短路的影响？（　　）

A. 断路器　　B. 继电器

C. 接触器　　D. 变压器

（5）以下哪个元件用于将交流电压转换为直流电压？（　　）

A. 变压器　　B. 整流器

C. 继电器　　D. 接触器

（6）以下哪个元件用于控制机器人的运动？（　　）

A. 伺服驱动器　　B. 断路器

C. 继电器　　D. 接触器

2）判断题

（1）伺服驱动器可以放大微弱的指令信号，从而控制电机的运动。（　　）

（2）断路器的主要功能是保护电路免受过载和短路的影响。（　　）

（3）继电器是一种电控制器件，用于控制大电流电路的通断。（　　）

（4）接触器主要用于控制电机的启动和停止。（　　）

（5）变压器的主要功能是改变交流电压的大小。（　　）

（6）伺服驱动器可以直接控制机器人的运动，不需要其他元件的配合。（　　）

3）多选题

（1）以下哪些元件属于工业机器人的电气元件？（　　）

A. 断路器　　B. 伺服驱动器

C. 继电器　　D. 接触器

（2）以下哪些元件用于控制电路的通断？（　　）

A. 断路器　　B. 继电器

C. 接触器　　D. 变压器

（3）以下哪些元件用于保护电路？（　　）

A. 断路器　　B. 继电器

C. 接触器　　D. 保险丝

（4）以下哪些元件用于控制电机的运动？（　　）

A. 伺服驱动器　　B. 继电器

C. 接触器　　D. 变压器

（5）以下哪些元件用于信号传输？（　　）

A. 伺服驱动器　　B. 继电器

C. 接触器　　D. 编码器

（6）以下哪些元件用于电源管理？（　　）

A. 断路器　　B. 变压器

C. 电源盒　　D. 继电器

4）简答题

（1）简述伺服驱动器的主要功能和工作原理。

（2）简述断路器的主要功能和应用场景。

练习题参考答案

任务2.2　装配工业机器人的电气元件

【任务目标】

（1）学会安装J1~J6的伺服控制器。

（2）能够安装系统单元。

（3）能够安装断路器、滤波器、接触器、隔离变压器、继电器、电源盒等电气元件。

（4）能够安装风扇、指示灯、安装板、线槽等附件。

（5）能够连接各电气元件电源通路和信号通路。

（6）注重细节，确保每个元件的安装位置准确、连接牢固，培养严谨细致的工作作风。

工业机器人的电气元件较多，安装时一定要按照规定的步骤操作，并做到以下几点：

（1）布线规范，所有连接应与电气原理图一致。

（2）导线线径应符合图纸要求，导线颜色应符合图纸或国家标准。

（3）端头压接应牢固可靠。

（4）在导线与电气元件连接处穿上导线号码管，且号码管标号与图纸一致，号码管字符方向整体与电气板字符方向一致。

2.2.1　知识准备1：认识控制器装配流程

GR-C型控制柜装配工艺流程如图2-2-1所示。整个装配流程可分为两部分内容：电气元件的安装、电气元件的连线。

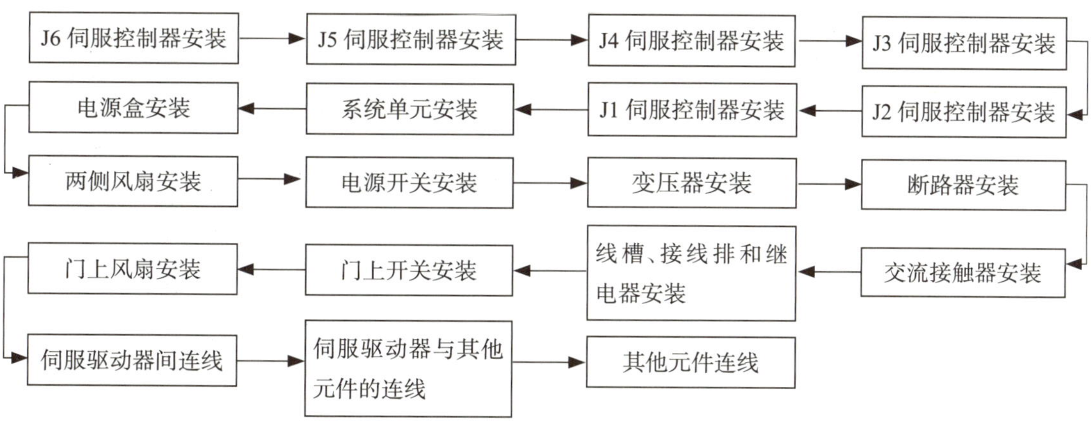

图2-2-1　GR-C型控制柜装配工艺流程图

2.2.2 知识准备 2:电气元件的安装

按照图 2-2-1 所示的流程安装 GR-C 型控制柜的电气元件。

（1）伺服控制器安装。安装步骤如下：

步骤 1:确定各伺服控制器的安装位。第一排从左到右依次为 J6,J5,J4 的伺服控制器（图 2-2-2）安装位。第二排为 J3 的伺服控制器安装位。第三排从左到右依次为 J1 和 J2 的伺服控制器、系统单元安装位。

图 2-2-2　伺服控制器

步骤 2:使用十字盘头组合螺钉将 6 个伺服控制器固定于安装板上。

（2）系统单元安装。安装步骤如下：

步骤 1:将系统单元安装于 J2 伺服控制器的右侧安装位。

步骤 2:使用十字盘头组合螺钉将系统单元固定于安装板上。

（3）电源盒（图 2-2-3）安装。安装步骤如下：

步骤 1:将电源盒固定于安装板上。

步骤 2:将安装板安装到控制柜中 J6 伺服控制器的右下方。注意:电源盒散热窗均朝向操作者的左方,控制电源盒位于系统电源盒的下方。

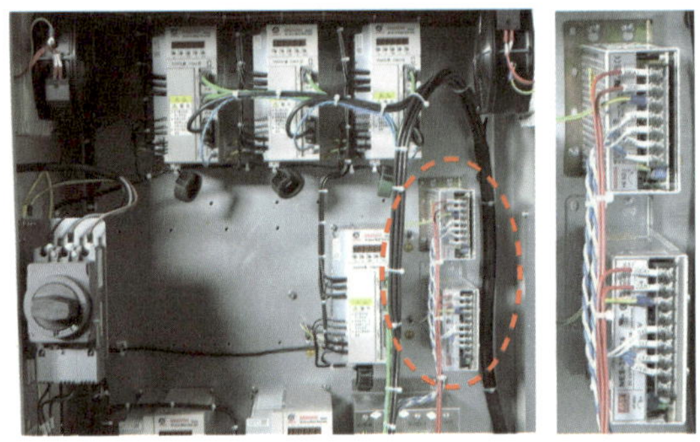

（a）电源盒位置　（b）电源盒放大图

图 2-2-3　电源盒

（4）两侧风扇（图 2-2-4）安装。安装步骤如下：

步骤 1:在控制柜内最上方两侧各安装 1 个风扇网罩。

步骤 2:使用 M4 × 10 内六角螺钉将风扇固定于风扇网罩上。

步骤 3:使用 M5 × 10 十字沉头螺钉将防护罩安装在风扇上,安装时要注意其标志方向。注意:风扇向外抽风,且风扇电源线接线点与地线接线点所在面朝外。

（a）两侧风扇位置　（b）风扇放大图

图 2-2-4　两侧风扇

（5）电源开关（图 2-2-5）安装。安装步骤如下：

步骤 1：将加长型旋转操作机构与断路器组合在一起。

步骤 2：将上述组合安装到小安装板上。

步骤 3：将小安装板安装到柜内左侧的安装板上。

（a）电源开关位置　　（b）电源开关放大图

图 2-2-5　电源开关

（6）变压器（图 2-2-6）安装。安装步骤如下：

步骤 1：将变压器安装于柜内左侧的安装板上，使用 M6×12 内六角螺钉（加弹垫与平垫）锁紧。

步骤 2：检查变压器的方向，确保输入端在上侧，输出端在下侧。

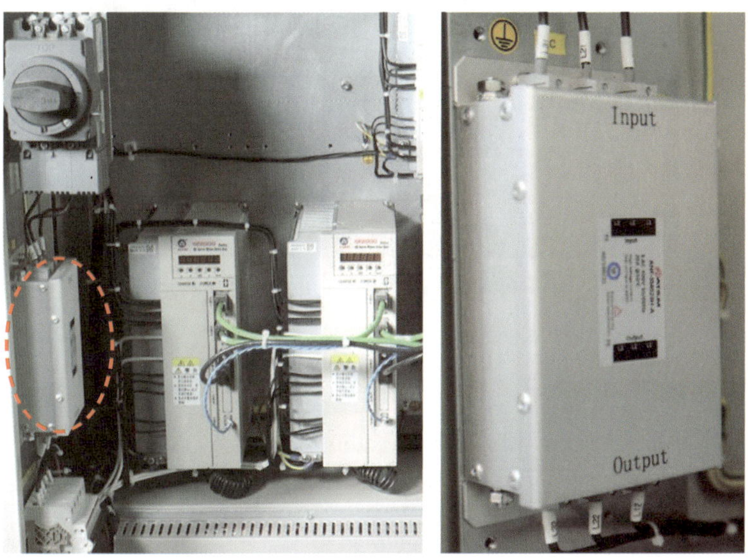

（a）变压器位置　　（b）变压器放大图

图 2-2-6　变压器

（7）断路器（图 2-2-7）安装。安装步骤如下：

步骤 1：截取 1 段 200 mm 长的断路器卡轨，使用 M4 × 8 十字盘头组合螺钉将其固定于变压器下方的安装板上。

步骤 2：依次将三极断路器（QF1）、二极断路器（QF2）、单极断路器（QF3，QF4）从左到右安装到卡轨上，再将 2 个终端固定件固定。

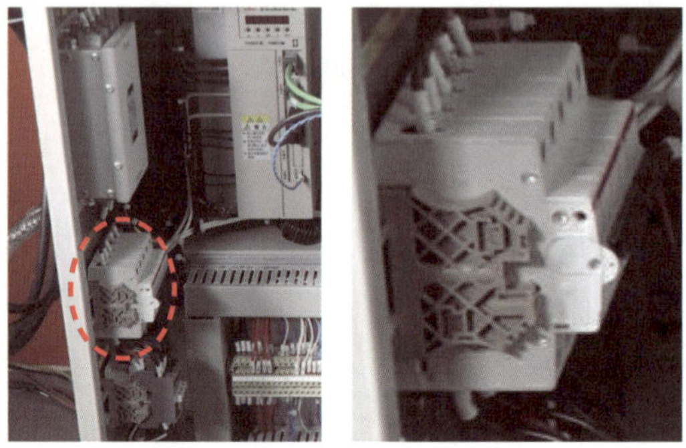

（a）断路器位置　　（b）断路器放大图

图 2-2-7　断路器

（8）交流接触器（图 2-2-8）安装。安装步骤如下：

步骤 1：截取 1 段 200 mm 长的交流接触器卡轨，使用 M4 × 8 十字盘头组合螺钉将其固定于变压器下方的安装板上。

步骤 2：将交流接触器安装到卡轨上，再将 2 个终端固定件固定。

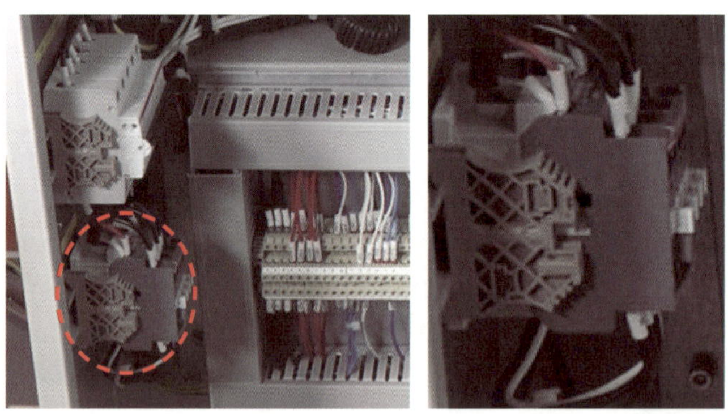

（a）交流接触器位置　　（b）交流接触器放大图

图 2-2-8　交流接触器

（9）线槽、接线排和继电器（图 2-2-9）安装。安装步骤如下：

步骤 1：分别截取 455 mm 和 240 mm 长的线槽和线槽盖各 2 段。

步骤 2：以 2 段 455 mm 长的线槽为横槽，2 段 240 mm 长的线槽为竖槽，使用 M4 × 8 十字盘头组合螺钉将 4 段线槽固定于线槽安装板上。

步骤 3：截取 455 mm 长的继电器卡轨，使用 M4 × 8 十字盘头组合螺钉将其固定于线槽中部。

步骤 4：将接线端子和 8 个继电器从左到右依次安装在卡轨上，再将 2 个终端固定件固定。

步骤 5：将接线排的 24 个端子从左到右依次编号为 1~24。

步骤 6：将 2 个两位插拔式桥接件中的一个插在第 4、第 5 号端子上，并将这 2 个端子并联作为 220HA；将另一个桥接件插在第 6、第 7 号端子上，并将这 2 个端子并联作为 220HB。

步骤 7：将 2 个三位插拔式桥接件中的一个插在第 9、第 10、第 11 号端子上，并将这 3 个端子并联作为 24V 接口；将另一个桥接件插在第 12、第 13、第 14 号端子上，并将这 3 端子并联作为 0V 接口。

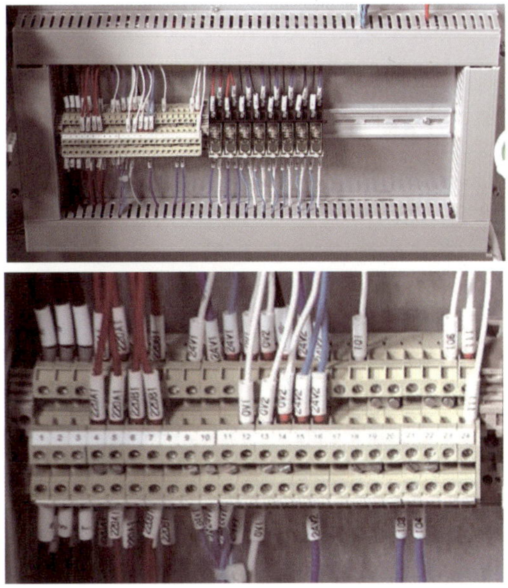

图 2-2-9　线槽、接线排和继电器

步骤 8：确认插拔式桥接件均插在端子排中间上面的孔位中。

（10）门上开关（图 2-2-10）安装。安装步骤如下：

步骤 1：将确认按钮、停止按钮、启动按钮、急停开关分别正向固定在各自的安装位上。

步骤 2：为急停开关安装急停警示牌。

步骤 3：确认确认按钮、停止按钮、启动按钮、急停开关的标识水平正向。

（11）门上风扇（图 2-2-11）安装。安装步骤如下：

步骤 1：在控制柜门内侧安装风扇网罩。

步骤 2：使用 M4 × 10 内六角螺钉将风扇固定在网罩上。

步骤 3：使用 M5 × 10 十字沉头螺钉将防护罩安装在风扇上，安装时要注意标志方向正确。

步骤 4：确认风扇向外抽风，且风扇电源线接线点与地线接线点所在的面在操作者的左侧。

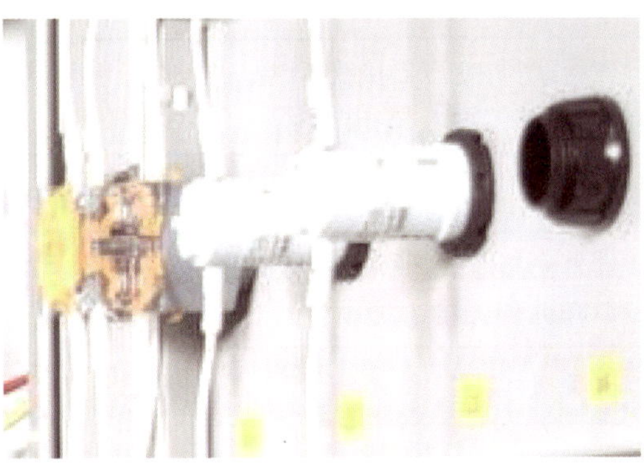

图 2-2-10　门上开关

图 2-2-11　门上风扇

2.2.3 知识准备 3:电气元件的连线

连线需要准备适当的线材、端子、扎带,以及必要的工具。在接线之前,务必确认已经正确关闭了电源并确保所有连接设备接地可靠。在接线过程中,应保持工作区域整洁,避免杂物、灰尘干扰接线或损坏设备。

1)线材与端子选用

线材与端子的选用要求见表 2-2-1。

表 2-2-1 线材与端子的选用要求

序号	名称	样式 / 型号	使用部位
1	多股线	2.5 mm^2 黑色	主电源接线排(L1,L2,L3)—主控开关(QF0)—变压器(TC1)—三极断路器(QF1)—接触器(KM1)—接线排(R,S,T)—J1~J6 驱动器区间的 R,S,T 并联线
2	多股线	1.5 mm^2 黑色	断路器(QF1,QF2,QF3,QF4)输入端之间 U,W 的并联线
3	多股线	1.0 mm^2 黑色	系统电源盒与控制电源盒的输入线,J1 驱动器 R,T 到 r,t 的跳线,以及 J1~J6 驱动器之间 r,t 的并联线
4	多股线	1.0 mm^2 红色	断路器(QF2)输出(220HA,220HB)线,接触器(KM1)线圈回路,轴流风扇的电源线
5	多股线	1.0 mm^2 蓝色	除驱动器 HOLD+ 和 HOLD− 线路之外的所有 24 V 线路
6	多股线	0.5 mm^2 蓝色	驱动器 HOLD+ 和 HOLD− 线路
7	多股线	2.5 mm^2 黄绿	J1,J2 伺服驱动器接地线,变压器接地线,主电源接线排接地线
8	多股线	1.5 mm^2 黄绿	J3 ～ J6 伺服驱动器接地线,系统电源盒与控制电源盒接地线,I/O 单元外壳接地线,轴流风扇接地线
9	护套线	0.5 $mm^2 \times 10$ 黑色	电柜门上控制线路、开关线路
10	端子	1.27~3.7S 接线端子	接触器线圈接线,开关电源盒接线排,电柜门开关接线
11	端子	2-4M 接线端子	驱动器接线排,变压器接线排,风扇接地端,接触器输入、输出端接,断路器输入、输出端
12	端子	2-4 叉形预绝缘	接地排
13	端子	2-5 圆形预绝缘	变压器外壳接地线,驱动器外壳接地线,系统单元外壳接地线,I/O 单元外壳接地线
14	端子	3.5-6 圆形预绝缘	主控开关接线
15	端子	母全绝缘端子	风扇电源输入端

续表

序　号	名　称	样式 / 型号	使用部位
16	端　子	管型预绝缘端子	（1）驱动器 HOLD+，HOLD– 脚，继电器板及接线排上 0.5 mm^2 以下的线用白色管型预绝缘端子； （2）继电器板及接线排上 1.0 mm^2 的线用红色管型预绝缘端子； （3）接线排上 1.5 mm^2 与 2.5 mm^2 的线用灰色管型预绝缘端子

2）**伺服驱动器间的连线**

（1）连接伺服驱动器动力电源线路（RST 线路）。

J1~J6 伺服驱动器的动力电源输入端各有 3 个接口（即 R，S，T），分为 2 组进行并联接入，其中 J1 和 J2 作为 1 组，J3~J6 作为 1 组。

① 连接 J1 和 J2 的 RST 动力电源线路（图 2-2-12）。

步骤 1：取 6 根 2.5 mm^2 黑色多股线，一端按照表 2-2-1 的要求制作好端子。

步骤 2：将上一步的 6 个端子每 2 个为 1 组，分别接入 J1 驱动器的 R，S，T 接口（即每个接口接入 2 根黑色多股线）。

步骤 3：将其中 3 根黑色多股线（R，S，T 各 1 根）绕过 J1 驱动器顶部走线到 J2 驱动器的 R，S，T 接口处，每根线多留出制作端子用的长度（约 15 mm），裁剪后制作好端子。

步骤 4：3 个端子分别并联接入 J2 驱动器对应的 R，S，T 接口。

步骤 5：将另外 3 根黑色多股线从控制柜内左侧板走线至接线排编号 1~3 的端子的下方，留出制作端子用的长度，裁剪后制作端子，且线上套上对应的号码管。

图 2-2-12　J1 和 J2 的 RST 线路

步骤 6：将 3 个端子接入接线排端子输出端（即下方的内排），R，S，T 对应的端子编号分别为 1，2，3。

步骤 7：使用扎带整理捆绑各条线，剪掉多余扎带。

注意：端子的选用应符合表 2-2-1 中的要求，同一安装面上的所有号码管方向必须一致。以下各线路都按照此要求连接。

② 连接 J3~J6 的 RST 线路（图 2-2-13）。

步骤 1：将 3 根 2.5 mm^2 黑色多股线的一端分别接入 J3 驱动器的 R，S，T 接口。

步骤 2：将上述 3 根线的另一端与另外 3 根 2.5 mm^2 黑色多股线的一端两两配合后分别接入 J4 驱动器的 R，S，T 接口，即每个接口 2 根线。

步骤 3：以同样的方式将 J4 和 J5 并联、J5 和 J6 并联。

步骤 4：将与 J6 连接的 3 根多股线沿着左侧整理至接线排端子，然后将此 3 根线分别接入接线排编号为 1，2，3 的端子。

步骤 5：使用扎带将各并联线捆绑整理好，剪掉多余扎带。

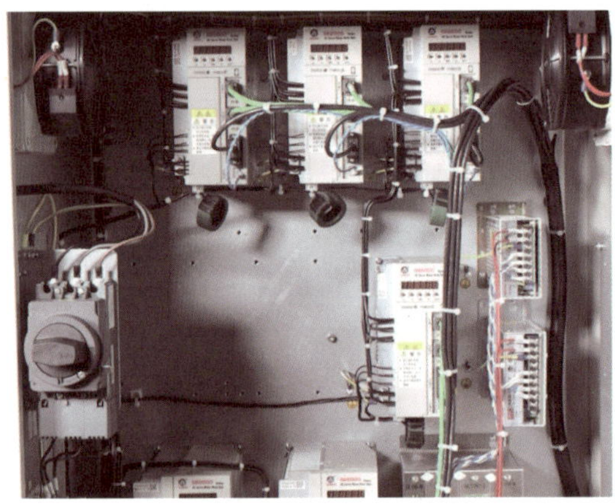

图 2-2-13　J3~J6 的 RST 线路

（2）连接伺服驱动器控制电源线路（rt 线路）（图 2-2-14）。

步骤 1：J1~J6 伺服驱动器的控制电源输入端各有 2 个端口（即 r，t），将它们分 3 组并联，其中 J1 和 J2 为 1 组，J3 和 J6 为 1 组，J5 和 J6 为 1 组。

步骤 2：在 J2 驱动器的 r，t 接口分别接入 2 根 1.0 mm^2 黑色多股线，一共 4 根。

步骤 3：将上述多股线中的 2 根（r，t 接口各 1 根）并联接入 J2 驱动器的 R，T 接口。

步骤 4：将另外 2 根多股线对应并联接入 J1 驱动器的 r，t 接口。

步骤 5：以同样的方式分别将 J3 和 J4 并联、J4 和 J5 并联、J5 和 J6 并联。

步骤 6：使用扎带将各并联线捆绑整理好，剪掉多余扎带。

图 2-2-14 J1~J6 的 rt 线路

（3）连接总线通信信号线路（CN1 及 CN2 的连线，图 2-2-15）。

控制端子 CN1（BUS1）和 CN2（BUS2）是驱动器与系统单元的通信接口，通过以太网传输技术将各伺服驱动器与系统单元连接，构建闭环通信网络，实现数据的稳定传输与交互。

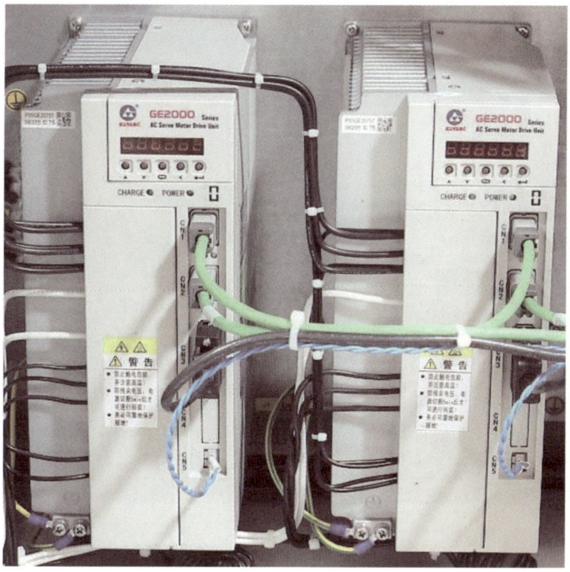

图 2-2-15 CN1 及 CN2 的连线

步骤 1：使用网线将 J1 伺服驱动器的 CN2 与 J2 伺服驱动器的 CN1 相连。

步骤 2：同样地，依次将 J2 的 CN2 与 J3 的 CN1 相连，将 J3 的 CN2 与 J4 的 CN1 相连，将 J4 的 CN2 与 J5 的 CN1 相连，将 J5 的 CN2 与 J6 的 CN1 相连。注意：J1~J6 的排序不可颠倒错乱。

（4）连接接地线（图 2-2-16）。

J1 和 J2 伺服驱动器的接地线采用 2.5 mm^2 黄绿多股线，J3~J6 伺服驱动器的接地线采用 1.5 mm^2 黄绿多股线。

步骤 1：分别使用 2 根多股线将每个驱动器左下角的接地端子连接到邻近的安装板上，并使用十字螺钉（加平垫）紧固。

步骤 2：在安装位下方邻近处均贴上地线标识。

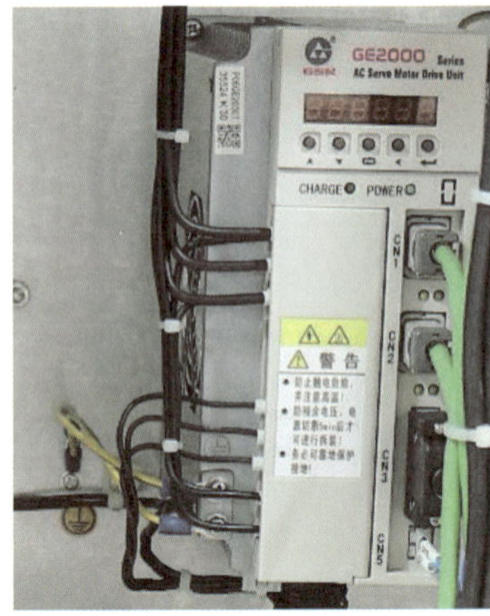

图 2-2-16　接地线

3） **伺服驱动器与其他元件的连线**

与伺服驱动器直接相连的元件有系统单元、继电器、动力重载、码盘信号线、接触器、电源盒等。这些元件和伺服驱动器的连线如下：

（1）伺服驱动器与系统单元的连线（图 2-2-17）。

步骤 1：使用网线将系统单元 BUS1 接口与 J1 伺服驱动器的 CN1 接口相连接。

步骤 2：使用网线将系统单元 BUS2 接口与 J6 伺服驱动器的 CN2 接口相连接。

图 2-2-17　伺服驱动器与系统单元的连线

（2）伺服驱动器与继电器的连线（图 2-2-18）。

伺服驱动器的 CN5 接口为电机抱闸信号控制接口。该接口共有 2 个接线点，其中一个为 HOLD+（接 24V 接口），另一个为 HOLD-（接 0V 接口），2 个接线点均连接 0.5 mm^2 蓝色多股线。

步骤 1：将 0.5 mm^2 蓝色多股线的一端接入 J1 伺服驱动器 CN5 接口的 HOLD-，另一端接入继电器 KA3 下方的第一个引脚,线上套 301 号码管。

步骤 2:将 0.5 mm^2 蓝色多股线的一端接入 J1 伺服驱动器 CN5 接口的 HOLD+,另一端接入接线排端子下方编号为 9~11 的任一端口,线上套 24V1 号码管。

步骤 3:同样地,分别将 J2 ～ J6 的 HOLD- 接入继电器 KA4 ～ KA8,号码管编号依次为 302 ～ 306;将 J2 ～ J6 的 HOLD+ 接入接线排端子下方编号为 9~11 的任一端口,且均套上 24V1 号码管。

步骤 4:分别将每个驱动器的 HOLD+ 和 HOLD- 线缆(共 2 根)拧成一股,整理好后使用扎带捆绑,剪掉多余扎带。

图 2-2-18　伺服驱动器与电机抱闸信号的连线

(3)伺服驱动器与动力重载的连线(图 2-2-19)。

步骤 1:将动力重载线从控制柜左侧板进线仓挡板右边第三个孔穿进控制柜,使用 5 × 300 的扎带将其固定在变压器隔板内侧。

步骤 2:将一条 B+ 线从控制柜左侧接入线槽,将 J1~J6 的 B+ 线分别接入继电器 KA3~KA8 上方外侧的引脚中并套上号码管,号码管编号依次为 1B+ ～ 6B+。

步骤 3:将地线接到接地排上。

步骤 4:将每组导线接在对应驱动器的 U,V,W 接口上。注意:每组导线不能错乱。

图 2-2-19　伺服驱动器与动力重载的连线

（4）伺服驱动器与码盘重载的连线（图 2-2-20）。

步骤 1:将码盘重载线从控制柜左侧板进线仓挡板右数第二个孔穿进控制柜,沿着 J1、J2、系统单元底部一直穿到控制柜内的右侧板,并沿着右侧板向上直至 J4 驱动器的中部位置。

步骤 2:将各组导线分开。

步骤 3:将每组导线接在对应伺服驱动器的 CN3 接口上。

步骤 4:整理线缆并使用扎带固定。

步骤 5:使用 5×300 的扎带将孔口处的线缆固定在变压器隔板内侧。(注意:每组导线不能错乱。)

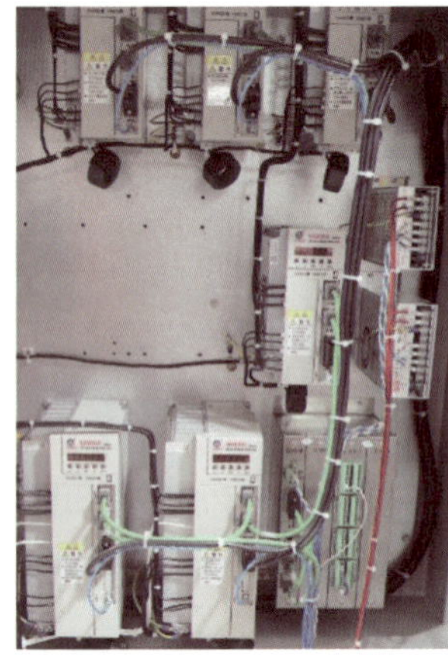

图 2-2-20　码盘重载连线

4）其他元件的连线

（1）两侧风扇连线（图 2-2-21）。

步骤 1:将风扇电源线及地线分别固定在风扇上。

步骤 2:分别将左、右风扇的地线接入控制柜左、右侧板。

步骤 3:将右侧风扇的电源线沿后侧板顶部布线至左侧板,并与左侧风扇的电源线在左侧板处汇总整理,然后统一沿左侧板向下引入变压器仓,最后从变压器仓引出接入二极空气开关 QF2。

（2）主电源开关连线（图 2-2-22）。

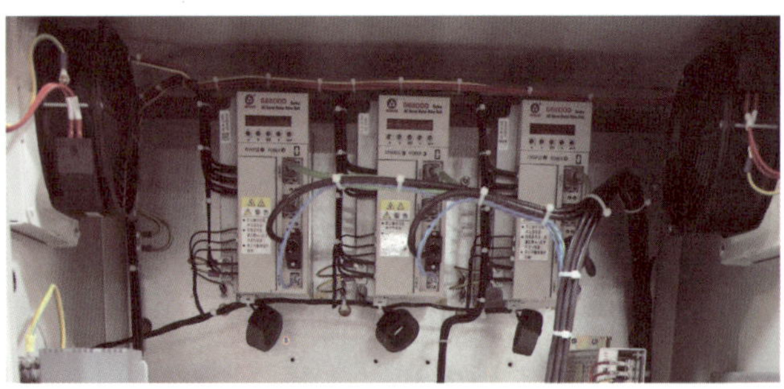

图 2-2-21　两侧风扇连线

步骤 1:取下控制柜上的电源进线接头螺母,将 4 根电源线依次穿过螺母,再穿入电源进线孔,最后将螺母拧紧。

步骤 2:将地线安装在控制柜内电源进线孔的下方。

步骤 3:将断路器的高端盖板取下,分别接入输入线（L1,L2,L3）和输出线（L11,L21,L31）,在输出线的另一端套上号码管。

步骤 4:安装好高端盖板。(注意:3 根相线的顺序不能错乱,从左到右依次为黑色、灰色和棕色。)

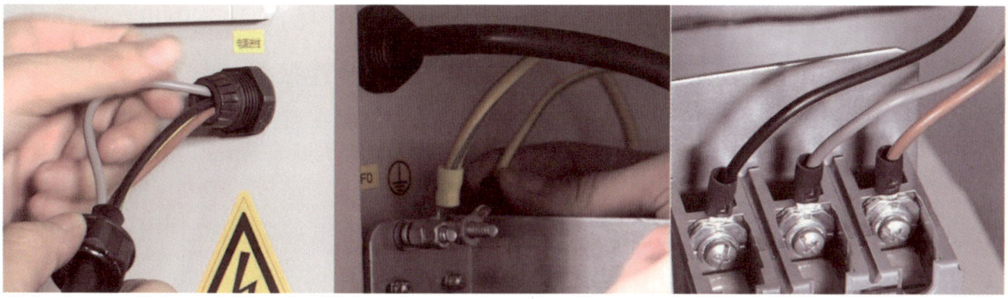

图 2-2-22　主电源开关连接线

（3）变压器连线（图 2-2-23）。

步骤 1：将断路器输出线（L11，L21，L31）分别接到变压器输入端（L1，L2，L3）接口。

步骤 2：将黄绿色多股线的一端接入变压器地线端，另一端接到安装板或地线排上。

步骤 3：将变压器输出端分别接入输出线（L12，L22，L32）并套上号码管。

步骤 4：将输出线的另一端留后处理。

图 2-2-23　变压器连线

（4）空气开关、继电器连线（图 2-2-24）。

步骤 1：将变压器输出线（L12，L22，L32）分别接入三极空气开关 QF1 的输入端。

步骤 2：将 QF1 的输出线（U1，V1，W1）接入接触器 KM1 的输入端。

步骤 3：将 KM1 的输出线（R，S，T）接入接线排端子（端子编号为 1，2，3）的输入端。

步骤 4：将 220A 和 220B 接入 QF2 的输入端。

步骤 5：将 QF2 输出线（220A1，220B1）接入接线排端子（端子编号为 4，6）的输入端。

步骤 6：将继电器 KA2 的 202 导线一端接入 KM1 接口。

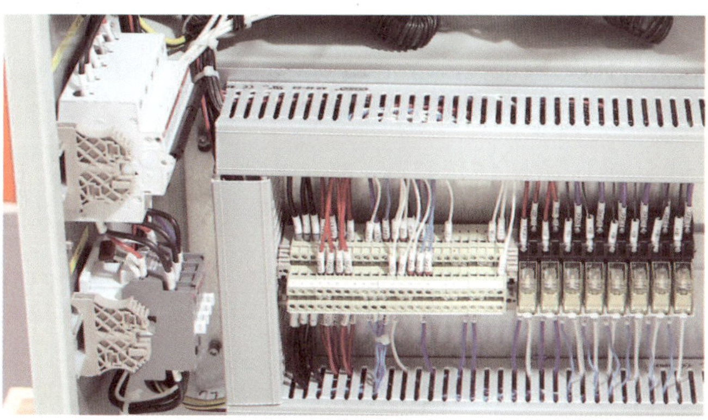

图 2-2-24　空气开关、继电器连线

步骤 7:从继电器 KA2 的 202 导线在 KM1（24V）接口的连接点引出白色接线端子，并将接线端子接入 KM1 对应辅助触点下方的接线端，再连接至接线排 24 号端子，套上 111 号码管。

（5）电源盒连线（图 2-2-25）。

步骤 1:将 4 根 1.0 mm^2 红色多股线一端分别接入系统电源盒和控制电源盒的输入端，从上到下依次套上 220A1 和 220B1 号码管。

步骤 2:将上面 4 根导线整理接入接线排的 5 号、6 号端口。

步骤 3:使用 1.0 mm^2 蓝色多股线将系统电源盒输出端的 2 个 24V 接口与接线排 10 号、11 号端子相连，套上 24V1 号码管。

步骤 4:使用 1.0 mm^2 白色多股线将系统电源盒输出端的 2 个 0V 接口与接线排 12 号、13 号端子相连，套上 0V1 号码管。

步骤 5:使用 1.0 mm^2 蓝色多股线将控制电源盒输出端的 2 个 24V 接口与接线排 15 号、16 号端子相连，套上 24V2 号码管。

步骤 6:使用 1.0 mm^2 白色多股线将控制电源盒输出端的 2 个 0V 接口与接线排 13 号、14 号端子相连，套上 0V2 号码管。

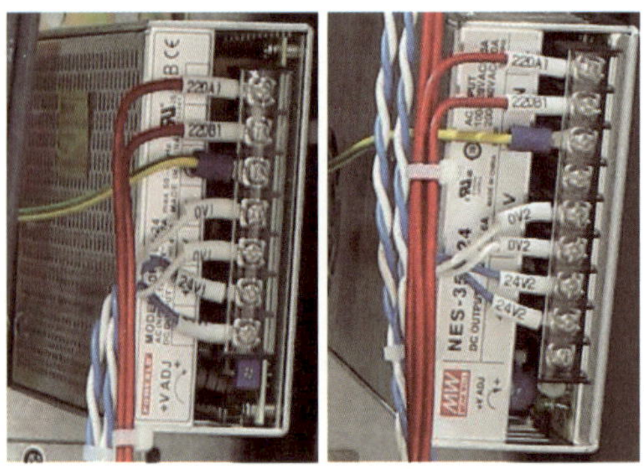

图 2-2-25　电源盒连线

步骤 7:使用 1.0 mm^2 黄绿色多股线将 2 个电源盒分别接地。

（6）门上开关连线（图 2-2-26）。

步骤 1:门上开关接线（使用 1.25-3.7S 接线端子）。

步骤 2:将 24 V 线从确认按钮指示灯 X1 脚依次并线到确认按钮 13 号脚、停止按钮 21 号脚、急停开关 21 号脚。

步骤 3:将 0 V 线从确认按钮 X2 脚并线到急停开关 12 号脚;将 5 号线从停止按钮 22 号脚并线到启动按钮 13 号脚。

步骤 4:将 6 号线从启动按钮 14 号脚并线到驱动按钮指示灯 X1 脚。

步骤 5:将 102 号线接在急停开关 22 号脚。

步骤 6:将 103 号线接在急停开关 11 号脚。

图 2-2-26　门上开关连线

步骤 7:将 X9.7 线接在确认按钮 14 号脚。

步骤 8:将 Y8.4 线接在确认按钮指示灯 X2 脚。

（7）示教器电缆连线（图 2-2-27）。

步骤 1:将示教器连接电缆从门上的示教器安装孔穿进控制柜。

步骤 2:将示教器连接电缆整理连接到系统单元上。

步骤 3:锁紧 MDR 插头上的固定螺钉。

步骤 4:使用扎带将电缆整理固定好。

图 2-2-27　示教器电缆连线

2.2.4 工作任务实施

以小组为单位，完成工作任务并填写表 2-2-2。

表 2-2-2 “装配工业机器人的电气元件”工作任务实施表

任务名称 装配工业机器人的电气元件			实施表编号			
班级		姓名	学号	教师签字		
工序号	工序名称	工序内容	工具 / 材料	操作过程	完成时间	备注
1	伺服驱动器安装	J1~J6 伺服驱动器的安装	2.5 mm^2 黑色多股线、端子、十字螺丝刀、十字盘头组合螺钉、剪刀、剥线钳、压线钳、扎带			
2	系统单元安装	系统单元安装				
3	电源盒安装	（1）控制电源盒安装； （2）系统电源盒安装				
4	风扇安装	（1）网罩安装； （2）风扇安装				
5	电源开关安装	（1）操作机构与断路器组合； （2）断路器安装				
6	变压器安装	变压器安装				
7	断路器安装	（1）断路器卡轨安装； （2）断路器固定	十字螺丝刀、切断器、卷尺			
8	接触器安装	（1）接触器卡轨安装； （2）接触器固定				
9	线槽、接线排、继电器板安装	（1）线槽制作与安装； （2）接线排端子安装； （3）继电器板安装				
10	门上开关安装	（1）安装确认按钮； （2）安装停止按钮； （3）安装启动按钮； （4）安装急停开关； （5）安装指示灯	十字螺丝刀			
11	伺服驱动器间连线	（1）RST 线路连线； （2）rt 线路连线； （3）总线通信信号线路连线； （4）连接接地线	卷尺、剪刀、剥线钳、压线钳			

续表

工序号	工序名称	工序内容	工具/材料	操作过程	完成时间	备注
12	伺服驱动器与其他元件的连线	(1) 驱动器与系统单元的连线; (2) 电机抱闸信号线路连线; (3) 动力重载接入; (4) 码盘重载接入	卷尺、剪刀、剥线钳、压线钳			
13	其他元件连线	(1) 两侧风扇连线; (2) 主电源开关连线; (3) 变压器连线; (4) 空气开关、继电器连线; (5) 电源盒连线; (6) 门上开关连线; (7) 示教器电缆连线				

2.2.5 工作任务检查与评价

按照表 2-2-3 中的标准检查任务完成情况并交由教师评分。

表 2-2-3 "装配工业机器人的电气元件"工作任务检查与评价表

任务名称　装配工业机器人的电气元件			检查与评价表编号		
班级		姓名	学号	教师签字	
序号	工序名称	检查内容	检查标准	分值	教师评价
1	伺服驱动器安装	J1~J6 伺服驱动器的安装	(1) 从上到下安装; (2) 安装后各驱动器牢固无松动; (3) 安装布局符合图纸要求	30	
2	系统单元安装	系统单元安装	(1) 安装后各单元牢固无松动; (2) 安装布局符合图纸要求	5	
3	电源盒安装	(1) 控制电源盒安装; (2) 系统电源盒安装	(1) 电源盒散热窗均朝操作者的左侧; (2) 控制电源盒位于系统电源盒的下方	5	
4	风扇安装	(1) 网罩安装; (2) 风扇安装	风扇向外抽风,且风扇电源线接线点与地线接线点所在面朝外	5	
5	电源开关安装	(1) 操作机构与断路器组合; (2) 断路器安装	操作机构关闭状态为水平朝操作者的左侧	6	

续表

<table>
<tr><th>序号</th><th>工序名称</th><th>检查内容</th><th>检查标准</th><th>分值</th><th>教师评价</th></tr>
<tr><td>6</td><td>变压器安装</td><td>变压器安装</td><td>输入端在操作者的左侧，输出端在右侧</td><td>5</td><td></td></tr>
<tr><td>7</td><td>断路器安装</td><td>（1）断路器卡轨安装；
（2）断路器固定</td><td>断路器排序由三极到二极，末尾为单极</td><td>5</td><td></td></tr>
<tr><td>8</td><td>接触器安装</td><td>（1）接触器卡轨安装；
（2）接触器固定</td><td>安装后终端固定件牢固</td><td>5</td><td></td></tr>
<tr><td>9</td><td>线槽、接线排、继电器板安装</td><td>（1）线槽制作与安装；
（2）接线排端子安装；
（3）继电器板安装</td><td>（1）线槽尺寸符合要求；
（2）端子牢固；
（3）继电器板方向朝上</td><td>5</td><td></td></tr>
<tr><td>10</td><td>门上开关安装</td><td>（1）确认按钮安装；
（2）停止按钮安装；
（3）启动按钮安装；
（4）急停开关安装；
（5）指示灯安装</td><td>（1）按钮排序依次为确认按钮、停止按钮、启动按钮、急停开关；
（2）各标识水平正向</td><td>5</td><td></td></tr>
<tr><td>11</td><td>伺服驱动器间连线</td><td>（1）RST 线路连线；
（2）rt 线路连线；
（3）总线通信信号线路连线；
（4）接地线连接</td><td rowspan="3">（1）布线规范，所有连接应与电气原理图一致；
（2）导线线径和颜色符合图纸或国家标准要求；
（3）端头压接牢固可靠；
（4）导线与元器件连接处穿上导线号码管且标号与图纸一致，号码管字符方向整体与电气板一致</td><td>8</td><td></td></tr>
<tr><td>12</td><td>伺服驱动器与其他元件的连线</td><td>（1）驱动器与系统单元的连线；
（2）电机抱闸信号线路连线；
（3）动力重载接入；
（4）码盘重载接入</td><td>8</td><td></td></tr>
<tr><td>13</td><td>其他元件连线</td><td>（1）两侧风扇连线；
（2）主电源开关接线；
（3）变压器连线；
（4）空气开关、继电器连线；
（5）电源盒连线；
（6）门上开关连线；
（7）示教器电缆连线</td><td>8</td><td></td></tr>
<tr><td colspan="4">总　分</td><td colspan="2">100</td></tr>
<tr><td colspan="6">1. 你是否达到了本任务要求的学习目标和你的个人目标？</td></tr>
<tr><td colspan="6">2. 你还存在不足吗？（若有，请在下方写出）</td></tr>
<tr><td colspan="6">3. 你的后续提升计划是什么？</td></tr>
</table>

2.2.6　练习题

1）单选题

（1）安装伺服驱动器时，首先需要做什么？（　　）

A. 将伺服驱动器固定在安装板上　　B. 连接电源线

C. 连接信号线　　D. 连接电机线

（2）安装系统单元时，需要将其安装在哪个位置？（　　）

A. 控制柜的左侧　　B. 控制柜的右侧

C. 控制柜的顶部　　D. 控制柜的底部

（3）安装电源盒时，需要注意什么？（　　）

A. 电源盒散热窗朝左　　B. 电源盒散热窗朝右

C. 电源盒散热窗朝上　　D. 电源盒散热窗朝下

（4）安装风扇时，需要注意什么？（　　）

A. 风扇向外抽风　　B. 风扇向内抽风

C. 风扇向上抽风　　D. 风扇向下抽风

（5）安装断路器时，需要将其安装在哪个位置？（　　）

A. 控制柜的左侧　　B. 控制柜的右侧

C. 控制柜的顶部　　D. 控制柜的底部

（6）安装接触器时，需要将其安装在哪个位置？（　　）

A. 控制柜的左侧　　B. 控制柜的右侧

C. 控制柜的顶部　　D. 控制柜的底部

2）判断题

（1）安装伺服驱动器时，必须先将其固定在一块安装板上。（　　）

（2）安装系统单元时，必须将其安装在控制柜的右侧。（　　）

（3）安装电源盒时，电源盒散热窗必须朝左。（　　）

（4）安装风扇时，风扇必须向外抽风。（　　）

（5）安装断路器时，必须将其安装在控制柜的左侧。（　　）

（6）安装接触器时，必须将其安装在控制柜的左侧。（　　）

3）多选题

（1）安装伺服驱动器时，需要使用哪些工具？（　　）

A. 十字螺丝刀　　B. 内六角扳手

C. 剪刀　　D. 压线钳

（2）安装系统单元时，需要使用哪些工具？（　　）

A. 十字螺丝刀　　B. 内六角扳手

C. 剪刀　　D. 压线钳

（3）安装电源盒时，需要使用哪些工具？（　　）

A. 十字螺丝刀　　B. 内六角扳手

C. 剪刀　　D. 压线钳

（4）安装风扇时，需要使用哪些工具？（　　）

A. 十字螺丝刀　　B. 内六角扳手

C. 剪刀　　D. 压线钳

（5）安装断路器时，需要使用哪些工具？（　　）

A. 十字螺丝刀　　B. 内六角扳手

C. 剪刀　　D. 压线钳

（6）安装接触器时，需要使用哪些工具？（　　）

A. 十字螺丝刀　　B. 内六角扳手

C. 剪刀　　D. 压线钳

4）简答题

（1）简述安装伺服驱动器的步骤。

（2）简述安装电源盒的步骤。

练习题参考答案

职业成长与技术创新故事

中国机器人之父——蒋新松

蒋新松是中国机器人事业的开拓者和奠基人，被誉为“中国机器人之父”。1982 年他领导研制出我国第一台计算机控制的示教再现工业机器人，为我国工业机器人产业的发展奠定了坚实基础。在工业机器人电气元件和附件装配方面，蒋新松带领团队攻坚克难，对每一个电气元件的性能参数都了如指掌，对每一个装配环节都严格把关，确保机器人的稳定性和可靠性。他们研制的工业机器人不仅在技术上达到了当时的国际先进水平，还在多个领域得到了广泛应用，为我国制造业的自动化升级作出了巨大贡献。蒋新松的一生是为我国机器人事业不懈奋斗的一生他的奉献和创新精神激励着一代又一代的机器人研发者不断前行。

项目 3 工业机器人基本系统连线与整机调试

本项目主要介绍工业机器人基本系统电缆线的类型和连接方式，机器人整机调试的目的、步骤，以及机器人安全性检查等内容。

<table>
<tr><td rowspan="5">教</td><td>建议教学时数</td><td>任务 3.1 是 4 学时，任务 3.2 是 4 学时</td></tr>
<tr><td>学习任务</td><td>3.1 工业机器人基本系统的连线
3.2 工业机器人整机调试</td></tr>
<tr><td>知识重点</td><td>（1）认识各类型的电缆线；
（2）熟悉工业机器人各种电缆线的连接方式；
（3）熟悉工业机器人安全性检查的内容</td></tr>
<tr><td>知识难点</td><td>（1）动力电缆线、示教器电缆线和编码器电缆线的连接；
（2）检测工业机器人关节轴的运动，校准零点位置；
（3）排查常见报警信息并处理相关问题</td></tr>
<tr><td>建议教学方法</td><td>六步教学法、任务驱动教学法、一体化教学法</td></tr>
<tr><td rowspan="2">学</td><td>学习目标</td><td>知识目标
（1）熟悉电缆线的类型和连接方式；
（2）了解工业机器人整机调试的目的、主要工作内容，熟悉工业机器人安全性检查的内容。
技能目标
（1）能够完成动力电缆线、示教器电缆线和编码器电缆线的连接；
（2）能够检测工业机器人关节轴运动，校准零点位置及诊断系统故障、排查常见报警信息并处理相关问题 。
素质目标
（1）能系统思考整机安装与调试，展现创新意识；
（2）能深刻认识到工作与国家制造业的联系，具有职业责任感和使命感</td></tr>
<tr><td>实训条件要求</td><td>电脑、教材、微课、工业机器人实训基地</td></tr>
</table>

任务 3.1 工业机器人基本系统的连线

【任务目标】

（1）熟悉机器人本体、编码器、示教器线路的连接方法和步骤。

（2）熟练连接控制柜主电源与电网。

（3）掌握机器人基本系统线路连接的要求。

（4）通过小组协作完成连线工作，培养团队合作精神。

在工业机器人基本系统、基本硬件连线后，要求各线缆接头牢固可靠、无松动。

3.1.1 知识准备：基本硬件连线

如图 3-1-1 所示，工业机器人的基本硬件包括机器人本体、控制柜和示教器，其基本硬件连线包括编码器与控制柜连线、动力电缆线连线、示教器与控制柜连线、控制柜主电源与电网连线。

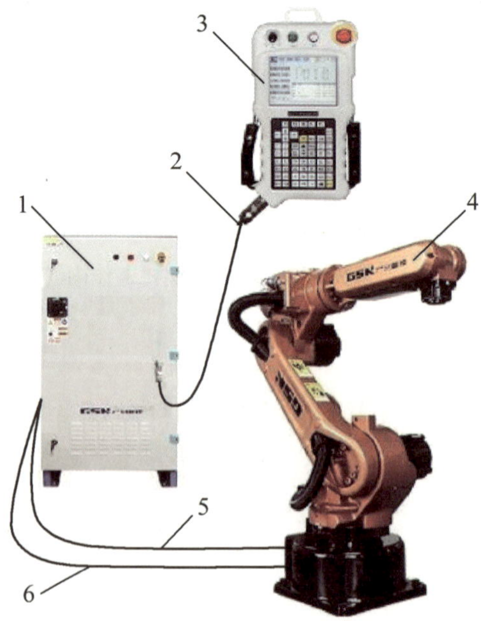

工业机器人基本系统连线

1—控制柜；2—示教器与控制柜连线；3—示教器；4—机器人本体；5，6—编码器与控制柜连线。

图 3-1-1 基本硬件连线示意图

（1）示教器电缆线。示教器电缆线用于示教器与控制柜（内含控制系统）通信。示教器是机器人系统的重要人机接口。人们在示教器上使用各个功能按钮或触摸屏上的软件时，输入的信息都将通过示教器电缆线传送到控制系统中。

值得注意的是，有些厂家的示教器（或示教盒）是无线通信的，没有示教器电缆线。

（2）动力电缆线。动力电缆线又称动力重载电缆线，是控制柜为机器人本体各轴伺服电机提供电源用的电缆线。

（3）编码器电缆线。编码器电缆线又称为转数计数器线缆或码盘线缆，用于控制柜与机器人本体各轴伺服电机的信号传输，即从控制系统向伺服电机发送转速、转角信号，以及将伺服电机的状态信号反馈给控制系统。

小助手　TKB 1200 机器人采用的动力电缆线和编码器电缆线的接头在外观上差别不大，如图 3-1-2（a）所示。二者明显的区别在于插针大小不同：插针较大的为动力电缆线，如图 3-1-2（b）右侧所示；插针较小的为编码器电缆线，如图 3-1-2（b）左侧所示。

（a）动力电缆线和编码器电缆线接头外观

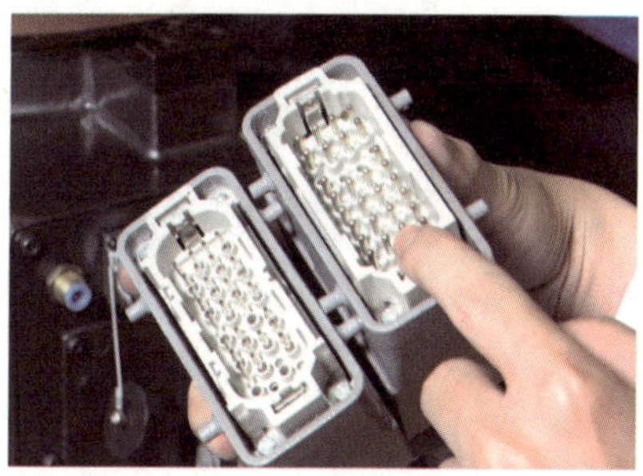

（b）动力电缆线和编码器电缆线接头插针

图 3-1-2　动力电缆线和编码器电缆线接头

机器人本体各电缆线的接头如图 3-1-3 所示。

图 3-1-3　机器人本体各电缆线的接头

各电缆线连接的具体操作如下：

（1）动力电缆线连接。

步骤1：安装时，将动力电缆线接头有凹槽（图3-1-4）侧对准机器人本体上的动力电缆线接口的凸台侧。

步骤2：如图3-1-5所示，将动力电缆线插头平直用力插入插座。

步骤3：分别将上下卡扣用力向外拉，直至卡扣完全扣紧接头才完成连接。

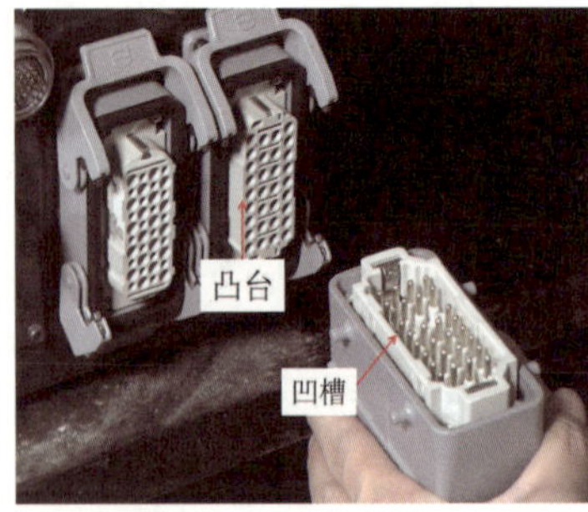

图3-1-4　动力电缆线接头

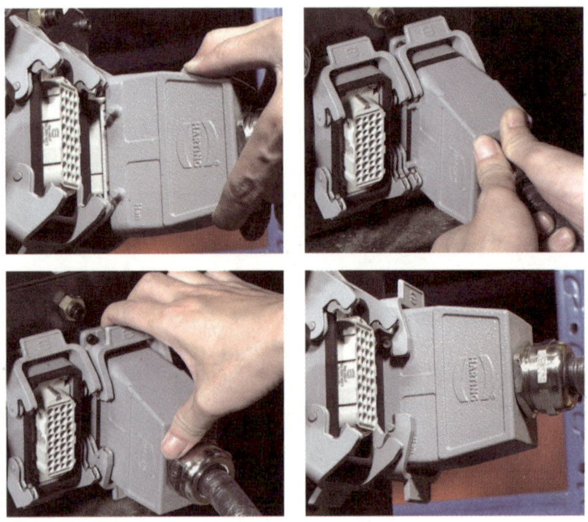
图3-1-5　动力电缆线连接

（2）编码器电缆线连接。

与动力电缆线的连接方法一样，先将编码器电缆线的接头平直插入接口中，然后用上下卡扣扣紧接头，如图3-1-6所示。

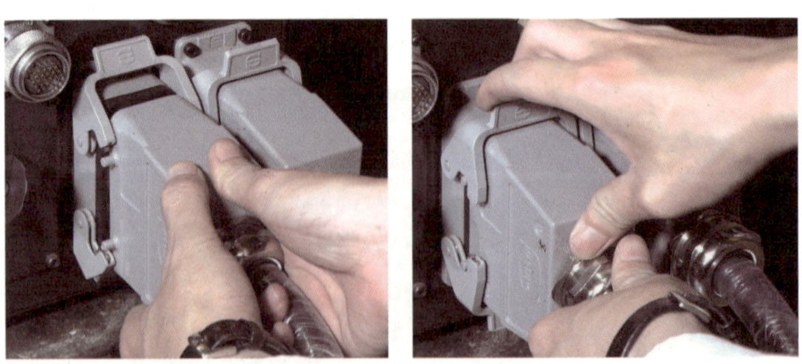
图3-1-6　编码器电缆线连接

（3）示教器电缆线连接。

示教器与控制柜间的电缆线连接比较简单，只需将示教器电缆线接头插入控制柜上的示教器安装处（图3-1-7），然后将卡扣向下扣紧即可。

（4）控制柜主电源线接入电网。

工业机器人控制柜对主电源的常规要求如下：

（1）特定的电压和频率。这通常是根据机器人厂商的规格和使用地区的电力标准来确定的。

（2）良好的稳定性，以避免主电源电压和频率波动对工业机器人控制系统造成影响。

（3）一定的电源容量。工业机器人的功率消耗可以通过它的规格和技术参数来确定。

在将控制柜主电源线接入电网时应注意各相线不能错乱。

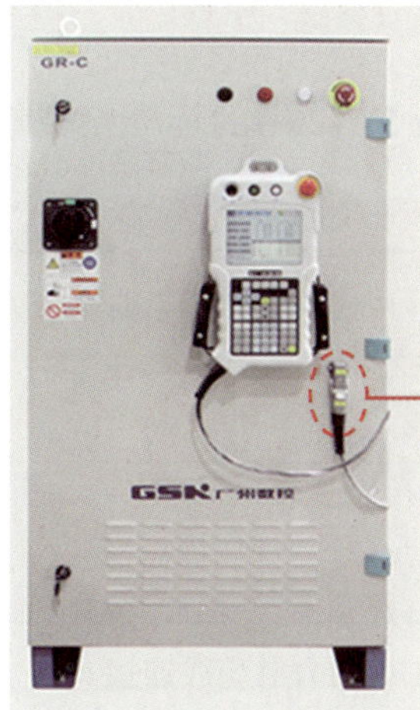

图 3-1-7　示教器电缆线连接

3.1.2　工作任务实施

以小组为单位，按照表 3-1-1 中的操作步骤及内容提示共同完成工作任务。

表 3-1-1　“工业机器人基本系统的连线”工作任务实施表

任务名称　工业机器人基本系统的连线			实施表编号			
班级		姓名	学号	教师签字		
序号	工序名称	操作步骤及内容		工具 / 材料	操作过程	完成时间
1	动力电缆线连接	（1）安装时，将动力电缆线接头有凹槽侧对准机器人本体上的动力电缆线接口的凸台侧； （2）将动力电缆线插头平直用力插入插座； （3）分别将上下卡扣用力向外拉，直至卡扣完全扣紧接头才完成安装		动力电缆线		
2	编码器电缆线连接	与动力电缆线的安装方法一样，先将插头平直插入接口中，然后将上下卡扣扣紧即可		编码器电缆线		
3	示教器电缆线连接	示教器与控制柜间的连线比较简单，只需将示教器线缆接头插入控制柜上的示教器插口，然后将卡扣向下扣紧即可		示教器电缆线		
4	控制柜主电源线接入电网	将控制柜主电源线接入电网。注意：各相线不能接错		控制柜主电源线		

3.1.3 工作任务检查与评价

按照表 3-1-2 中的标准检查任务完成情况并交由教师评分。

表 3-1-2 “工业机器人基本系统的连线”工作任务检查与评价表

<table>
<tr><td colspan="3">任务名称　工业机器人基本系统的连线</td><td colspan="2">检查与评价表编号</td></tr>
<tr><td>班级</td><td>姓名</td><td>学号</td><td colspan="2">教师签字</td></tr>
<tr><td>序号</td><td>检查内容</td><td>检查标准</td><td>分值</td><td>教师评分</td></tr>
<tr><td>1</td><td>动力电缆线连接</td><td rowspan="3">各接头连接正确，无松动</td><td>25</td><td></td></tr>
<tr><td>2</td><td>编码器电缆线连接</td><td>25</td><td></td></tr>
<tr><td>3</td><td>示教器电缆线连接</td><td>25</td><td></td></tr>
<tr><td>4</td><td>控制柜主电源线接入电网</td><td>主电源电缆线接入电网时，各相线对应</td><td>25</td><td></td></tr>
<tr><td colspan="3">总　分</td><td>100</td><td></td></tr>
<tr><td colspan="5">1. 你是否达到了本任务要求的学习目标和你的个人目标？</td></tr>
<tr><td colspan="5">2. 你还存在不足吗？（若有，请在下方写出）</td></tr>
<tr><td colspan="5">3. 你的后续提升计划是什么？</td></tr>
</table>

3.1.4 练习题

1）单选题

（1）工业机器人的基本硬件连线不包括以下哪一项？（　　）

A. 编码器与控制柜电缆线连接

B. 动力电缆线连接

C. 示教器与控制柜电缆线连接

D. 机器人本体与控制柜的无线通信连接

（2）动力电缆线的主要作用是什么？（　　）

A. 为机器人本体各伺服电机提供电源

B. 传输控制信号

C. 传输编码器信号

D. 传输示教器信号

（3）编码器电缆线的主要作用是什么？（　　）

A. 为机器人本体各伺服电机提供电源　　B. 传输控制信号

C. 传输编码器信号　　D. 传输示教器信号

（4）示教器电缆线的主要作用是什么？（　　）

A. 为机器人本体各伺服电机提供电源　　B. 传输控制信号

C. 传输编码器信号　　D. 传输示教器信号

（5）控制柜主电源线与电网连接时应注意什么？（　　）

A. 各相线不能接错　　B. 电源线的颜色

C. 电源线的长度　　D. 电源线的材质

（6）动力电缆线和编码器电缆线的接头在外观上有什么区别？（　　）

A. 插针大小不同　　B. 颜色不同

C. 长度不同　　D. 材质不同

（7）工业机器人控制柜对主电源的要求不包括下面哪一项？（　　）

A. 没有特殊要求

B. 良好的稳定性

C. 一定的电源容量

D. 特定的电压和频率

2）判断题

（1）动力电缆线和编码器电缆线的接头在外观上没有区别。（　　）

（2）示教器电缆线用于与控制柜通信和传输示教器上的操作信息。（　　）

（3）控制柜主电源线与电网连接时，各相线可以随意连接。（　　）

（4）动力电缆线的插针比编码器电缆线的插针大。（　　）

（5）编码器电缆线用于传输伺服电机的状态信号。（　　）

（6）示教器电缆线连接时，须将接头插入控制柜上的示教器接口，然后将卡扣扣紧。（　　）

3）多选题

（1）工业机器人的基本硬件连线包括哪些？（　　）

A. 编码器与控制柜电缆线连接

B. 动力电缆线连接

C. 示教器与控制柜电缆线连接

D. 控制柜主电源线接入电网

（2）动力电缆线连接的步骤包括哪些？（　　）

A. 将动力电缆线接头有凹槽侧对准机器人本体上的动力电缆线接口的凸台侧

B. 将动力电缆线插头平直用力插入插座

C. 分别将上下卡扣用力向外拉，直至卡扣完全扣紧接头

D. 检查电源线颜色

（3）编码器电缆线连接的步骤包括哪些？（　　）

A. 将编码器电缆线接头平直插入接口中

B. 用上下卡扣扣紧接头

C. 检查电源线颜色

D. 检查电源线长度

（4）示教器电缆线连接的步骤包括哪些？（　　）

A. 将示教器电缆线接头插入控制柜上的示教器接口

B. 将卡扣往下扣紧

C. 检查电源线颜色

D. 检查电源线长度

4）简答题

（1）简述工业机器人基本系统的连线步骤。

（2）简述动力电缆线和编码器电缆线接头的区别。

练习题参考答案

任务3.2 工业机器人整机调试

【任务目标】

（1）能够测试机器人本体各关节轴的运动。

（2）能够校准机器人零点位置。

（3）掌握系统诊断及常见故障的处理。

（4）通过整机调试，培养独立解决复杂问题的能力。

工业机器人整机调试的注意事项如下：

（1）在使用前，必须进行缺相检查，确认电源电压正常。

（2）机器人通电后，在使用前必须确认控制柜和示教器上的急停按钮能够正常工作。

（3）手动操纵机器人时，不允许有人或阻挡物在机器人的运动范围内。

（4）系统诊断后，若存在报警信息，必须进行处理，以确保整机测试后交付时不存在任何报警信息。

3.2.1 知识准备1：认识工业机器人整机调试工作

1）整机调试的目的和调试前的准备工作

工业机器人设备安装完成后，在使用前应进行整机调试。工业机器人整机调试的主要目的：排除安全隐患，诊断和排除故障，使机器人满足设计的性能和功能要求，延长机器人的使用寿命。

工业机器人
整机调试

2）调试前的准备工作

先要对工业机器人的各个部件进行仔细检查，确保没有损坏或缺失的部件，如传感器、执行器、线缆等；然后安装机器人控制软件，并根据实际需要配置相应的参数，如工作范围、运动轨迹等。

3）整机调试的主要工作内容

工业机器人整机调试的主要工作包括安全性检查、机器人本体各关节轴运动测试、零点位置校准、系统诊断、常见报警信息及其处理方法等。

此外，若工业机器人安装了周边设备，如变位机、夹具、工具（焊枪、喷枪、打磨机等）、传输线或外部控制系统等，则需要对这些周边设备进行测试。若有故障，应在使用前排除，以保证该工业机器人系统能够正常使用。

小助手　对于工业机器人的整机测试，目前并没有统一的标准。不同厂家的测试内容有可能存在差异，在机器人安装、调试或使用前应认真阅读其操作说明书或指导手册等相关资料，或咨询该厂家技术人员。

3.2.2 知识准备 2：安全性检查

安全性检查工作的目的是确保机器人在安全状态下使用，排除损坏设备及危害人身安全的隐患。安全性检查主要包括缺相检查，确认供电电源电压正常，急停按钮、风扇等能正常工作。

1）**缺相检查**

按照表 3-2-1 进行缺相检查实验。

表 3-2-1　缺相检查

序号	检查项目	检查内容
1	电缆线的配线	检查电源电缆线三相 380 V 连接是否正确，若配线错误及断线时，应更正处理
2	输入电源	使用万用表检查输入电源的相间电压，确保不缺相
3	断路器（QF0）	打开控制电源，用万用表检查断路器（QF0）的进线端及出线端的相间电压。如有异常，应更换断路器（QF0）

2）**确认供电电源电压正常**

按照表 3-2-2，使用万用表交流电压挡检测控制柜进线断路器（QF0）上的 L1，L2 及 L3 进线端子部位，确保各端子电压正常。

表 3-2-2　电压确认

序号	检查项目	端　子	正常数值
1	断路器相间电压	L1-L2，L2-L3，L3-L1	（0.85~1.1）× 标称电压（AC 380 V）
2	与保护地线（PE 相）之间的电压	L1-PE，L2-PE，L3-PE	（0.85~1.1）× 标称电压（AC 380 V）

3）急停按钮功能检查

控制柜门前及示教器上均有急停按钮，上电前必须确认急停按钮能正常工作。按下急停按钮，确认电机电源被切断，此时示教器上伺服通的灯熄灭；松开（或顺时针旋转）急停按钮后，系统自动恢复正常或上电。

4）风扇转动检查

如果风扇转动不正常，则控制柜内温度会升高，可能会出现异常故障。接通电源后，应检查柜内和背面轴流风扇是否转动，感觉排风口和吸风口的风量，同时检查风扇防尘网罩及门上防尘棉有无污物堵塞。

3.2.3　知识准备 3：关节轴运动测试

手动操纵机器人进行单轴运动，测试机器人各个电机供电和通信是否正常，检测各个关节装配后是否存在机械故障等问题。同时，为后续零点位置校准做好准备。

手动操纵 RB 08 机器人的步骤如下：

（1）安全通电。确认机器人工作范围内没有干扰机器人运动的人员或物品，以确保操作安全；将控制柜面板上的主电源开关旋转至“ON”状态，按下控制柜上绿色的电源键，完成通电。

（2）在示教器上，将模式选择旋钮旋转至“示教”模式。

（3）通过坐标设定键（示教器操作面板如图 3-2-1 所示）选择合适的坐标系，这里选择关节坐标系。

（4）通过手动速度键选择合适的系统速度，这里选择低速挡。

（5）若系统处于急停状态，则顺时针旋转急停按钮，清除急停状态。

（6）左手按下使能开关键（示教器背面的黄色长条按键），使电机上电。

（7）在按下使能开关键不松开的同时，按下轴操作键（图 3-2-2），使机器人对应轴运动。轴操作键与机器人各轴的运动对应关系如图 3-2-3 所示。

图 3-2-1　示教器操作面板

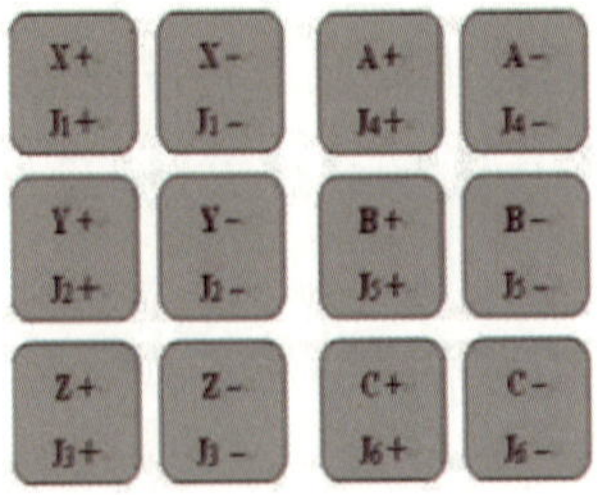

图 3-2-2　轴操作键

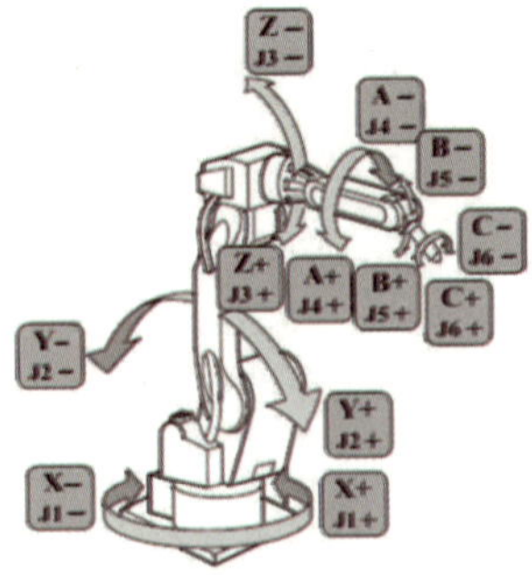

图 3-2-3　轴操作键对应机器人各轴的运动

3.2.4　知识准备 4:零点位置校准

图 3-2-4 是 RB 08 机器人的机械零点位置姿态。机械零点位置又称绝对零点位置，是机器人本体上各轴正负向标记中间的三角标志对准的位置,或两边刻度尺中间刻度对齐且在一条直线上的位置。

零点位置校准是指将机器人位置与绝对编码器位置进行对照的操作,即对机器人的机械零点进行位置校准,以确保机器人的运动安全和运动精度等。零点位置是在出厂前根据机器人具体尺寸进行设置的。没有进行零点位置校准,不允许对机器人进行示教和再现操作,以防发生危险。

当发生以下情况时,必须再次进行零点位置校准:

（1）改变机器人与控制柜的组合时。

（2）更换电机、绝对编码器（转数计数器）时。

（3）机器人碰撞工件或其他物体,零点位置发生偏移时。

（4）系统提示有需要校准或更新的信息时。

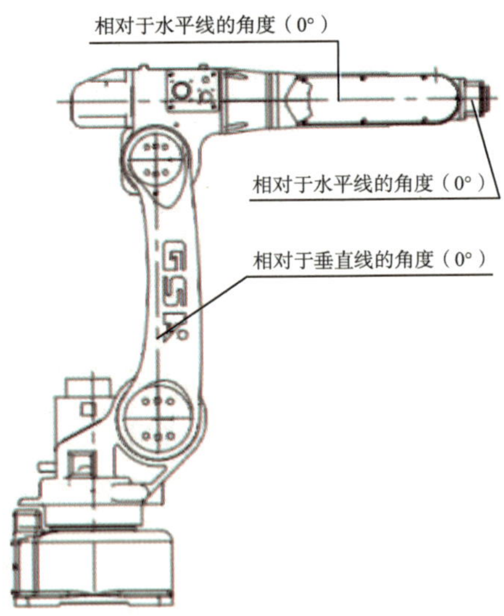

图 3-2-4　RB 08 机器人的机械零点位置姿态

小助手　不同机器人厂家及不同型号机器人的零点位置可能是不一样的。校准时应参照机器人自身的操作说明书或指导手册等相关资料,或咨询厂家相关人员。

RB 08 机器人零点位置校准的步骤如下:按下示教器上的急停按钮,在管理模式下按下 TAB 键切换到“主页面”,选择“系统设置”,打开“绝对零点”页面,如图 3-2-5 所示。

在该页面中，J1~J6 显示的是上次设置的零点值。通常按照以下步骤完成零点位置的设定：

（1）按示教器操作面板上的坐标设定键选择关节坐标系。

（2）移动机器人到机械零点位置。

（3）按 TAB 键切换到“读取”按钮，再按选择键读取当前各个关节的实际位置值。

（4）按左右方向键移动光标到“设置”按钮，再按选择键完成零点位置的设定。

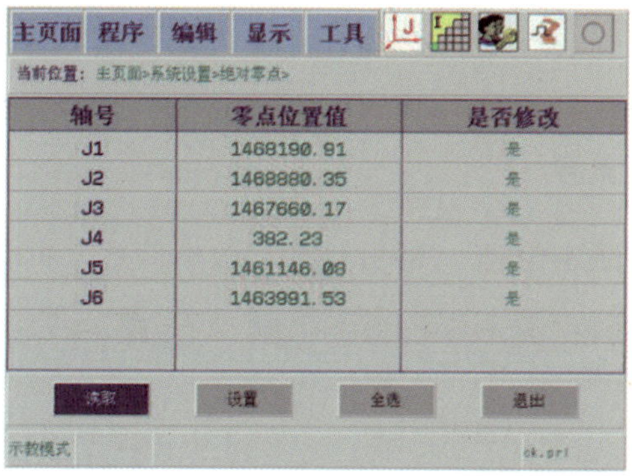

图 3-2-5 “绝对零点”页面

小助手 绝对零点是一个重要的系统参数，不可随意更改。修改绝对零点时，应将机器人手动操纵到图 3-2-4 所示的位置，否则在运行程序文件时会因零点位置的偏差而引起机器人偏离原本的路径，可能有引发设备碰撞或人身伤害事故的危险。

3.2.5 知识准备 5：系统诊断

系统诊断是为了让机器人系统进行自检，以测试是否存在系统故障。当存在故障时，机器人会以报警信息的形式展示给用户，以便用户排除和处理。

将光标切换到“系统信息”，按选择键会弹出“报警信息”“版本信息”“按键诊断”3 个子菜单，如图 3-2-6 所示。

1）“报警信息”子菜单

在图 3-2-6 中选择“报警信息”，即可用来浏览最近 20 条历史报警信息，如图 3-2-7 所示。该页面显示的信息有报警号、报警说明、报警时间等，通过上下方向键或翻页键可进行浏览，按选择键可将光标处的报警说明信息放大显示，按取消键可退出该页面，返回主页面。

若出现需要排除才能运行的报警信息，如伺服报警、机器人零点异常、电机电流过大、编码器计数异常等，则应排除故障后再运行机器人。

图 3-2-6 “系统信息”子菜单

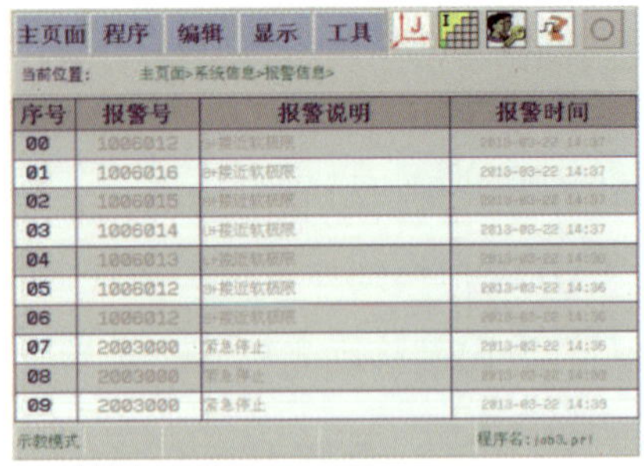

图 3-2-7 “报警信息”页面

2）“版本信息”子菜单

在图 3-2-6 中选择“版本信息”，即可打开“版本信息”页面，如图 3-2-8 所示。

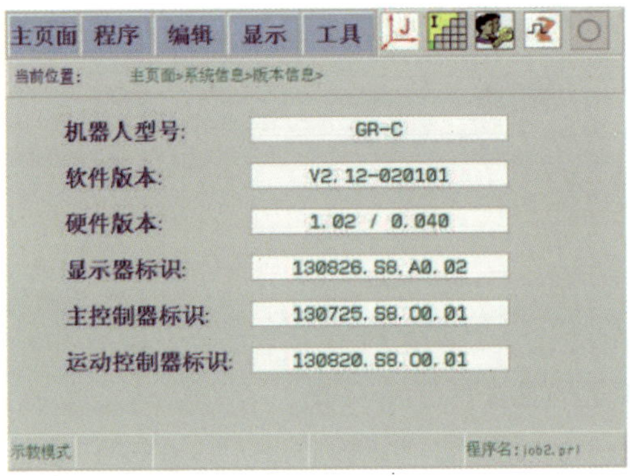

图 3-2-8 “版本信息”页面

“版本信息”页面显示当前系统的版本信息，包括机器人型号、软件版本、硬件版本、显示器标识、主控制器标识、运动控制器标识等。按取消键可退出该页面，返回主页面。

3）“按键诊断”子菜单

在图 3-2-6 中选择“按键诊断”，即可打开“按键诊断”页面，如图 3-2-9 所示。

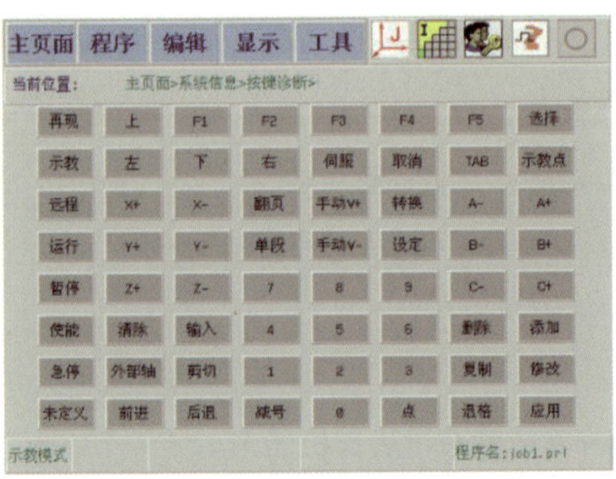

图 3-2-9 “按键诊断”页面

若按下示教器操作面板的某一个键（如应用键），“按键诊断”页面上对应的按钮获得光标焦点，则表示该按键有效，否则表示该按键失效。按下取消键可退出该页面，返回主页面。

3.2.6 知识准备 6：常见报警信息及其处理方法

1）常见报警信息

RB 08 机器人在进行焊接作业时常见报警信息及其处理方法见表 3-2-3。

表 3-2-3 RB 08 机器人常见报警信息及其处理办法

报警号	内 容	原 因	处理方法
3000001	Link 通信错误	总线环路断开	（1）检查电柜急停按钮是否按下，如果是则重新拔起，待总线连通后按下清除键即可清除该报警； （2）检查连接各驱动的网线是否连通，若未连通则重新插好网线观察总线是否连上，若仍未连通则考虑更换网线
3000008	通信数据异常	电柜急停按下或编码器数据突变	（1）查看电柜急停按钮是否按下，如果按下则重新拔起； （2）检查并修改编码器数据
2200031	GskLink 连接超时	总线环路连接异常	检查线路，保证接触良好
2200034	HMI 与 SER 通信异常	HMI 与 SER 通信超时或断开	（1）使连接电缆接触良好； （2）改正 PC 软件配置错误
2200037	获取伺服参数超时	启动时获取伺服参数超时	使 GskLink 连接线接触良好
2204003	机器人与设备 I/O 通信错误	机器人与焊机 I/O 通信超时	（1）检查机器人与焊机之间通信电缆连接是否正常； （2）检查焊机是否异常； （3）检查是否存在强干扰
2204007	机器人与设备 UCMM 通信错误	机器人与设备 UCMM 通信超时	关机并重新启动后再连接
2204100	Devicenet 设备通信超时报警	机器人与焊机间通信长时未响应	（1）检查通信电缆； （2）减小设备间的干扰
2204111	Devicenet 设备故障	机器人接收到焊机故障信号后报警	排除焊机故障并重新启动

续表

报警号	内　容	原　因	处理方法
2300006	急停报警	急停开关被按下	（1）查看示教器的急停按钮是否按下，若按下则重新复位； （2）查看系统 I/O，IN0 是否处于高电平
2420036	主电源掉电	主电源故障	排除故障后重新上电
2003002	J3 奇异状态	用 MOVL 或 MOVC 指令时机器人目标点经过的地方有故障	（1）考虑能否用 MOVJ 代替 MOVL 或 MOVC（MOVJ 运行时不存在奇异状态）； （2）重新正确取点
2003003	J5 奇异状态	用 MOVL 或 MOVC 指令时机器人目标点经过（J5 与 J4 接近形成一条直线）的地方有故障	（1）考虑能否用 MOVJ 代替 MOVL 或 MOVC（MOVJ 运行时不存在奇异状态）； （2）重新正确取点
2003010	电机转角和关节值超差	电机实际位置与控制系统位置差值过大	（1）排除电机故障； （2）检查上电时序是否符合规范
2400003	轴精度与电子齿轮比不匹配	参数匹配有误差	联系厂家
2004000	J1 速度超限	当前速度超过电机设置的最高转速	适当降低机器人运行速度
2004001	J2 速度超限		
2004002	J3 速度超限		
2004003	J4 速度超限		
2004004	J5 速度超限		
2004005	J6 速度超限		
2004006	T1 轴速度超限		
2004007	T2 轴速度超限		
2006001	J1+ 软限位	机器人运动范围超过 J1+ 方向设定的软限位值	手动清除报警后，在关节坐标下将单轴向 J1- 方向低速运动
2006002	J2+ 软限位	机器人运动范围超过 J2+ 方向设定的软限位值	手动清除报警后，在关节坐标下将单轴向 J2- 方向低速运动

续表

报警号	内 容	原 因	处理方法
2006003	J3+ 软限位	机器人运动范围超过 J3+ 方向设定的软限位值	手动清除报警后，在关节坐标下将单轴向 J3- 方向低速运动
2006004	J4+ 软限位	机器人运动范围超过 J4+ 方向设定的软限位值	手动清除报警后，在关节坐标下将单轴向 J4- 方向低速运动
2006005	J5+ 软限位	机器人运动范围超过 J5+ 方向设定的软限位值	手动清除报警后，在关节坐标下将单轴向 J5- 方向低速运动
2006006	J6+ 软限位	机器人运动范围超过 J6+ 方向设定的软限位值	手动清除报警后，在关节坐标下将单轴向 J6- 方向低速运动
2006007	T1+ 软限位	机器人运动范围超过 T1+ 方向设定的软限位值	手动清除报警后，在关节坐标下将单轴向 T1- 方向低速运动
2006008	T2+ 软限位	机器人运动范围超过 T2+ 方向设定的软限位值	手动清除报警后，在关节坐标下将单轴向 T2- 方向低速运动
2006021	J1- 软限位	机器人运动范围超过 J1- 方向设定的软限位值	手动清除报警后，在关节坐标下将单轴向 J1+ 方向低速运动
2006022	J2- 软限位	机器人运动范围超过 J2- 方向设定的软限位值	手动清除报警后，在关节坐标下将单轴向 J2+ 方向低速运动
2006023	J3- 软限位	机器人运动范围超过 J3- 方向设定的软限位值	手动清除报警后，在关节坐标下将单轴向 J3+ 方向低速运动
2006024	J4- 软限位	机器人运动范围超过 J4- 方向设定的软限位值	手动清除报警后，在关节坐标下将单轴向 J4+ 方向低速运动

续表

报警号	内 容	原 因	处理方法
2006025	J5– 软限位	机器人运动范围超过 J5– 方向设定的软限位值	手动清除报警后,在关节坐标下将单轴向 J5+ 方向低速运动
2006026	J6– 软限位	机器人运动范围超过 J6– 方向设定的软限位值	手动清除报警后,在关节坐标下将单轴向 J6+ 方向低速运动
2006027	T1– 软限位	机器人运动范围超过 T1– 方向设定的软限位值	手动清除报警后,在关节坐标下将单轴向 T1+ 方向低速运动
2006028	T2– 软限位	机器人运动范围超过 T2– 方向设定的软限位值	手动清除报警后,在关节坐标下将单轴向 T2+ 方向低速运动
3009001	机器人零点异常	零点丢失	重新标定零点
2001000	输入运动参数有误	运行程序时,在运动过程中系统检测到当前速度超过"运动参数"页面中给定的最大允许位置速度或最大允许姿态速度	（1）降低程序速度; （2）适当增大运动参数中最大允许位置速度、最大允许姿态速度的值
1100017	平移指令不配对	指令运用不匹配	按说明书格式要求正确编写平移指令
1100052	此端口被占用	I/O 端口被占用	（1）检查此 I/O 端口是否被占用; （2）合理分配使用 I/O 端口
2204202	焊接引弧未成功	机器人检测到没有正常引弧	（1）焊接电缆线接触不良; （2）焊接母材有油污、铁锈或不易导电; （3）引弧检测时间设置较短
1100046	两点不构成圆弧	编程格式错误	正确编程（通过三点构成一段圆弧）
1100202	引弧指令不匹配	没有选择匹配的引弧指令（检测到缺少熄弧指令）	选择匹配的引弧指令
1100208	没有打开焊机	没有执行焊机打开指令	执行焊机打开指令

2）常见伺服报警

RB 08 机器人的常见伺服报警及其处理方法见表 3-2-4。

表 3-2-4 常见伺服报警及其处理方法

报警代码	报警名称	原因	处理方法
1	超速	（1）控制电路板故障； （2）编码器故障	（1）更换伺服驱动单元； （2）更换伺服电机
		加/减速时间常数太小，使速度超调量过大	增大加/减速时间常数
		输入电子齿轮比太大	正确设置电子齿轮比
		编码器故障	换伺服电机
		编码器电缆接触不良	换编码器电缆
		伺服系统不稳定，引起超调	（1）重新设定有关增益； （2）如果增益不能设置到合适值，则减小负载惯量比率
		负载惯量过大	（1）减小负载惯量； （2）换更大功率的驱动单元和电机
		编码器零点错误	（1）换伺服电机； （2）请厂家重调编码器零点
		（1）电机 U，V，W 引线接错； （2）编码器电缆引线接错	正确接线
2	主电路过压	电路板故障	更换伺服驱动单元
		（1）电源电压过高； （2）电源电压波形不正常	检查供电电源
		制动电阻接线断开	重新接线
		（1）制动晶体管损坏； （2）内部制动电阻损坏	更换伺服驱动单元
		制动回路容量不够	（1）降低启停频率； （2）增加加/减速时间常数； （3）减小转矩限制值； （4）减小负载惯量； （5）更换大功率的驱动单元电机

续表

报警代码	报警名称	原　因	处理方法
3	主电路欠压	（1）电路板故障； （2）电源保险损坏； （3）软启动电路故障； （4）整流器损坏	更换伺服驱动单元
		（1）电源电压低； （2）临时停电 20 ms 以上	检查电源
		（1）电源容量不够； （2）瞬间掉电	检查电源
		散热器过热	检查负载情况
4	位置超差	电路板故障	更换伺服驱动单元
		（1）电机 U,V,W 引线接错； （2）编码器电缆引线接错	正确接线
		编码器故障	更换伺服电机
		设定位置超差检测范围太小	增加位置超差检测范围
		位置比例增益太小	增加位置比例增益
		转矩不足	（1）检查转矩限制值； （2）减小负载容量； （3）更换大功率的驱动单元和电机
		指令脉冲频率太高	降低频率
5	电机过热	电路板故障	更换伺服驱动单元
		（1）电缆断线； （2）电机内部温度继电器损坏	（1）检测电缆； （2）检查电机
		电机过负载	（1）减小负载； （2）降低启停频率； （3）减小转矩限制值； （4）减小有关增益； （5）更换大功率的驱动单元和电机
		电机内部故障	换伺服电机
6	速度放大器饱和故障	电机被机械卡死	检查负载机械部分
		负载过大	（1）减小负载； （2）更换大功率的驱动单元和电机
7	驱动禁止异常	顺时针、逆时针方向旋转电机驱动禁止的输入端子都断开	检查接线、输入端子用电源

续表

报警代码	报警名称	原　因	处理方法
8	位置偏差计数器溢出	（1）电机被机械卡死； （2）输入指令脉冲异常	（1）检查负载机械部分； （2）检查指令脉冲； （3）检查电机是否接指令脉冲转动
9	编码器故障	编码器接线错误	检查接线
		编码器损坏	更换电机
		编码器电缆不良	更换电缆
		编码器电缆过长，造成编码器供电电压偏低	（1）缩短电缆； （2）采用多芯并联供电
10	控制电压欠压	输入控制电压偏低	检查控制电源
		（1）驱动单元内部接插件不良； （2）开关电源异常； （3）芯片损坏	（1）更换驱动单元； （2）检查接插件； （3）检查开关电源
11	IPM 模块故障	电路板故障	换伺服驱动单元
		（1）供电电压偏低； （2）过热	（1）排除驱动单元故障； （2）重新上电； （3）更换驱动单元
		驱动单元 U，V，W 之间短路	检查接线
		接地不良	正确接地
		电机绝缘损坏	更换电机
		受到干扰	（1）增加线路滤波器； （2）远离干扰源
12	过电流	驱动单元 U，V，W 之间短路	检查接线
		接地不良	正确接地
		电机绝缘损坏	更换电机
		驱动单元损坏	更换驱动单元
13	A/D 转换错误	（1）放大器问题； （2）电流传感器损坏	更换伺服驱动单元
14	总线通信异常	（1）网线松动，接触不良； （2）控制板内通信芯片损坏	（1）检查网线连接是否正常，若不正常则更换控制网线； （2）更换伺服驱动单元

续表

报警代码	报警名称	原　因	处理方法
15	读写绝对式码盘 EEPROM*超时	编码器电缆接触不良	换电缆
		通信芯片或电路板损坏	更换伺服控制板

注：*EEPROM 为带电可擦可编程只读存储器。

3.2.7　工作任务实施

以小组为单位，按照表 3-2-5 中的操作步骤及内容提示完成工作任务。

表 3-2-5　“工业机器人整机调试”工作任务实施表

任务名称　工业机器人整机调试				实施表编号		
班级	姓名			学号	教师签字	
工序号	工序名称	工序内容	工具/材料	操作过程	完成时间	备注
1	认识整机调试工作	调试目的	—	认识调试目的：排除安全隐患，诊断和排除故障		
		调试准备	各种硬件和软件	仔细检查各个部件，确保没有损坏或缺失；安装机器人控制软件，并根据实际需要配置相应的参数		
		调试主要内容	—	了解调试主要内容：安全性检查、机器人本体各关节轴运动测试、零点位置校准、系统诊断		
2	安全性检查	缺相检查	万用表	（1）检查电缆线的配线：确认电源线三相 380 V 连接正确，若有配线错误及断线应更正处理； （2）检查输入电源：使用万用表检查输入电源的相间电压。正常值为（0.85~1.1）× 标称电压（AC 380 V）； （3）检查断路器（QF0）：打开控制电源，用万用表检查断路器（QF0）进线端及出线端的相间电压。如有异常，应更换断路器（QF0）		

续表

工序号	工序名称	工序内容	工具 / 材料	操作过程	完成时间	备注
2	安全性检查	确认供电电源电压	万用表	使用万用表交流电压挡检测控制柜进线断路器（QF0）上的 L1,L2,L3 进线端子部位,确认供电电源电压是否正常		
		急停按钮功能检查	RB 08 机器人系统	（1）按下急停按钮,确认电机电源被切断,此时示教器上伺服通的灯熄灭； （2）松开（或顺时针旋转）急停按钮后,系统自动恢复正常或上电		
		风扇转动检查		（1）接通电源后,检查柜内和背面轴流风扇是否转动,感受排风口和吸风口的风量； （2）检查风扇防尘网罩及门上防尘棉有无污物堵塞		
3	关节轴运动检测	（1）安全通电； （2）坐标设定； （3）手动速度设定； （4）按下使能开关键,电机上电； （5）依次操纵 J1~J6 运动		（1）确认机器人工作范围内没有干扰机器人运动的人员或物品,以确保操作安全； （2）将控制柜面板上的主电源开关旋转至“ON”状态,按下控制柜上绿色的电源键,完成通电； （3）在示教器上旋转模式选择键至“示教”模式； （4）通过坐标设定键选择合适的坐标系,这里选择关节坐标系； （5）通过手动速度键选择合适的系统速度,这里选择低速挡； （6）若系统处于急停状态,则松开（或顺时针旋转）急停键,清除急停状态； （7）按下使能开关键使电机上电； （8）在按下使能开关键的同时,通过按轴操作键依次操纵 J1~J6 运动,并检查运动是否正常		
4	零点位置校准	（1）坐标设定； （2）移动机器人到机械零点位置； （3）读取各个关节的实际位置值； （4）完成零点位置的设定		（1）按坐标设定键选择关节坐标系； （2）移动机器人到机械零点位置； （3）按“TAB”键切换光标到“读取”按钮,再按“选择”键读取当前各个关节的实际位置值； （4）按左右方向键移动光标到“设置”按钮,再按“选择”键完成零点位置的设定		

续表

工序号	工序名称	工序内容	工具/材料	操作过程	完成时间	备注
5	系统诊断	（1）查看报警信息； （2）按键诊断	RB08机器人系统	（1）将光标切换到“系统信息”位置； （2）按选择键选择“系统信息”子菜单； （3）在“系统信息”子菜单中选择“报警信息”，进入“报警信息”页面； （4）查看是否存在报警信息，若有则根据提示进行排除； （5）按键诊断：逐一按下各键，查看各按钮是否获得光标焦点		

3.2.8 工作任务检查与评价

按照表 3-2-6 中的检查内容和检查标准检查工作内容是否符合要求。

表 3-2-6 “工业机器人整机调试”工作任务检查表

任务名称　工业机器人整机调试			检查与评价表编号		
班级	姓名		学号	教师签字	
序号	工序名称	检查内容	检查标准	分值	教师评分
1	认识整机调试工作	调试目的	知道调试的 2 个目的	5	
		调试准备	各个部件没有损坏或缺失；已安装控制软件，各参数配置合适	10	
		调试主要内容	知道 5 项调试内容	5	
2	安全性检查	缺相检查	（1）电源线三相 380 V 连接正确，能处理配线错误及断线； （2）输入电源的相间电压符合判定值； （3）断路器（QF0）的进线端及出线端相间电压无异常	10	
		确认供电电源电压	供电电源电压正常，各电压值符合要求	5	

续表

序号	工序名称	检查内容	检查标准	分值	教师评分
2	安全性检查	急停按钮功能检查	（1）按下急停按钮，确认电机电源被切断，此时示教器上伺服通的灯熄灭； （2）松开（或顺时针旋转）急停按钮后，系统自动恢复正常或上电	5	
		风扇转动检查	（1）风扇转动正常； （2）风扇防尘网罩及门上防尘棉无污物堵塞	5	
3	关节轴运动检测	（1）安全通电； （2）坐标设定； （3）手动速度设定； （4）使能上电； （5）依次操纵 J1~J6 运动	（1）坐标系、手动速度设定正确； （2）操纵过程以低速进行	20	
4	零点位置校准	（1）坐标设定； （2）移动机器人到机械零点位置； （3）读取各个关节的实际位置值； （4）完成零点位置的设定	（1）操纵机器人各轴运动至零点位置时符合顺序：J4 → J5 → J6 → J3 → J2 → J1； （2）操纵过程以低速进行	20	
5	系统诊断	（1）查看报警信息； （2）按键诊断	（1）在发现报警信息时能够排查原因及排除故障； （2）可逐一对所有按键进行诊断	15	
总　分				100	
1. 你是否达到了本任务要求的学习目标和你的个人目标？					
2. 你还存在哪些不足？（若有，请在下方写出）					
3. 你的后续提升计划是什么？					

3.2.9 练习题

1）单选题

（1）工业机器人整机调试的主要目的是什么？（　　）

A. 确保机器人外观整洁

B. 确保机器人性能和功能符合设计要求

C. 确保机器人价格合理

D. 确保机器人易于操作

（2）整机调试的主要工作内容不包括以下哪一项？（　　）

A. 安全性检查

B. 机器人本体各关节轴运动测试

C. 零点位置校准

D. 机器人外观检查

（3）安全性检查的主要目的是什么？（　　）

A. 确保机器人外观整洁

B. 确保机器人性能和功能符合设计要求

C. 确保机器人在安全状态下使用

D. 确保机器人价格合理

（4）关节轴运动测试的主要目的是什么？（　　）

A. 确保机器人外观整洁

B. 确保机器人性能和功能符合设计要求

C. 检测机器人各个电机供电和通信是否正常

D. 确保机器人价格合理

（5）零点位置校准的主要目的是什么？（　　）

A. 确保机器人外观整洁

B. 确保机器人性能和功能符合设计要求

C. 确保机器人的运动安全和运动精度

D. 确保机器人价格合理

（6）系统诊断的主要目的是什么？（　　）

A. 确保机器人外观整洁

B. 确保机器人性能和功能符合设计要求

C. 检测机器人系统是否存在故障

D. 确保机器人价格合理

2）判断题

（1）整机测试的主要工作内容包括安全性检查、机器人本体各关节轴运动测试、零点位置校准、系统诊断及故障排除等。（　　）

（2）安全性检查的主要目的是确保机器人在安全状态下使用。（　　）

（3）关节轴运动测试的主要目的是检测机器人各个电机供电和通信是否正常。（　　）

（4）零点位置校准的主要目的是确保机器人的运动安全和运动精度。（　　）

（5）系统诊断的主要目的是检测机器人系统是否存在故障。（　　）

（6）整机测试的主要工作内容不包括机器人外观检查。（　　）

3）多选题

（1）整机测试的主要内容包括哪些？（　　）

A. 安全性检查　　B. 机器人本体各关节轴运动测试
C. 零点位置校准　　D. 系统诊断及故障排除

（2）安全性检查的主要内容包括哪些？（　　）

A. 缺相检查　　B. 确认供电电源电压
C. 急停按钮功能检查　　D. 风扇转动检查

（3）关节轴运动测试的主要步骤包括哪些？（　　）

A. 安全通电　　B. 坐标设定
C. 手动速度设定　　D. 使能上电

（4）零点位置校准的主要步骤包括哪些？（　　）

A. 坐标设定　　B. 移动机器人到机械零点位置
C. 读取各个关节的实际位置值　　D. 设置完成零点位置的校准

（5）系统诊断的主要内容包括哪些？（　　）

A. 查看报警信息　　B. 按键诊断
C. 检查系统参数　　D. 检查系统版本

（6）整机测试的主要内容不包括哪些？（　　）

A. 机器人外观检查　　B. 机器人价格评估
C. 机器人性能测试　　D. 机器人功能测试

4）简答题

（1）简述工业机器人整机调试的主要步骤。

（2）简述系统诊断的主要内容和目的。

练习题参考答案

职业成长与技术创新故事

航天工程师孙家栋

孙家栋，中国航天事业的璀璨星辰，他的名字与中国航天的辉煌成就紧密相连。在多颗卫星翱翔天际之路上，孙家栋始终秉持着系统思维与全局观念。他深知，航天工程犹如一部精密至极的机器，任何一个微小零件的松动都可能导致整部机器的瘫痪。因此，他带领团队对每一个环节都进行了深入的剖析与测试，确保万无一失。正是这份对国家和人民深沉的责任感与使命感，让中国航天事业在浩瀚的宇宙中绽放出耀眼的光芒。

在工业机器人整机安装与调试的实训舞台上，我们应汲取孙家栋的系统思维与全局观念，将每一个安装与调试步骤都视为整部机器稳健运行的关键一环。同时，还应怀揣着推动国家制造业发展的拳拳之心与崇高使命，深刻意识到自己的工作不仅关乎个人荣誉和得失，更关乎国家制造业的整体实力与国际地位。

项目 4　工业机器人检查保养与故障诊断

本项目以 TKB 1200 工业机器人为例，介绍工业机器人的检查保养及故障诊断等内容。

<table>
<tr><td rowspan="7">教
学</td><td>建议教学时数</td><td>任务 4.1 是 4 学时，任务 4.2 是 4 学时</td></tr>
<tr><td>学习任务</td><td>4.1 工业机器人检查与保养
4.2 工业机器人故障诊断</td></tr>
<tr><td>知识重点</td><td>（1）工业机器人日常、季度和年度的检查计划表；
（2）工业机器人同步带、电池和控制柜检修；
（3）调查故障原因的方法；
（4）零部件的故障处理</td></tr>
<tr><td>知识难点</td><td>（1）全面、精准制订检查计划；
（2）检查内部元件时的规定步骤和注意事项；
（3）根据现象判断故障性质，并找到解决故障的办法</td></tr>
<tr><td>建议教学方法</td><td>六步教学法、任务驱动教学法、一体化教学法</td></tr>
<tr><td>学习目标</td><td>知识目标
（1）了解工业机器人维护说明、检查计划、检修内容，熟悉工业机器人检修同步带、电池和控制柜的基本方法；
（2）了解调查故障原因的方法，掌握常见故障现象和原因，掌握检查并处理减速机、伺服电机及控制柜内设备故障的方法。
技能目标
（1）能够对 TKB 1200 工业机器人进行定期检查与维护保养，会检修同步带、更换电池及排除控制柜内设备故障；
（2）能够诊断与排除 TKB 1200 工业机器的常见故障。
素质目标
（1）能按计划检查保养机器人，体现责任意识和环保意识；
（2）能以专业素养和敬业精神完成机器人检查保养和故障诊断任务，体现职业素养</td></tr>
<tr><td>实训条件要求</td><td>电脑、教材、微课、工业机器人实训基地</td></tr>
</table>

任务 4.1 工业机器人检查与保养

【任务目标】

（1）能够制订工业机器人的日常、季度和年度检查计划，并按计划实施检查。

（2）学会检查和更换易损部件，如同步带、轴、螺钉及电池等。

（3）学会检查消耗品或者易变质物品的性能（如减速器、齿轮箱的润滑脂等），并及时补充或者更换。

（4）学会维护保养控制系统。

（5）根据检查计划合理安排工作，培养计划和组织能力。

工业机器人运行磨合期限为一年，然后需要进行一次预防性保养，更换齿轮润滑脂。工业机器人每正常运行 3 年或 10 000 h 后，必须再进行一次预防保养，特别是对于在恶劣工况与长时间在负载极限或运行极限下工作的机器人，需要每年进行一次全面预防性保养。

工业机器人维护保养

4.1.1 知识准备 1:制订检查计划

只有制订好日常、季度和年度检查计划，并且按照既定步骤检查工业机器人，才能保证工业机器人在最佳性能状态下工作。

1）**日常检查项目**

工业机器人的日常检查项目、判定标准及改进方法见表 4-1-1。

表 4-1-1　日常检查项目表

序号	检查项目		判定标准及改进方法
1	操作人员开机点检	泄　漏	三联件、气管、接头等元件无泄漏
2		异　响	各传动机构无异常噪音
3		其他设备干涉	各传动机构运转平稳，无异常抖动
4		风　冷	控制柜后风扇通风顺畅
5		外围波纹管附件	完整齐全，无磨损，无锈蚀
6		外围电气附件	机器人外部线路连接正常，电气附件无破损，按钮正常

2）**季度检查项目**

工业机器人的季度检查项目、判定标准及改进方法见表 4-1-2。

表 4-1-2 季度检查项目表

序号	检查项目	判定标准及改进方法
1	控制单元电缆	示教器电缆不存在不恰当扭曲、破损
2	控制单元的通风单元	如果通风单元脏了，则切断电源，清理通风单元
3	机械本体中的电缆	机械本体插座无损坏，电缆弯曲无异常，电机航插连接可靠
4	部　件	所有部件干净且无其他问题
5	外部螺钉	末端执行器螺钉和外部主要的螺钉已上紧

季度检查时应注意：

（1）清洁部位主要是机械人手腕油封处，应清洁切屑和飞溅物。

（2）关于紧固部位，应紧固末端执行器安装螺钉、机器人本体安装螺钉、因检修等拆卸的螺钉、露出机器人外部的所有螺钉并涂相应的紧固胶或者密封胶。

3）**年度检查项目**

工业机器人的年度检查项目、判定标准及改进方法见表 4-1-3。

表 4-1-3 年度检查项目表

序号	检查项目	判定标准及改进方法
1	电　池	更换机械单元中的电池
2	更换减速器、齿轮箱的润滑脂	按照润滑要求进行更换

4.1.2 知识准备 2：检查保养核心部件

1）**J5 同步带的检修**

J5 装有同步带。同步带每隔一年应进行一次检修，防止同步带松弛导致机器人发生故障。

J5 同步带检修步骤如下：

（1）调整机器人各轴到合适位置，关闭机器人电源。

（2）拆下 J5 盖板上的 6 颗内六角螺钉 M3 × 20，然后取下 J5 盖板（图 4-1-1）。

（3）用皮带张紧仪测量同步带的张紧力。同步带的设计张紧力为 28 ～ 42 N。若不在此范围内，则需要进行调节。调节方法为：将调整电机安装板上的 4 颗 M3 × 16 螺钉松开（注意：此处不是取出，只是松开），至电机安装座位置可自由调整时，将电机安装座向减速机方向移动会使同步带张紧力减小，反之则增大。在调整同步带松紧时，应用皮带张紧仪测量张紧力。测量方法可参照同步带张紧仪使用说明。

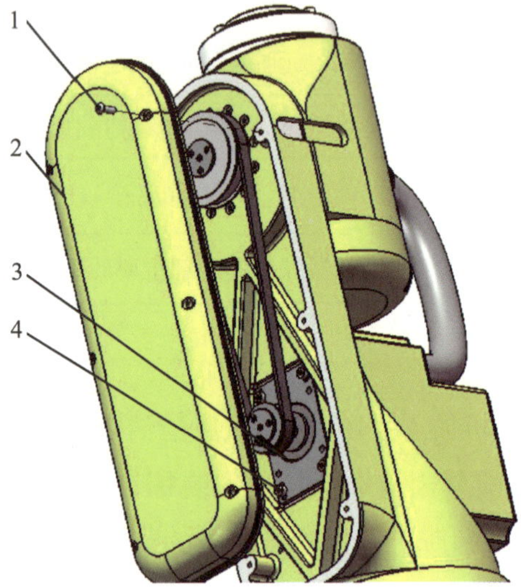

1—M3 × 20 螺钉（6 颗）；2—J5 盖板；3—电机安装板；4—M3 × 16 螺钉（4 颗）。

图 4-1-1　J5 同步带检修

注意：若调整同步带，则需专业人员操作。

2）**电池更换**

电池组位于基座盖板的内部，如图 4-1-2 所示。

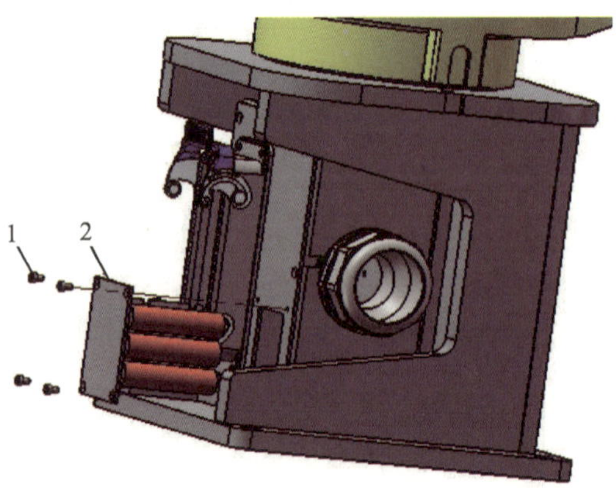

1—M3 × 8 螺钉（4 颗）；2—电池支架和电池。

图 4-1-2　更换电池

在系统提示电池电量不足时,应按以下步骤更换电池:

(1)松开 4 颗连接螺钉,卸下基座盖板。

(2)断开电池电缆与电机的连接,卸下螺钉,卸下电池。

(3)安装电池时,用螺钉将电池固定在支架上。

(4)连接电池与电机的插头。

(5)重新设定机器人的零点。

3)控制柜的维护保养

(1)检查主机板、存储板、计算板和驱动板有无损坏。

(2)检查控制柜里有无杂物、灰尘等,查看密封性。

(3)检查插头是否松动,电缆是否松动或者出现破损现象。

(4)检查风扇是否正常。

(5)检查程序存储电池电量是否充足。

(6)优化工业机器人控制柜硬盘空间,确保运转空间正常。

(7)检查示教器按键的有效性,急停回路是否正常,显示屏能否正常显示。

(8)检查工业机器人是否可以正常完成程序备份和重新导入功能。

(9)检查变压器及熔体是否正常。

4.1.3 工作任务实施

以小组为单位,实施工作任务并填写表 4-1-4。

表 4-1-4 “工业机器人检查与保养”工作任务实施表

任务名称 工业机器人检查与保养			实施表编号		
班级		姓名	学号	教师签字	
序号	工序名称	工序内容	工具 / 材料	完成时间	备注
1	检查计划	日常检查	检查表、目测		
2		季度检查			
3		年度检查			
4	检修	J5 同步带检修	同步带、内六角扳手、皮带张紧仪		
5		电池更换	内六角扳手、电池		
6		控制系统的维护保养	目测、手动		

4.1.4 工作任务检查与评价

按照表 4-1-5 中的标准检查工作任务完成情况并交由教师评分。

表 4-1-5 “工业机器人检查与保养”工作任务检查与评价表

任务名称	工业机器人检查与保养		检查与评价表编号	
班级	姓名	学号	教师签字	
序号	检查内容	检查标准	分值	教师评分
1	日常检查	检查项目齐全	10	
2	季度检查		10	
3	年度检查		10	
4	J5 同步带检修	同步带张紧力符合要求	30	
5	电池更换	电池电量充足,机械零点已重新设定	20	
6	控制系统的维护保养	各部件能正常工作	20	
总分			100	
1. 你是否达到了本任务要求的学习目标和你的个人目标?				
2. 你还存在哪些不足?(若有,请在下方写出)				
3. 你的后续提升计划是什么?				

4.1.5 练习题

1)单选题

(1)工业机器人的日常检查项目不包括以下哪一项?(　　)

A. 泄漏检查　　B. 异响检查　　C. 干扰检查　　D. 电池更换

(2)工业机器人的季度检查项目不包括以下哪一项?(　　)

A. 控制单元的电缆检查　　B. 控制单元的通风单元检查

C. 机械本体中的电缆检查　　D. 电池更换

(3)工业机器人的年度检查项目不包括以下哪一项?(　　)

A. 电池更换　　B. 减速器、齿轮箱的润滑脂更换

C. 同步带检修　　D. 机器人外观检查

（4）J5 同步带的检修周期是多长？（　　）

A. 每半年　　B. 每年　　C. 每两年　　D. 每三年

（5）电池更换的步骤不包括以下哪一项？（　　）

A. 松开连接螺钉，卸下基座盖板　　B. 断开电池电缆与电机的连接

C. 重新标定机器人的零位　　D. 检查电池电量

（6）以下哪一项不是日常检查项目？（　　）

A. 泄漏检查　　B. 异响检查

C. 干扰检查　　D. 电池更换

2）判断题

（1）日常检查项目包括泄漏检查、异响检查和干扰检查。（　　）

（2）季度检查项目包括控制单元的电缆检查、控制单元的通风单元检查和机械本体中的电缆检查。（　　）

（3）年度检查项目包括电池更换和减速器、齿轮箱的润滑脂更换。（　　）

（4）J5 同步带的检修周期是两年。（　　）

（5）电池更换时需要重新标定机器人的零点。（　　）

（6）日常检查项目不包括电池更换。（　　）

3）多选题

（1）日常检查项目包括哪些？（　　）

A. 泄漏检查　　B. 异响检查

C. 干扰检查　　D. 电池更换

（2）季度检查项目包括哪些？（　　）

A. 控制单元的电缆检查

B. 控制单元的通风单元检查

C. 机械本体中的电缆检查

D. 电池更换

（3）年度检查项目包括哪些？（　　）

A. 电池更换　　B. 减速器、齿轮箱的润滑脂更换

C. 同步带检修　　D. 机器人外观检查

（4）J5 同步带的检修步骤包括哪些？（　　）

A. 调整机器人各轴到合适位置，关闭机器人电源

B. 先拆下 J5 盖板上的 6 颗内六角螺钉 M3×20，然后取下 J5 盖板

C. 用皮带张紧仪测量同步带的张紧力

D. 调整同步带松紧

（5）电池更换的步骤包括哪些？（　　）

A. 松开连接螺钉，卸下基座盖板　　B. 断开电池电缆与电机的连接

C. 重新标定机器人的零点　　D. 检查电池电量

（6）以下哪些是日常检查项目？（　　）

A. 泄漏检查　　B. 异响检查

C. 干扰检查　　D. 电池更换

4）简答题

（1）简述工业机器人日常检查的内容和步骤。

（2）简述 J5 同步带的检修步骤。

练习题参考答案

职业成长与技术创新故事

时代楷模——张黎明

张黎明，国家电网天津市电力公司某配电抢修班的班长，他的身影虽不常出现在聚光灯下，但他的工作却关乎着千家万户的灯火通明。他在电力抢修一线工作了 30 余年，始终秉持“人民电业为人民”的宗旨，以电力之光温暖千家万户。在无数次的紧急抢修任务中，张黎明总是冲在最前面，面对各种复杂故障，他没有丝毫犹豫与退缩，而是凭借自己精湛的技术和丰富的经验，迅速判断故障原因，及时排除隐患。他常说：“工作是快乐的，创新让工作更快乐。”他带领团队发明的“可摘取式低压刀闸”，将抢修时间从 45 min 缩短至 8 min，获得国家专利并广泛推广，每年创造经济效益 300 多万元。他不仅在技术创新上取得了卓越成就，还积极参与志愿服务，义务为老旧楼道安装节能灯具，点亮了 400 多个“黑楼道”，使 4 000 多户居民受益。张黎明用实际行动诠释了责任与担当，他的故事激励着无数人在平凡的岗位上创造不平凡的业绩。

在工业机器人维护保养的实训现场，我们应以张黎明为榜样，将设备的定期维护保养视为己任，以高度的责任感与使命感投入每一项工作中。我们应学会敏锐地捕捉设备的每一个细微变化，及时发现并解决问题，确保工业机器人的持续稳健运行。

任务 4.2 工业机器人故障诊断

【任务目标】

（1）了解调查故障原因的方法。

（2）掌握常见故障现象和原因。

（3）学会检查并处理减速机和伺服电机故障。

（4）通过分析故障现象和原因，培养批判性思维和独立判断能力。

4.2.1 知识准备 1：调查故障原因的方法

工业机器人
故障诊断与排除

工业机器人虽然在设计上已经达到了一旦发生异常情况就可以立即检测到的水平，但是仍然有出现故障的情况，需要人为干预或者停机。

工业机器人的故障分为如下几种：

（1）从发生起直到修理完毕都不能运行的故障；

（2）放置一段时间后又可以恢复运行的故障；

（3）只要关闭电源后再重新上电又可以运行的故障；

（4）发生后立即又可以正常运行的故障；

（5）不是机器人本身而是系统侧的原因导致机器人异常动作的故障；

（6）因机器人侧的问题导致系统侧异常动作的故障。

上述第（2），（3），（4）种故障肯定会再次发生，而且在复杂的系统中即使由老练的工程师操作也经常不能轻易找到故障原因，因此在出现故障时，请勿继续运转，应立即联系接受过规定培训的保全作业人员，由他们实施故障原因的查明和修理。此外，应将这些内容放入作业规定中，并建立可以切实执行的完整体系，以免同类故障再次出现。

当机器人动作、运转发生某种异常时，如果不是控制装置的问题，就应考虑是由机械部件损坏所导致的。为了迅速排除故障，首先需要根据现象判断是因什么部件出现问题而导致的异常。

第 1 步：确定是哪个轴部位出现了异常。当没有明显异常动作而难以确定故障部位时，应检查 3 个方面：① 有无发出异常声音的部位；② 有无异常发热的部位；③ 有无出现间隙的部位。

第 2 步:确定哪一个部件有异常。同一种异常现象可能是由多个部件导致的,见表 4-2-1。

第 3 步:问题部件的处理。判明出现问题的部件后,按机器人使用说明书所载的方法进行处理。对于难以处理的问题,应联系机器人生产厂家。

4.2.2 知识准备 2:故障现象和原因

TKB 1200 工业机器人常见故障及可能引起故障的部件见表 4-2-1。

表 4-2-1 常见故障现象及可能引起故障的部件

常见故障	减速器	伺服电机
过 载①	√③	√
位置偏差	√	√
发生异响	√	√
运动时振动	√	√
停止时晃动②		√
轴自然掉落	√	√
异常发热	√	√
误动作或失误		√

注:① 负载超出伺服电机额定规格范围时出现的现象;
② 停机时在停机位置周围反复晃动数次的现象;
③ "√" 表示该部件有引起故障的可能。

4.2.3 知识准备 3:检查并处理减速机和伺服电机故障

1) 减速机

减速机损坏时会产生振动和异常声音,从而妨碍正常运转,导致过载、异常偏差和发热现象,此外还会出现完全无法动作的情况及位置偏差。

(1) 检查方法。

① 检查润滑脂中的铁粉含量。当润滑脂中铁粉的质量分数增加到 0.1% 以上时有

损坏内部零部件的可能性。每运转 5 000 h 或每隔 1 年（装卸用途时则为每运转 2 500 h 或每隔半年），应测量减速机润滑脂的铁粉含量。当超出标准值时，应更换润滑脂或减速机。

② 检测减速机温度：若温度较通常运转时上升 10 ℃，则基本可判断减速机已经损坏。

（2）处理方法。处理方法是更换减速机，但更换减速机比较复杂，应联系技术服务部门或者厂家。

2）**伺服电机**

伺服电机异常停机时会出现晃动、运转中振动等动作异常现象，还会出现异常发热和异常声音等情况。这些现象与减速机损坏时的现象相同，很难判定原因出在哪里，因此应同时检查二者。

（1）调查方法。检查有无异常声音和发热现象。

（2）处理方法。处理方法是更换伺服电机，但更换伺服电机比较复杂，应联系技术服务部门或者厂家。

4.2.4 工作任务实施

以小组为单位，实施工作任务并填写表 4-2-2。

表 4-2-2 “工业机器人故障诊断”工作任务实施表

<table>
<tr><td colspan="3">任务名称　工业机器人故障诊断</td><td colspan="4">实施表编号</td></tr>
<tr><td colspan="2">班级</td><td>姓名</td><td colspan="2">学号</td><td colspan="2">教师签字</td></tr>
<tr><td>序号</td><td>工序名称</td><td>操作步骤及内容</td><td>工具/材料</td><td>图　示</td><td>完成时间</td><td>备　注</td></tr>
<tr><td rowspan="2">1</td><td rowspan="2">检查
减速机</td><td>测量减速机润滑脂中铁粉的质量分数</td><td>铁粉浓度计</td><td rowspan="2"></td><td rowspan="2"></td><td></td></tr>
<tr><td>检测减速机温度</td><td>测温计</td><td></td></tr>
<tr><td rowspan="2">2</td><td rowspan="2">检查
伺服电机</td><td>听伺服电机声音</td><td>耳　听</td><td rowspan="2"></td><td rowspan="2"></td><td></td></tr>
<tr><td>检测伺服电机温度</td><td>测温计</td><td></td></tr>
</table>

4.2.5 工作任务检查与评价

请按照表 4-2-3 中的标准检查工作任务完成情况并交由教师评分。

表 4-2-3 “工业机器人故障诊断”工作任务检查与评价表

<table>
<tr><td colspan="3">任务名称　工业机器人故障诊断</td><td colspan="3">检查与评价表编号</td></tr>
<tr><td colspan="2">班级</td><td>姓名</td><td>学号</td><td colspan="2">教师签字</td></tr>
<tr><td>序号</td><td>工序名称</td><td>检查内容</td><td>检查标准</td><td>分　值</td><td>教师评分</td></tr>
<tr><td>1</td><td rowspan="2">检查减速机</td><td>减速机润滑脂中铁粉含量</td><td>质量分数低于 0.1%</td><td rowspan="2">50</td><td></td></tr>
<tr><td>2</td><td>减速机温度</td><td>升高不到 10 ℃</td><td></td></tr>
<tr><td>3</td><td rowspan="2">检查伺服电机</td><td>伺服电机运转声音</td><td>声音正常</td><td rowspan="2">50</td><td></td></tr>
<tr><td>4</td><td>伺服电机温度</td><td>升高不到 10 ℃</td><td></td></tr>
<tr><td colspan="3">总　分</td><td></td><td>100</td><td></td></tr>
<tr><td colspan="6">1. 你是否达到了本任务要求的学习目标和你的个人目标?</td></tr>
<tr><td colspan="6">2. 你还存在不足吗?（若有，请在下方写出）</td></tr>
<tr><td colspan="6">3. 你的后续提升计划是什么?</td></tr>
</table>

4.2.6 练习题

1）单选题

（1）工业机器人故障诊断的第 1 步是什么?（　　）

A. 确定故障原因　　B. 确定故障现象

C. 确定故障部位　　D. 确定故障时间

（2）以下哪种现象可能是由减速机损坏引起的?（　　）

A. 机器人运动时振动　　B. 机器人运动时无异常声音

C. 机器人运动时无异常发热　　D. 机器人运动时无异常晃动

（3）以下哪种现象可能是由伺服电机异常引起的？（ ）

A. 机器人运动时振动　　B. 机器人运动时无异常声音

C. 机器人运动时无异常发热　　D. 机器人运动时无异常晃动

（4）减速机损坏时，以下哪种处理方法是正确的？（ ）

A. 更换减速机　　B. 更换伺服电机

C. 更换电池　　D. 更换同步带

（5）伺服电机异常时，以下哪种处理方法是正确的？（ ）

A. 更换减速机　　B. 更换伺服电机

C. 更换电池　　D. 更换同步带

（6）以下哪种工具不是用于检查减速机的？（ ）

A. 铁粉浓度计　　B. 测温计

C. 皮带张紧仪　　D. 螺丝刀

（7）减速机损坏时，以下哪些处理方法是正确的？（ ）

A. 更换减速机　　B. 更换伺服电机

C. 更换电池　　D. 更换同步带

（8）伺服电机异常时，以下哪种处理方法是正确的？（ ）

A. 更换减速机　　B. 更换伺服电机

C. 更换电池　　D. 更换同步带

2）判断题

（1）工业机器人故障诊断的第 1 步是确定故障部位。（ ）

（2）减速机损坏时会产生振动和异常声音。（ ）

（3）伺服电机异常时会产生振动和异常声音。（ ）

（4）减速机损坏时，应更换伺服电机。（ ）

（5）伺服电机异常时，应更换减速机。（ ）

（6）检查减速机时，需要使用铁粉浓度计和测温计。（ ）

3）多选题

（1）工业机器人故障诊断的步骤包括哪些？（ ）

A. 确定故障部位　　B. 确定故障原因

C. 确定故障现象　　D. 确定故障时间

（2）减速机损坏时，以下哪些现象可能会出现？（ ）

A. 机器人运动时振动

B. 机器人运动时有异常声音

C. 机器人运动时异常发热

D. 机器人运动时异常晃动

（3）伺服电机异常时，以下哪些现象可能出现？（　　）

A. 机器人运动时振动

B. 机器人运动时有异常声音

C. 机器人运动时异常发热

D. 机器人运动时异常晃动

（4）检查减速机时，需要使用哪些工具？（　　）

A. 铁粉浓度计　　B. 测温计

C. 皮带张紧仪　　D. 螺丝刀

4）简答题

（1）简述工业机器人故障诊断的步骤。

（2）简述减速机和伺服电机的检查及处理方法。

练习题参考答案

职业成长与技术创新故事

焊接火箭“心脏”的人——高凤林

高凤林，中国航天科技集团首席技能专家，被誉为焊接火箭“心脏”的“金手天焊”。在火箭发动机极端复杂的工作环境（液氢的存储温度低至 –253 ℃，燃烧时高达 3 300 ℃）中，他多次以精湛技艺和冷静判断化解危机，他的故障诊断与排除能力堪称典范。2007 年，长征五号发动机内壁突发烧灼故障，现场专家束手无策。高凤林临危受命，面对 10 m 外易燃易爆的液氢储罐、脚下深不见底的山涧，以及仅能容下一条手臂的狭窄操作空间，他凭借数十年经验，判断故障根源为内壁局部有热应力裂纹。在几乎“盲焊”的条件下，他创新采用“间歇性脉冲焊接 + 局部冷却”技术完成抢修，避免了一场重大事故。事后分析发现，裂纹源于原始焊接参数与材料热膨胀系数不匹配。

在工业机器人故障诊断与排除的学习过程中，我们应像高凤林那样扎根实践，对设备结构、参数原理熟记于心；遇到故障时保持冷静，从异常声响、温度变化等细节入手排查；既要严格遵守操作规范，又要敢于尝试创新方法，通过参数微调验证解决方案；更要将每次检修视为责任使命，像守护生产线安全一样严谨细致。正如高凤林追求焊接精度那样，我们也要在机器人维护中培养“零误差”意识，用扎实的技术和责任心为智能制造贡献力量。

项目 5　工业机器人装调与维护实训

本项目聚焦工业机器人装调与维护实训的关键技能，介绍用虚拟仿真技术实现工业机器人（如 ABB 120）本体和控制柜（如 ICR5）的数字化拆装训练，以及工业机器人焊接工作站中硬件构成、设备安装调试及功能测试等实操能力。

教	建议学时	任务 5.1 是 8 学时，任务 5.2 是 12 学时
	学习任务	任务 5.1　工业机器人拆装虚拟仿真实训 任务 5.2　工业机器人焊接工作站安装调试
	知识重点	（1）工业机器人 ABB 120 本体和控制柜的结构组成、拆装流程和维护保养方法； （2）数字孪生系统的连接与操作方法； （3）示教器的基本编程与控制方法； （4）工业机器人焊接工作站的组成结构、安装与功能测试； （5）焊接工作站的整体布局与规划
	知识难点	（1）数字孪生系统的连接与调试，实现虚实联动； （2）示教器的高级编程与控制技巧； （3）焊接设备的精确安装与合理布置，确保设备正常运行； （4）焊接工作站的整体调试与故障排查
	建议教学方法	六步教学法、任务驱动教学法、一体化教学法
学	学习目标	**知识目标** （1）掌握工业机器人 ABB 120 本体和控制柜的拆装流程与维护保养方法； （2）了解数字孪生系统的连接与操作方法； （3）掌握示教器的基本编程与控制方法； （4）掌握工业机器人焊接工作站的组成结构、设备的安装与功能测试方法； （5）掌握焊接工作站的整体布局与规划方法。

续表

<table>
<tr><td rowspan="2">学</td><td>学习目标</td><td>**能力目标**
（1）能够利用数字孪生系统进行虚拟机器人的操作与控制；
（2）能够使用示教器进行基本编程与控制，实现虚实联动；
（3）能够熟练进行焊接设备的安装与功能测试；
（4）能够规划并布局焊接工作站，确保整体运行效率。
素质目标
（1）在小组任务中，能够积极参与讨论并贡献有效意见，展现出良好的团队协作能力；
（2）在实训过程中，能够及时发现并处理安全隐患，确保自身和他人安全，体现出高度的安全意识</td></tr>
<tr><td>实训条件要求</td><td>电脑、教材、微课、工业机器人实训基地</td></tr>
</table>

任务 5.1 工业机器人拆装虚拟仿真实训

——以 ABB 120 工业机器人为例

【任务目标】

（1）掌握工业机器人 ABB 120 本体和 ICR5 控制柜的基本结构。

（2）学习工业机器人 ABB 120 的基本维护保养。

（3）掌握工业机器人数字孪生系统的连接操作。

（4）能用示教器控制数字孪生系统模拟机器人基本操作，实现虚实联动。

（5）在拆装和维护过程中严格按照流程操作，注重细节，培养对细节的高度关注和管理能力，提升专注力和责任感。

工业机器人虚拟仿真实训是指通过虚拟仿真软件，模拟真实工厂生产环境中的不同工艺流程和机器人操作，以达到近似真实训练的效果。虚拟仿真实训的意义在于，可以有效提高学生的实践能力和工作经验，提高学生的竞争力和就业能力。同时，虚拟仿真实训还可以降低实训成本，提高安全性，减少人员伤害和设备损失。

5.1.1　知识准备：认识工业机器人拆装虚拟仿真实训

本任务使用“工业机器人拆装数字孪生实训系统”进行模拟仿真实训。该系统是基于 Unity 3D 开发的，专用于工业机器人拆解、组装及电气相关知识的学习。如图 5-1-1 所示，该系统主要有 5 个模块：拆装引导、拆装训练、机器人孪生操作、理论知识、考核。

（1）在拆装引导模块中，用户将进入一个用三维模型搭建的虚拟实训室场景，跟随相关提示学习机器人或控制柜的拆装过程，了解工业机器人 ABB 120 的拆装流程。

（2）在拆装训练模块中，用户可通过对拆装的学习，对工业机器人 ABB 120 及控制柜 ICR5 进行拆装。

（3）在机器人孪生操作模块中，用户通过 Robot Studio 6.08 和该模块连接，可通过示教器控制该模块的虚拟机器人，实现虚实联动。

（4）在理论知识模块中，用户可以通过导航栏选择知识的大类，通过图文或视频形式学习理论知识。该模块支持教师上传相关教学资料和考题。

（5）在考核模块中，考核方式有实操与理论两种，用于考查学生对工业机器人结构及拆装流程的掌握情况，并依据大数据赋值算法给学生打分。

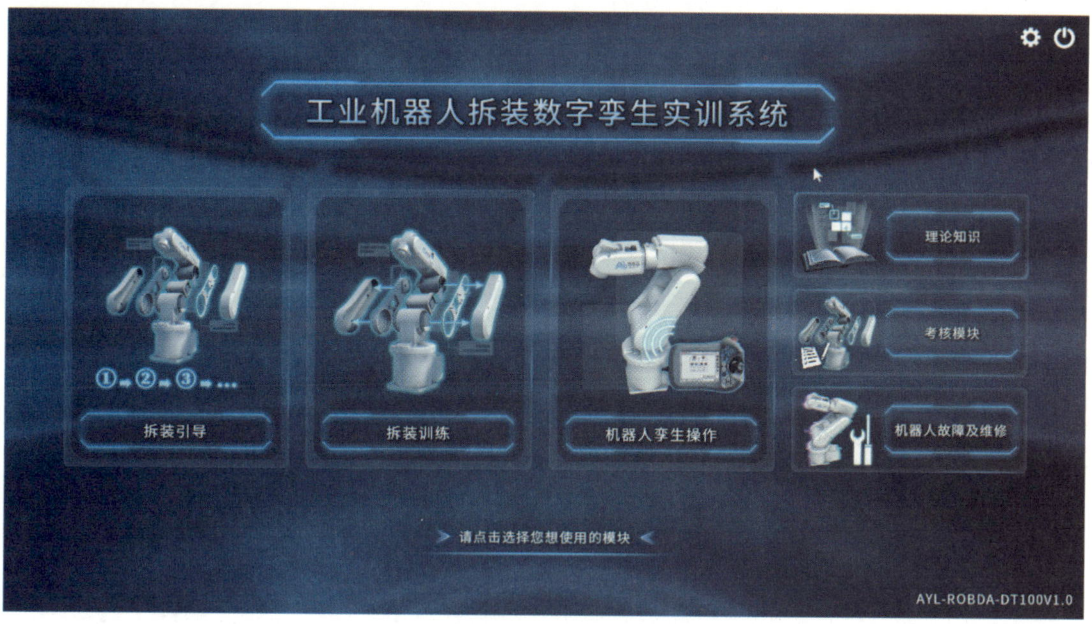

图 5-1-1　工业机器人拆装数字孪生实训系统

1）拆装引导模块

如图 5-1-2 所示，拆装引导模块分为两大板块：机器人板块和机器人控制柜板块。学生可根据自己的学习需求选择相应的板块。

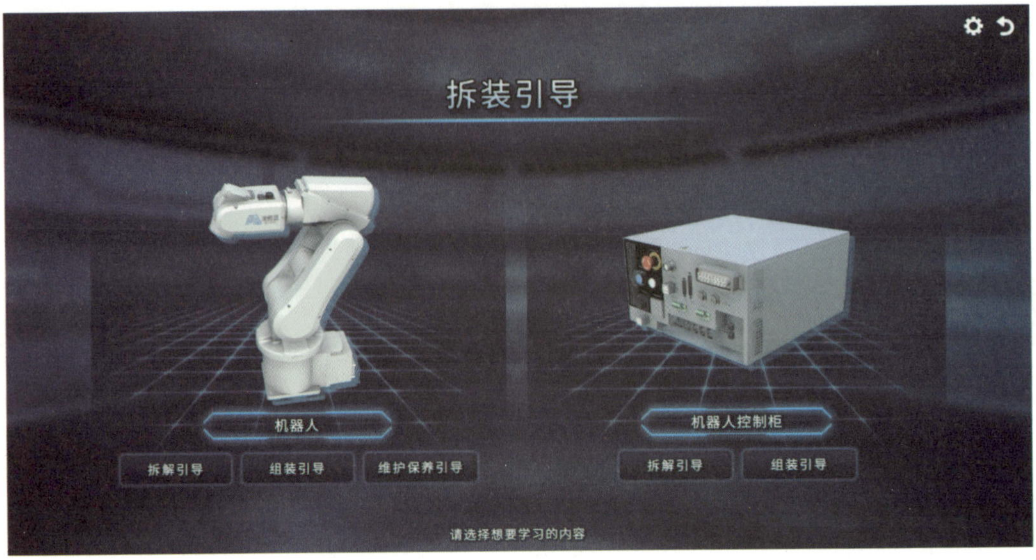

图 5-1-2　拆装引导模块

（1）机器人板块。

机器人板块主要由拆解引导、组装引导和维护保养实训构成，旨在让学生了解机器人本体结构、拆装流程和维护保养方法，为学习后续的机器人本体拆装及拆装实训模块打好基础。

① 拆解引导。如图 5-1-3 所示，在机器人拆解引导板块中，系统提供了 ABB 120 所有轴的拆解引导，即一轴（J1）拆解引导、二轴（J2）拆解引导、三轴（J3）拆解引导、四轴（J4）解引导和五轴（J5）、六轴（J6）拆解引导。学生可根据自己的需求选择适合的学习板块。选择好后，点击“开始学习”按钮便可进入 ABB 120 虚拟拆解引导模型中。

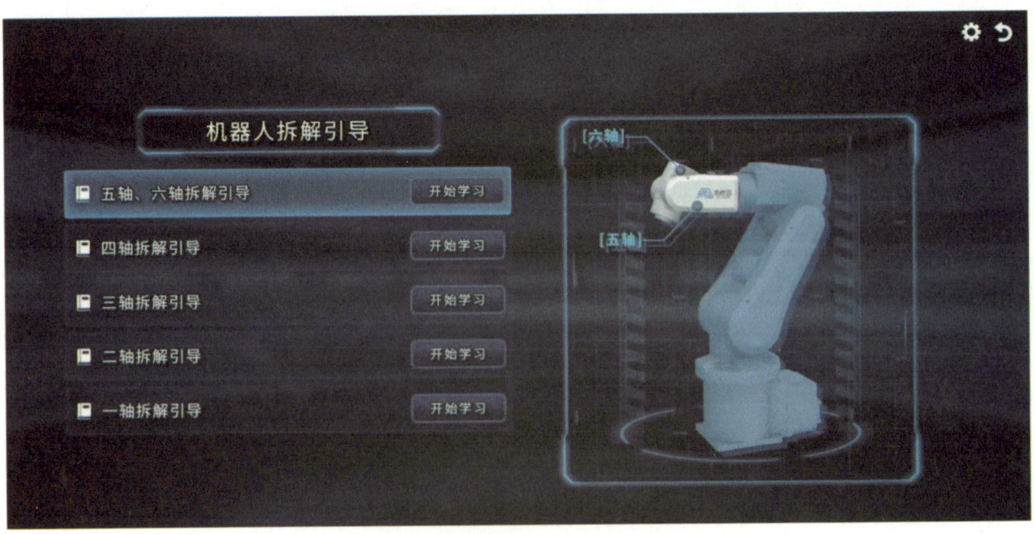

图 5-1-3　机器人拆解引导

② 组装引导。如图 5-1-4 所示，在机器人组装引导板块中，系统提供了 ABB 120 所有轴的组装引导，即 J1 ～ J6 的组装引导。学生可以根据自身学习需求，灵活选择对应的轴组装引导学习板块。选定后，点击“开始学习”，即可进入 ABB 120 虚拟组装引导模型。在模型中，学生不仅能够学习工业机器人本体组装过程，还能将组装过程反向操作，进行拆解练习，从而更全面地掌握机器人的机械结构与操作流程。

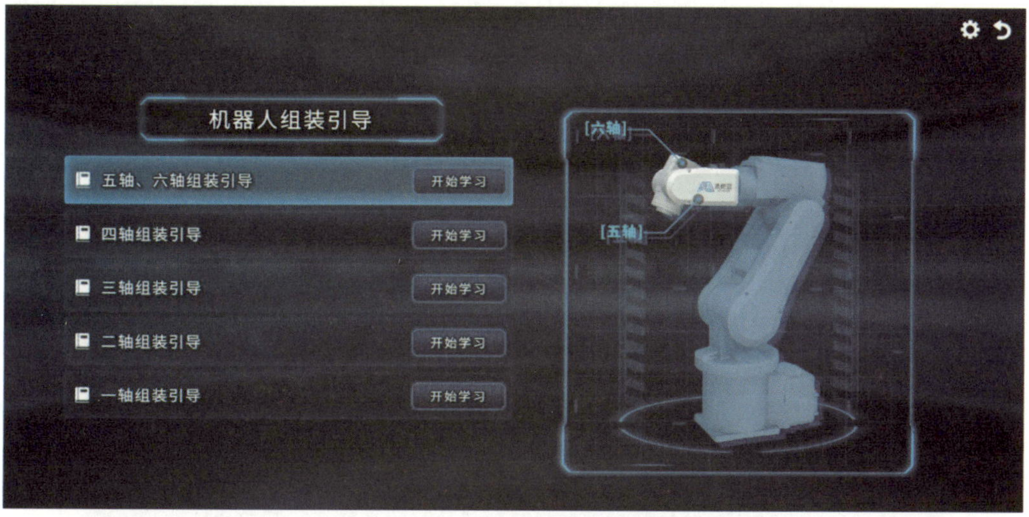

图 5-1-4　机器人组装引导

③ 维护保养引导。如图 5-1-5 所示，维护保养引导主要分为机器人电池更换教学及机器人换油教学两部分内容。学生可以根据系统相关提示进行一步一步的操作，从而完成机器人维护养护。通过虚实结合，将工业机器人与机器人教学联系起来，将枯燥的理论知识变为生动的操作引导，极大地提高学生的学习兴趣和积极性。

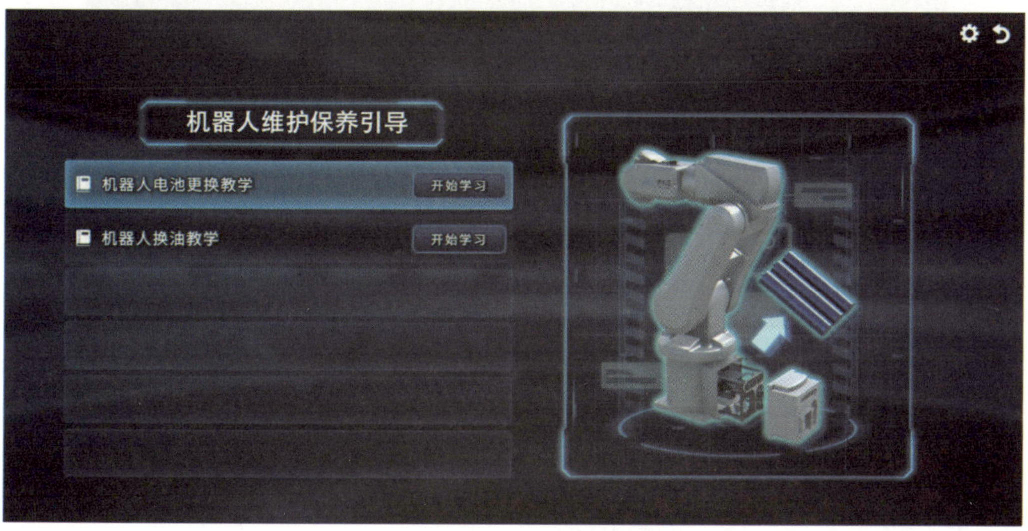

图 5-1-5　机器人维护保养引导

（2）机器人控制柜板块。

机器人控制柜板块主要分为拆解引导和组装引导两部分，学生可以根据自身的学习需求灵活选择相应内容进行学习。

① 控制柜拆解引导。如图 5-1-6 所示，机器人控制柜的拆解引导模块为学生提供了系统的学习路径，帮助其深入了解控制柜的基本构成及各部件的功能。通过这一模块的学习，学生能够熟悉控制柜的内部结构和关键组件（图 5-1-7），为后续在拆装实训模块中进行机器人控制柜的拆解操作奠定坚实的基础，同时也为后续的电气故障诊断与维护提供有力支持。

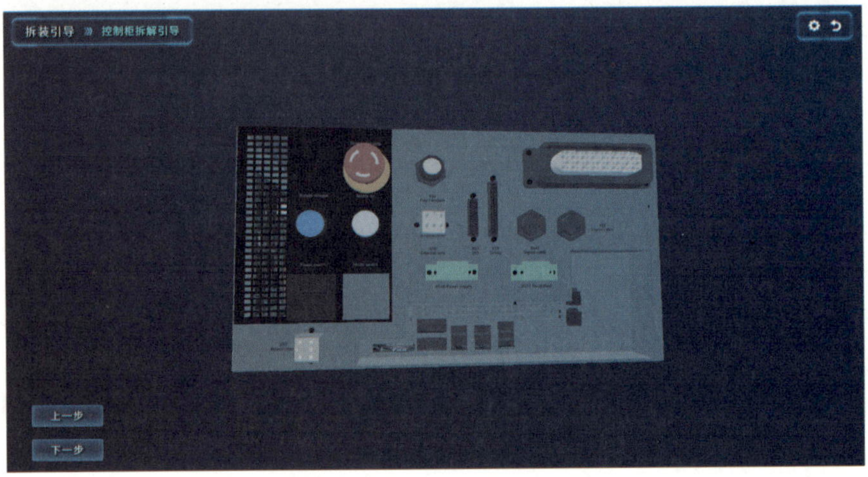

图 5-1-6　控制柜拆解引导

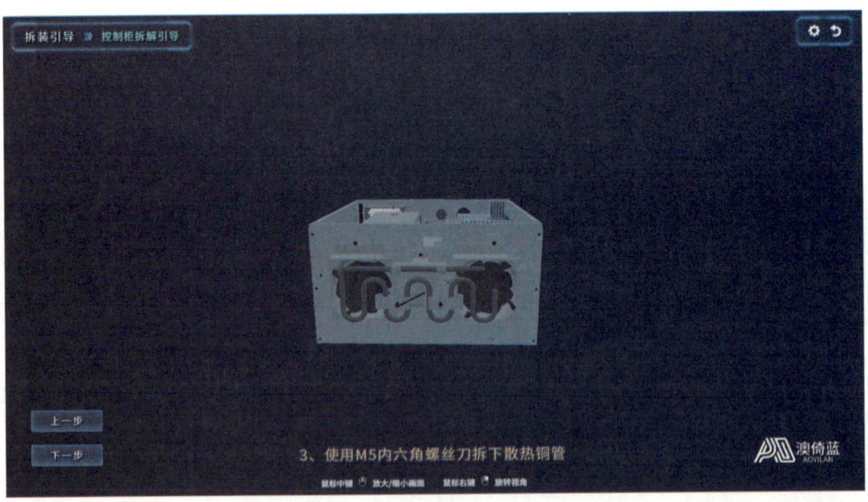

图 5-1-7　控制柜内部的关键组件

② 控制柜组装引导。如图 5-1-8 所示，机器人控制柜组装引导模块为学生详细展示了控制柜的组装流程，帮助学生清晰掌握控制柜的基本结构以及各部件的布局方式。通过这一模块的学习，学生不仅能够深入理解控制柜的整体构造，还能够熟悉各部件之间的连接关系和安装顺序。这为学生后续进行控制柜的检修、维护和故障排查提供了坚实的理论基础。

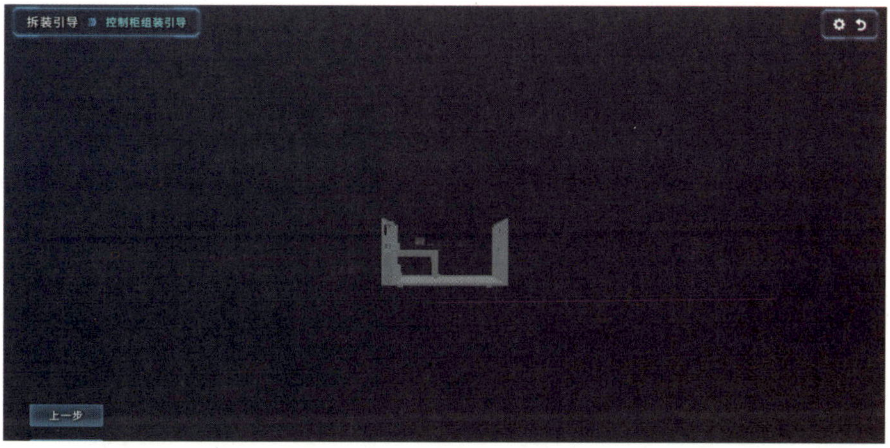

图 5-1-8　控制柜组装引导

2）拆装训练模块

用户在完成拆装引导模块的学习后，可以进一步选择拆装训练模块（图 5-1-9）进行实践操作学习。该模块涵盖机器人本体的拆解实训、组装实训、维护保养实训，以及机器人控制柜的拆解实训和组装实训。在该模块中，系统利用先进的 Unity 3D 技术精心搭建了虚拟工业机器人拆装实训室，为用户提供了高度仿真的操作环境。用户可以根据系统提供的详细提示和引导，逐步完成拆解训练的全过程，同时也能在虚拟环境中进行组装和维护保养的实践操作，全方位提升实践技能和操作熟练度。

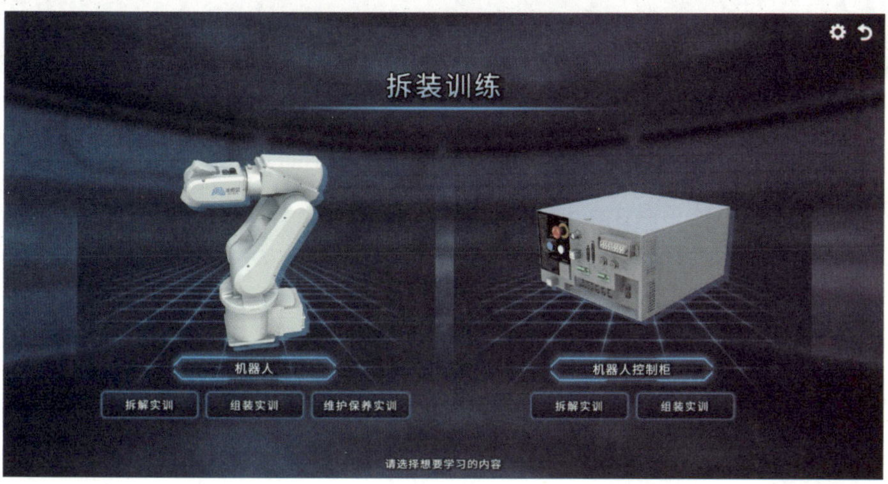

图 5-1-9　拆装训练

机器人一轴拆解实训	机器人二轴拆解实训	机器人三轴拆解实训	机器人四轴拆解实训	机器人五、六轴拆解实训

（1）机器人板块。

在拆装训练模块的机器人板块中，系统为学生提供了拆解实训、组装实训和维护保养实训三种学习路径。学生可以根据自身学习需求和目标，灵活选择适合自己的实训内容，针对性地提升实践技能和专业知识。

① 机器人拆解实训。如图 5-1-10 所示，在机器人的拆解实训板块中，系统以工业机器人 ABB 120 为基础，提供从 J1 ～ J6 的详细拆解实训内容。用户可以根据自身的学习需求，灵活选择具体的学习模块，既可以系统学习工业机器人的整体结构，也可以针对某一特定轴进行专项练习。通过这一模块的学习，用户不仅能深入掌握 ABB 120 机器人的基本结构和关键组件，还能为后续进行实际工业机器人实体拆解积累宝贵经验，打下坚实的基础。

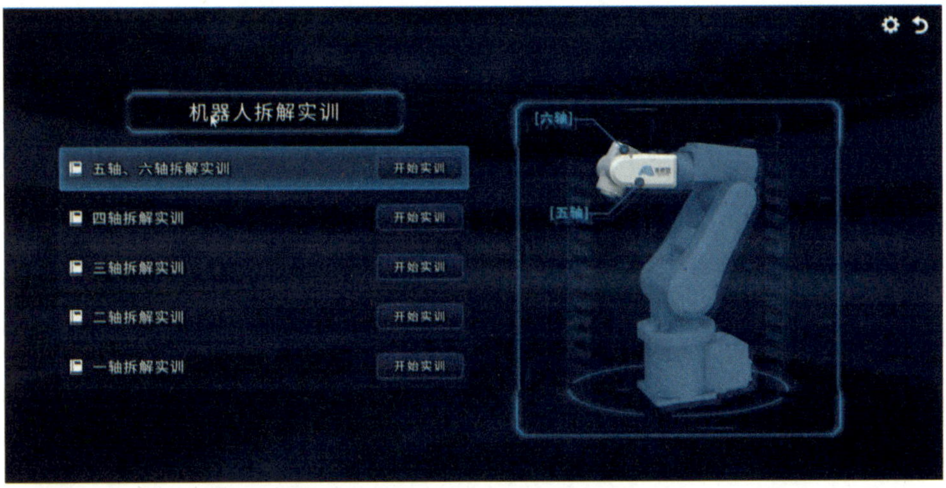

图 5-1-10　机器人拆解实训

② 机器人组装实训。如图 5-1-11 所示，在组装实训板块中，系统针对 ABB 120 机器人的 6 个轴（J1 ～ J6）提供了详细的组装实训内容。学生可以根据自身学习需求，自由选择对应的轴进行组装练习。点击所选模块中的“开始学习”按钮后，学生将进入由 Unity 3D 技术精心搭建的工业机器人组装实训台，开启沉浸式的组装实践体验。

机器人一轴组装实训	机器人二轴组装实训	机器人三轴组装实训	机器人四轴组装实训	机器人五、六轴组装实训

③ 机器人维护保养实训。在完成机器人维护保养引导模块的学习后，用户已经基本掌握了工业机器人更换电池等关键操作流程。为了进一步检验和巩固学习成果，用户可

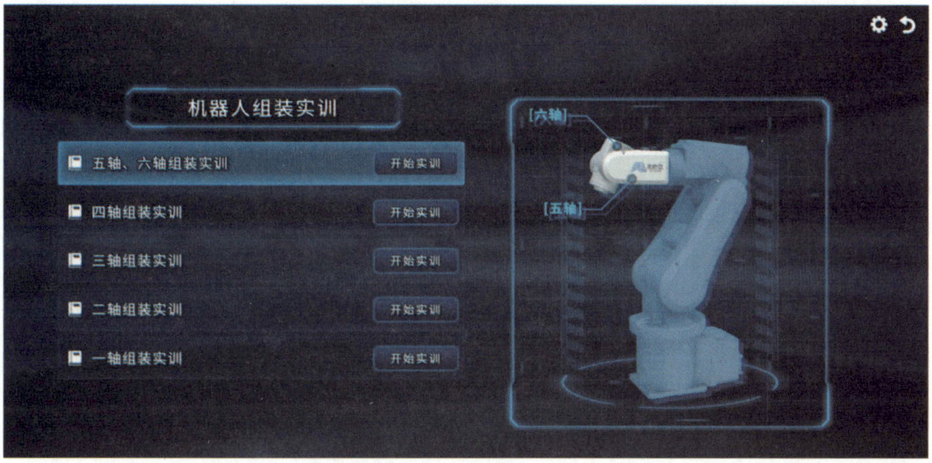

图 5-1-11　机器人组装实训

以选择进入该软件的“机器人维护保养实训” 板块，如图 5-1-12 所示。通过实际操作演练，用户可以将所学知识应用于实践中，加深对维护保养流程的理解和掌握。

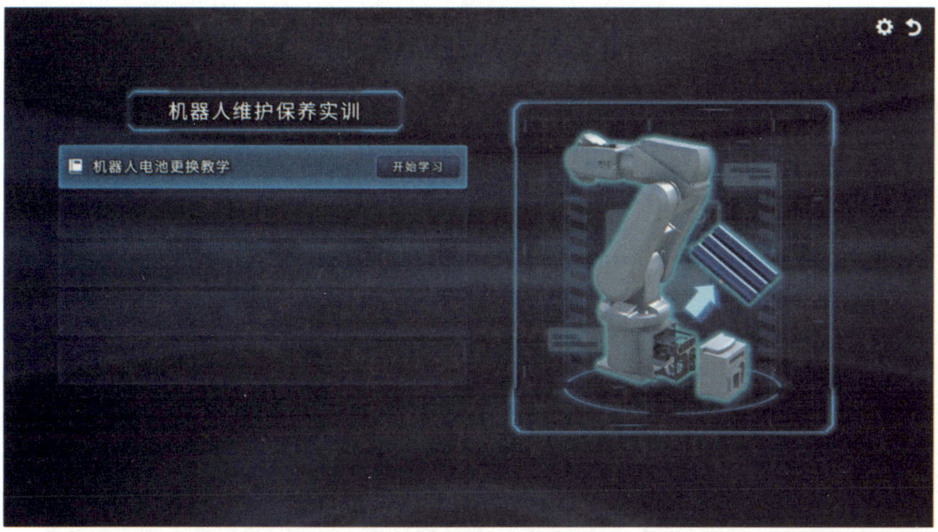

机器人维护保养实训

图 5-1-12　机器人维护保养实训

④ 其他功能。在拆装训练模块中，界面布局合理，功能分区明确：界面左上角会实时显示当前所需进行的操作步骤，为学生提供清晰的引导；左下角展示已拆卸的部件，学生可以随时浏览，便于加深对机器人结构的理解；右上角提供了 “返回”“设置”“帮助” 等功能按钮，方便学生随时调整操作或获取支持。

如图 5-1-13 所示，在设置面板界面中，用户可以根据自己的使用习惯和偏好，对软件的屏幕大小、背景音乐播放及软件清晰度等进行个性化调整，以获得更舒适的学习体验。

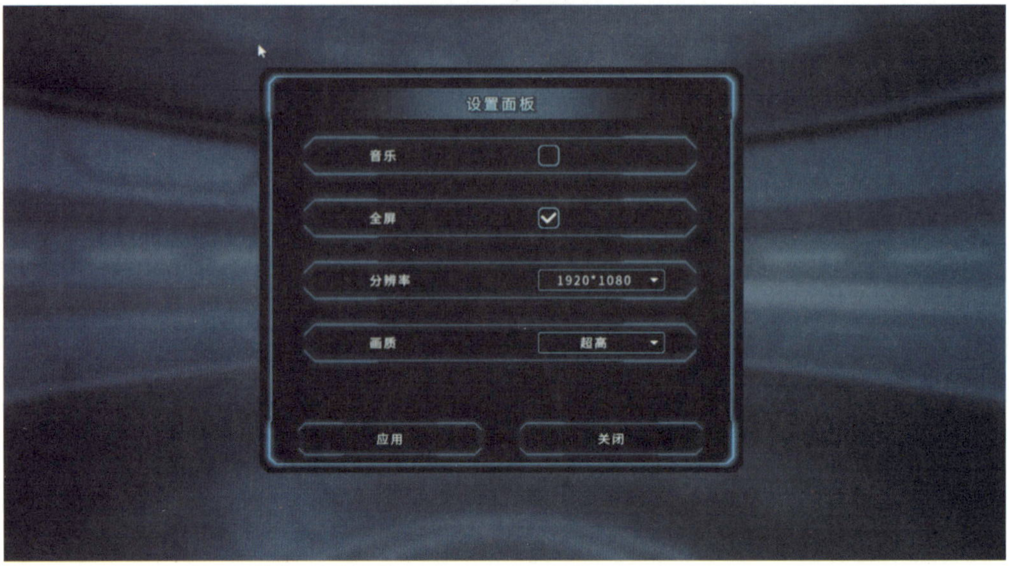

图 5-1-13　设置面板

如图 5-1-14 所示，操作帮助功能详细介绍软件的操作控制方法，为用户快速熟悉和熟练操作该软件提供了清晰的指导，帮助用户更高效地开展学习和实训活动。

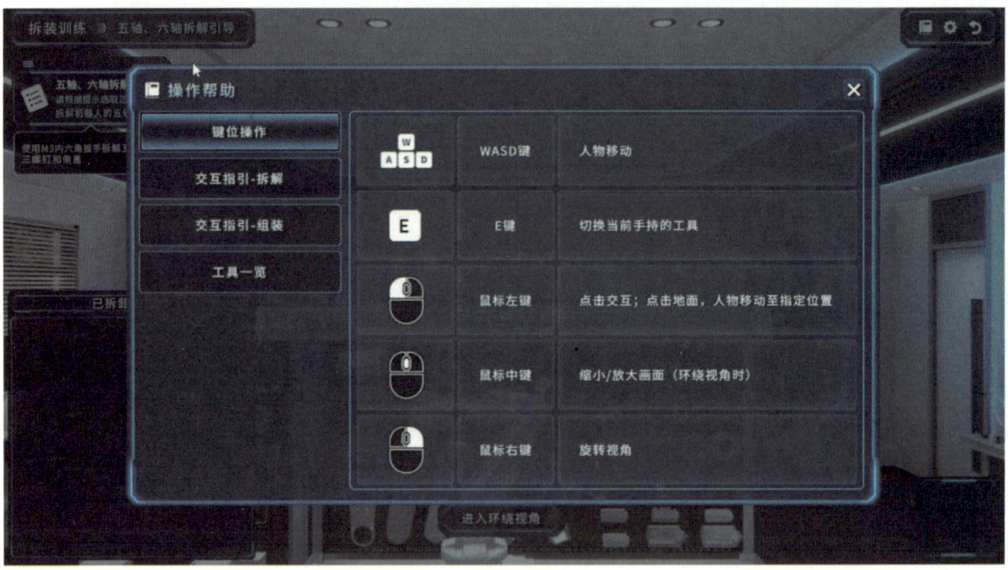

图 5-1-14　操作帮助

在该软件的拆解实训模块中，界面上方的任务列表（图 5-1-15）为用户提供了清晰的操作指引。它不仅详细列出了机器人拆解实训中每个步骤所需的操作内容和对应工具，还实时显示了用户当前正在进行的操作环节。这一设计如同导航系统，帮助用户在拆解实训过程中有条不紊地推进，确保每个步骤都准确无误地完成。

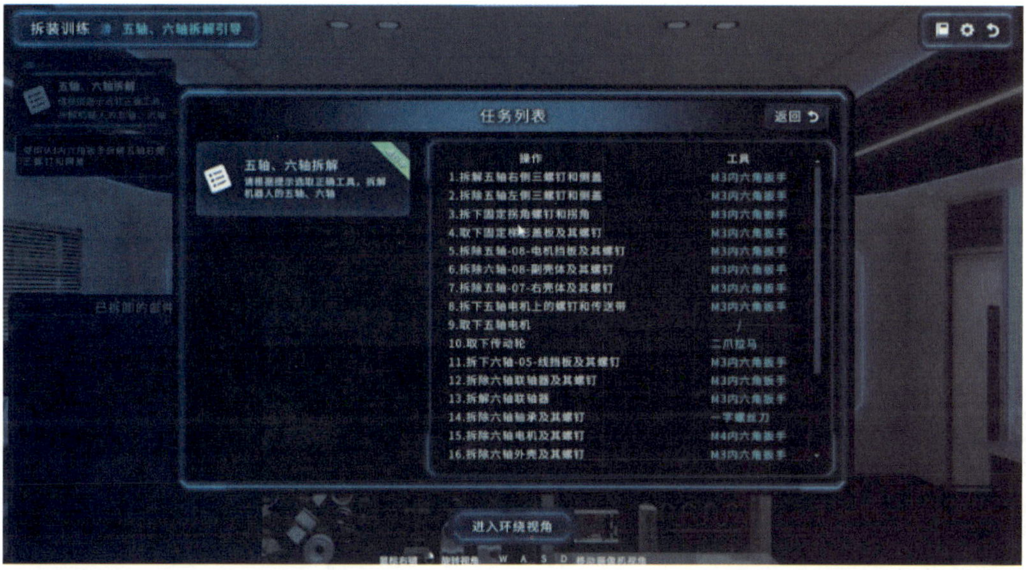

图 5-1-15　任务列表

（2）机器人控制柜板块。

拆装训练的机器人控制柜板块涵盖机器人控制柜拆解实训和组装实训两大核心部分，学生可以根据自身的学习需求灵活选择。

① 拆解实训。机器人控制柜拆解实训以 ICR5 控制柜为蓝本，借助先进的 Unity 3D 技术，构建了高度仿真的工业机器人控制柜虚拟拆解环境，如图 5-1-16 所示。学生可以通过操作虚拟模型，深入了解控制柜的基本结构、内部组件布局及其相互连接关系。这一过程不仅帮助学生熟悉控制柜的构

控制柜拆解实训

图 5-1-16　控制柜拆解实训

造，还为后续的故障诊断与维修学习奠定坚实的基础。

② 组装实训。机器人控制柜的组装是工业机器人学习中不可或缺的重要环节。如图 5-1-17 所示，该软件配备了完善的控制柜组装实训功能，以 ICR5 控制柜为蓝本，将各个关键部件导入虚拟模型中，让学生能够在虚拟环境中独立完成对控制柜的组装操作。在组装过程中，学生不仅可以直观地学习控制柜的整体布局和部件的安装顺序，还能深入了解各个部件的功能与作用，进一步加深对控制柜工作原理的理解。

控制柜组装实训

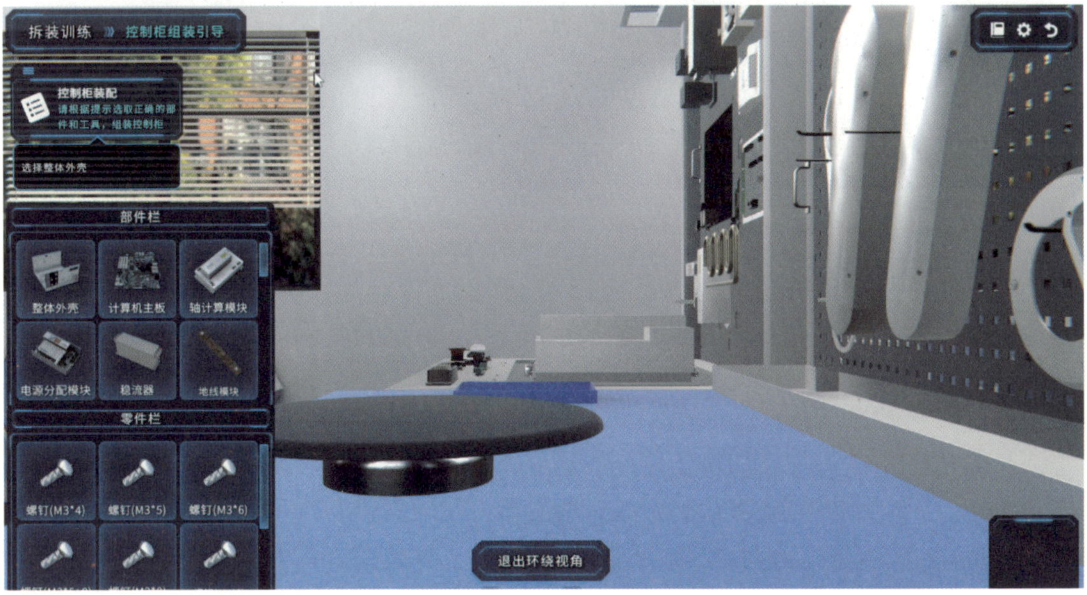

图 5-1-17　控制柜组装实训

3）机器人孪生操作模块

机器人孪生操作模块借助先进的数字孪生技术，彻底解决了虚拟与现实难以结合的问题。通过该模块，学生可以利用电脑远程控制工厂中的机器人，实现跨时间的高效远程操作。同时，学生能够实时了解远端机器人的状态和运行模式，将理论操作与实际工厂中的机器人操作紧密相连，极大地提升学习和工作效率。

学生可以通过 Robot Studio 6.08 建立一个空的工作站，导入虚拟 ABB 120 机器人模型，并创建虚拟控制器与数字孪生模块的连接。如图 5-1-18 所示，在机器人孪生操作模块中，由左侧的机器列表可以查看新建立的虚拟机器人模型。学生可以通过在 Robot Studio 6.08 中创建的虚拟示教器控制孪生系统的机器人模型，实现“以虚控虚”；也可以给实际机器人通电，通过实际机器人和示教器控制孪生系统的机器人模型，实现“虚实结合”和“以实控虚”。此外，数字孪生操作模块还建立了虚拟机器人工作环境，并在界面正下方提供了两种夹具，其右侧显示机器人的状态、模式和日志列表。系统还提供了3个不同视角，方便学生全方位观察工业机器人的工作情况。

机器人数字孪生操作

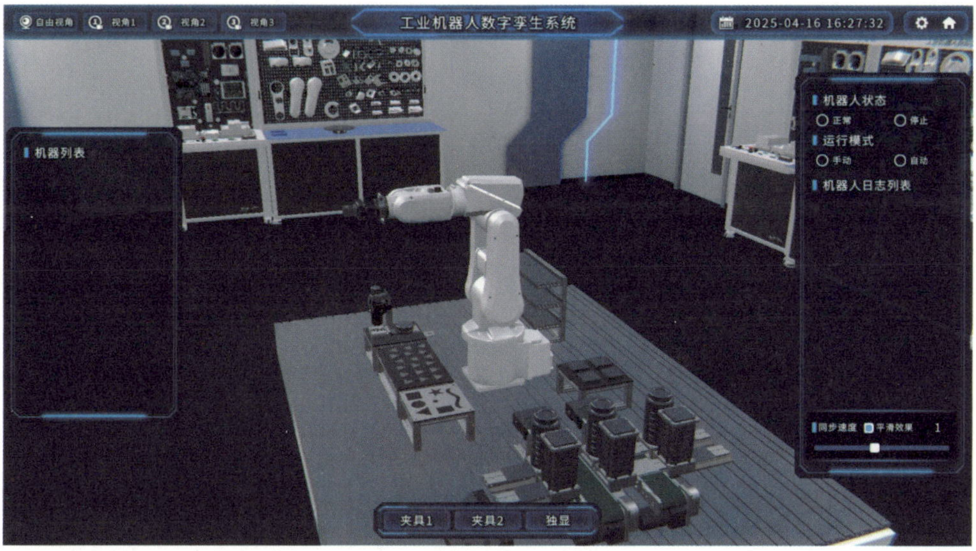

图 5-1-18　机器人孪生操作模块

数字孪生操作模块的操作流程如下：

（1）双击 Robot Studio 6.08，建立一个空工作站，如图 5-1-19 所示。

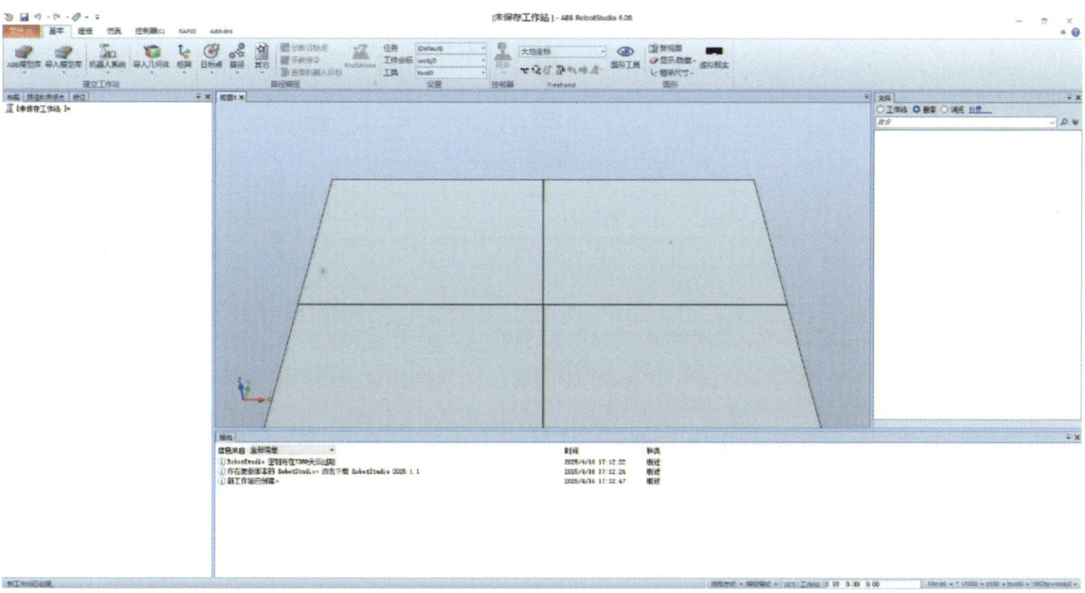

图 5-1-19　建立空工作站

（2）选择ABB模块库，导入虚拟ABB 120机器人模型，点击“确定” 按钮，如图5-1-20所示。

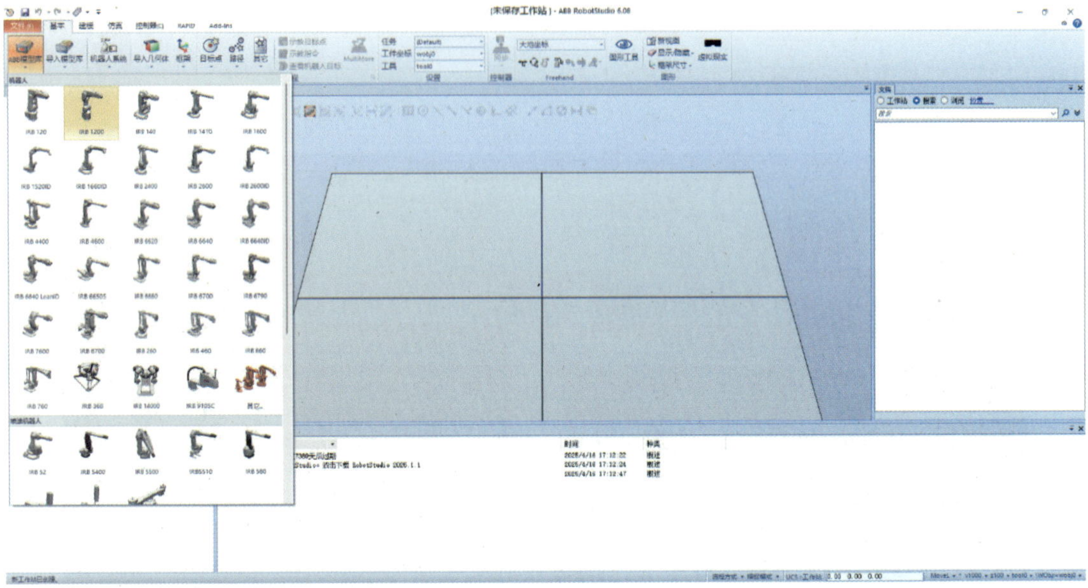

图 5-1-20　导入 ABB 120 机器人模型

（3）选择机器人系统，建立空机器人系统（图 5-1-21），点击“确定”按钮。

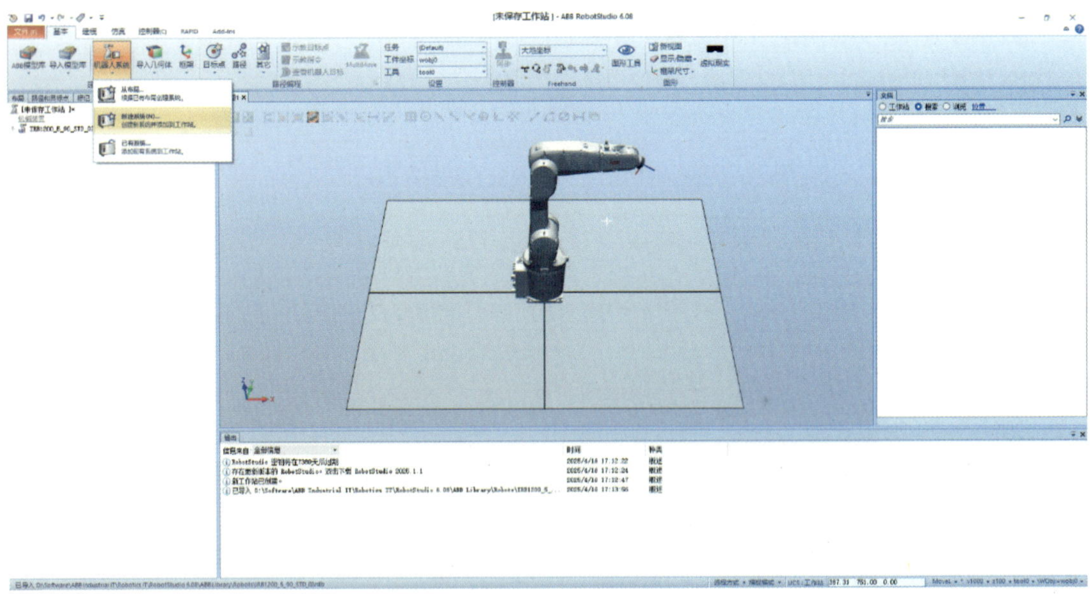

图 5-1-21　建立机器人系统

（4）返回数字孪生主界面，选择连接机器人，如图 5-1-22 所示。

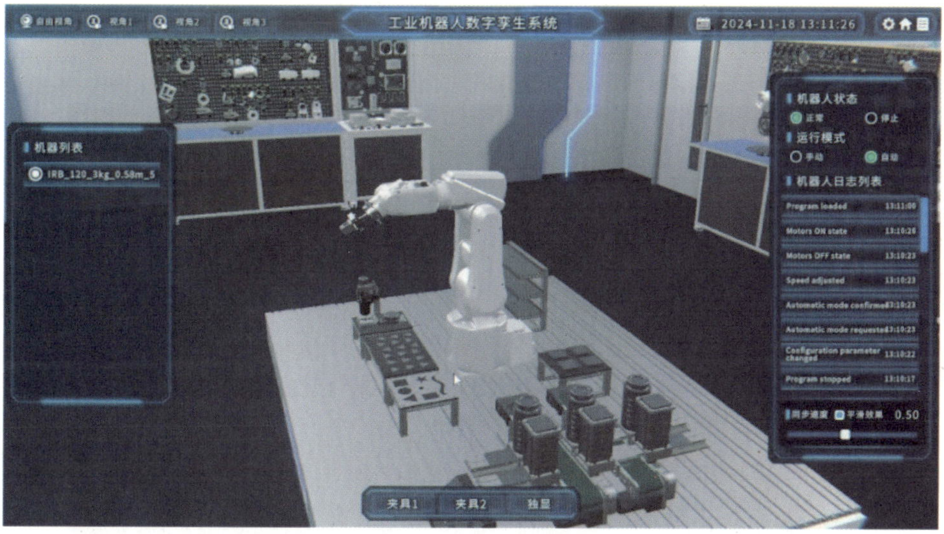

图 5-1-22　连接成功

4）**理论知识模块**

如图 5-1-23 所示，理论知识模块界面由三大部分构成：位于界面下方的类目选择栏、上方左侧的目录栏和右侧的内容栏。类目选择栏是知识点的第一级分类，学生可以直接点击其中的各个选项，快速选择想要查看的知识大类。当分类数量超过 5 个时，点击左右两端的箭头按钮，可使列表左右滚动，方便查看更多的类目。选中的选项会高亮并显示“正在浏览”，明确标识学生当前查看的知识类目。右侧的内容栏以幻灯片和视频的形式展示知识点。本模块对知识点进行了清晰的分类排列，便于学生查阅。

图 5-1-23　理论知识模块

5）考核模块

考核模块主要分为用户登录、机器人板块和机器人控制柜板块三大部分，如图 5-1-24 所示。

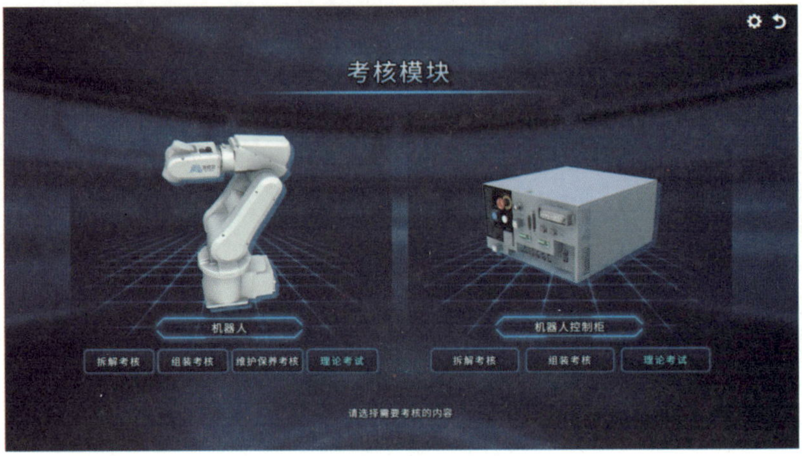

图 5-1-24　考核模块

（1）用户登录。

在考核模块中，学生在开始考核之前，需要先输入自己的学号和姓名进行登录，如图 5-1-25 所示。这一登录步骤不仅确保了考核的个性化和数据的准确性，还为后续记录和查询实训成绩提供可靠的数据，便于对学生的学习成果进行精准评估和跟踪。

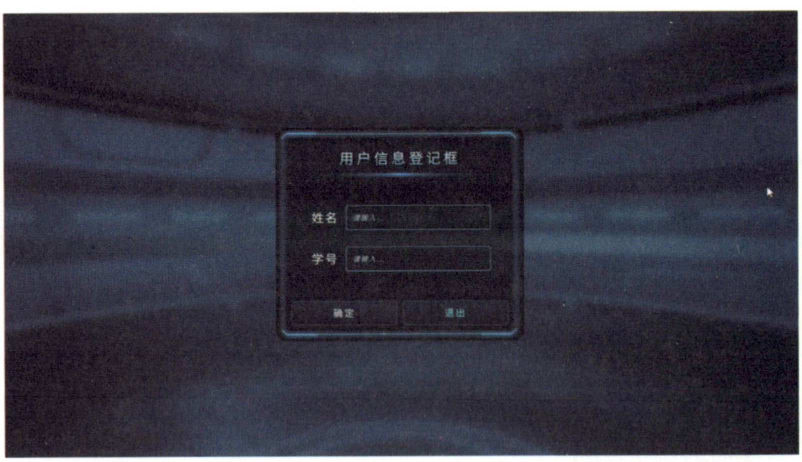

图 5-1-25　考核模块登录

（2）机器人板块。

考核模块的机器人板块由机器人拆解考核（图 5-1-26）、组装考核、维护保养考核及理论考核 4 部分组成。与机器人拆解引导和拆解实训模块类似，考核模块也提供了多种不同自由度的机器人模型，用户可以根据自身的实际需求选择适合的机器人模型进行考核。

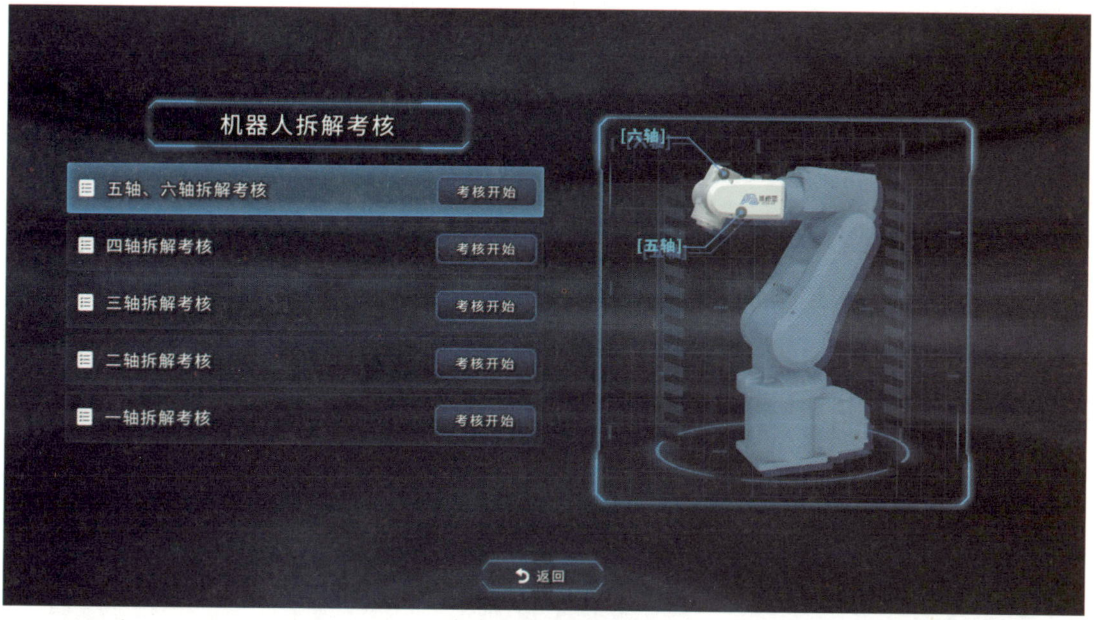

图 5-1-26　机器人拆解考核

然而，与实训模块不同的是，机器人考核模块中不提供操作提示，这增加了考核的难度和挑战性，保障了考核的公平性，更贴近实际操作场景（图 5-1-27），能够更真实地检验学生的学习成果。

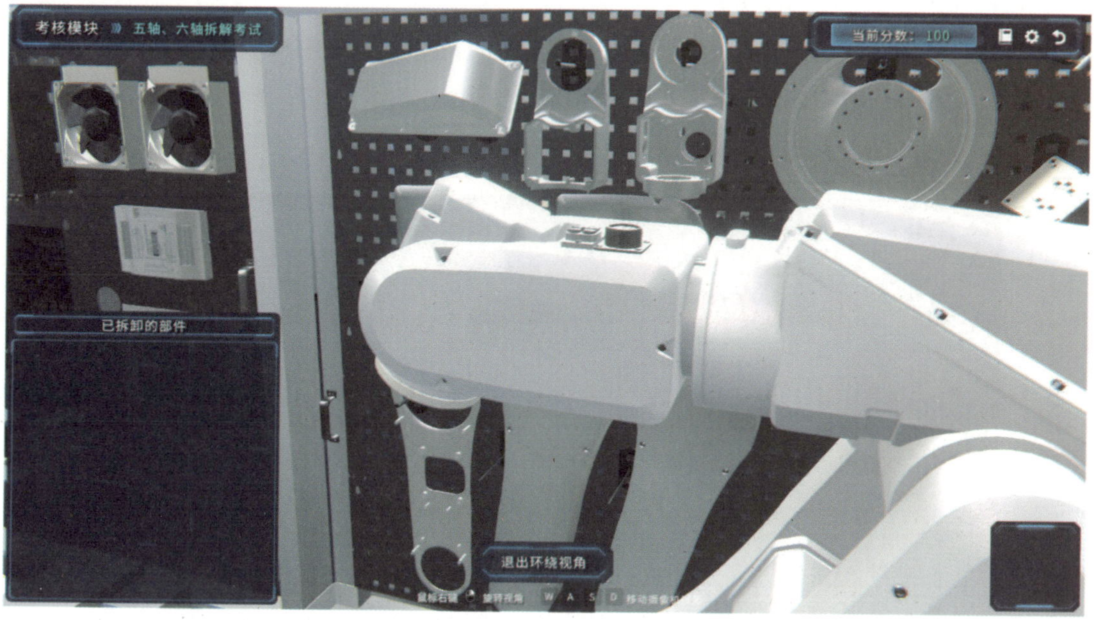

图 5-1-27　拆解考核模块逼真的操作场景

该模块基于赋值算法（图 5-1-28）解决了实践操作打分难的问题。通过科学合理的算法设计，能够自动对用户的操作进行客观、准确的评分，确保考核结果的公正性和有效性，同时也提高了考核效率，减轻了人工评分的负担。

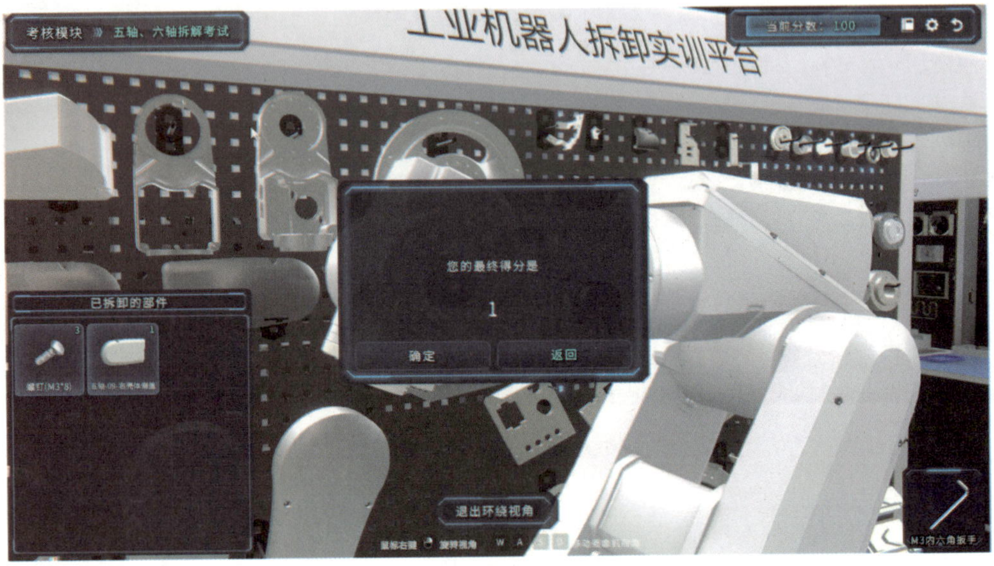

图 5-1-28　赋值算法

在机器人学习过程中，相关理论知识是不可或缺的。利用理论考试板块（图 5-1-29）进行期末或期中考试，不仅可以考查学生的实践动手能力，还能够检验他们对理论知识的掌握程度。此外，该板块支持将学生的考试成绩导出或直接上传至学校的教务系统，从而有效减轻教师的工作负担，提高教学管理效率。

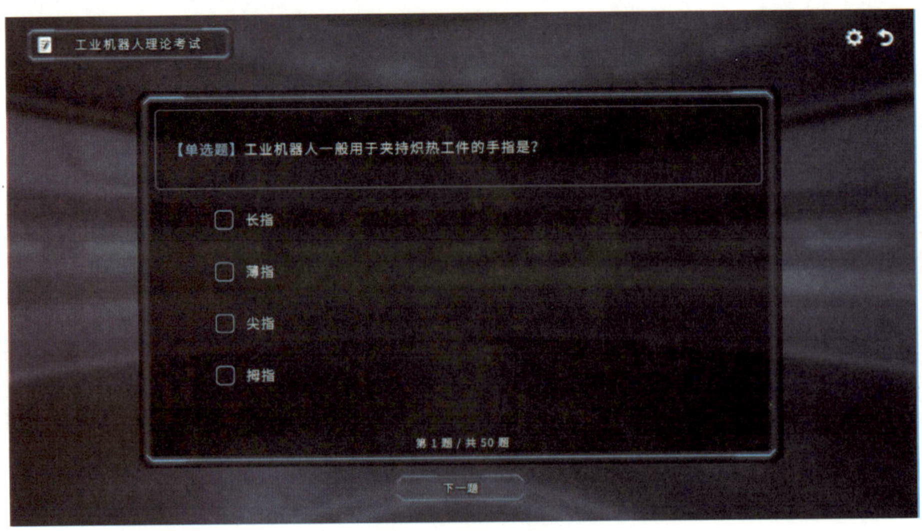

图 5-1-29　理论考试

（3）控制柜板块。

考核模块的控制柜板块（图 5-1-30）由控制柜的拆解、组装以及相关理论知识 3 部分构成。与机器人考核板块类似，该板块同样不提供拆装提示，旨在全面考查学生对控制柜拆装流程的熟练掌握程度，以及对相关理论知识的理解。这种考核方式能够更真实地反映学生的学习成果，为教师后续教学计划的调整和学生学习方向的优化提供有力参考，从而更好地指导后续教学的开展。

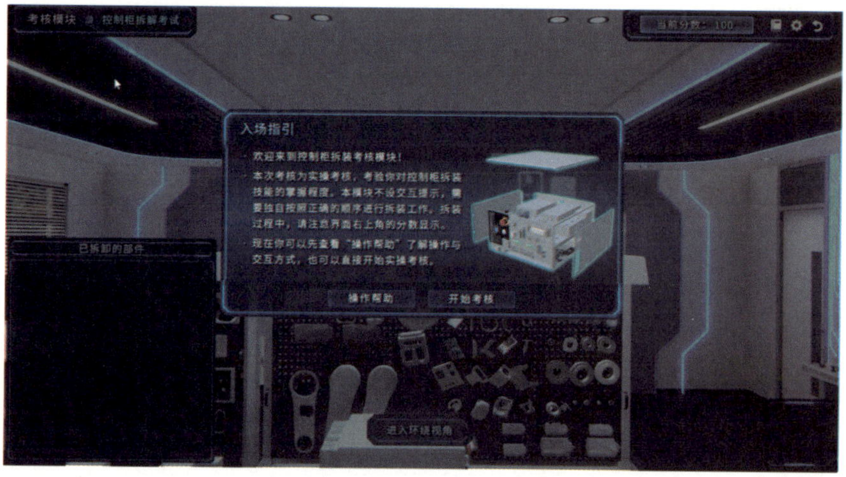

图 5-1-30　控制柜考核板块

5.1.2　工作任务实施

以小组为单位，按照表 5-1-1 的操作步骤完成“工业机器人拆装虚拟仿真实训”任务。

表 5-1-1　“工业机器人拆装虚拟仿真实训”工作任务实施表

<table>
<tr><td colspan="5">任务名称　工业机器人拆装虚拟仿真实训</td><td colspan="2">实施表编号</td></tr>
<tr><td colspan="2">班级</td><td>姓名</td><td></td><td>学号</td><td colspan="2">教师签字</td></tr>
<tr><td>序号</td><td>工序名称</td><td>工序内容</td><td>工具 / 材料</td><td>操作步骤</td><td>完成时间</td><td>备注</td></tr>
<tr><td>1</td><td>工业机器人本体拆解</td><td>工业机器人 J5，J6 拆解</td><td>M3 内六角扳手、M4 内六角扳手、拔销器、拉马、一字螺丝刀</td><td>（1）使用 M3 内六角扳手依次拆解 J5 左右两侧的螺钉和侧盖、固定拐角螺钉和拐角、固定梯形盖板及其螺钉、J5-08- 电机挡板及其螺钉、J6-08- 副壳体及其螺钉、J5-07- 右壳体及其螺钉；
（2）拆下 J5 电机上的螺钉和传送带；
（3）使用拉马取下传动轮；
（4）取下 J5 电机；
（5）使用 M3 内六角扳手依次拆下 J6-05- 线挡板及其螺钉、J6 联轴器及其螺钉、J6 联轴器；</td><td></td><td></td></tr>
</table>

续表

序号	工序名称	工序内容	工具/材料	操作步骤	完成时间	备注
1	工业机器人本体拆解	工业机器人J5，J6拆解	M3内六角扳手、M4内六角扳手、拔销器、拉马、一字螺丝刀	（6）使用一字螺丝刀拆除J6轴承及其螺钉； （7）使用M4内六角扳手拆除J6电机及其螺钉； （8）使用M3内六角扳手拆除J6外壳及其螺钉； （9）使用一字螺丝刀依次拆除J5轴承螺钉、J6轴承螺钉； （10）拆除套壳、内圈轴承、中心轴； （11）使用M3内六角扳手依次拆除J5快速电插头和气插头、J5-01-左壳体及其螺钉		
2		工业机器人J4拆解	M3内六角扳手、一字螺丝刀	（1）使用M3内六角扳手依次拆解上臂本体外壳A4-002、线缆支架01A4-008和02A4-009、J4线缆保护壳02A4-010、J4电机A4-001； （2）使用一字螺丝刀拆解J4轴承A4-007； （3）使用M3内六角扳手依次拆解J4线缆保护壳01A4-005、J4旋转法兰A4-006、上臂线缆保护壳A4-004		
3		工业机器人J3拆解	M3内六角扳手、M4六角扳手、二爪拉马	（1）使用M3内六角扳手依次拆解下臂右侧外壳A3-015、下臂左侧外壳A3-014、线缆支架A3-009、电缆保护导向A3-010； （2）使用M4内六角扳手拆除下臂连接法兰A3-013； （3）使用M3内六角扳手拆除上臂本体01A3-016； （4）使用M3内六角扳手拆除联轴器的12颗螺钉； （5）使用二爪拉马拆除J3联轴器A3-003； （6）使用M3内六角扳手和长螺钉拆除J3减速机柔轮A3-005；		

续表

序号	工序名称	工序内容	工具 / 材料	操作步骤	完成时间	备注
3		工业机器人 J3 拆解	M3 内六角扳手、M4 内六角扳手、二爪拉马	（7）使用二爪拉马拆除 J3 减速机轴承 A3-004; （8）使用 M4 内六角扳手拆除同步带 A3-011; （9）使用二爪拉马拆除 J3 减速机中心轴 A3-006、从动带轮 A3-008; （10）拆除 J3 电机 A3-001; （11）使用二爪拉马分离主动带轮 A3-007 和 J3 电机 A3-001; （12）使用 M4 内六角扳手拆除 J3 电机保护壳 A3-002; （13）使用 M4 内六角扳手拆掉下臂本体 A3-012		
4	工业机器人本体拆解	工业机器人 J2 拆解	M3 内六角扳手、M4 内六角扳手、扳手	（1）使用 M3 内六角扳手拆除电缆导向 01A2-005 和 02A2-006; （2）使用 M4 内六角扳手拆除 J2 联轴器 A2-002; （3）使用 M3 内六角扳手拆除 J2 轴承 A2-003; （4）拆除 J2 电机 A2-001		
5		工业机器人 J1 拆解	M3 内六角扳手、M4 内六角扳手、扳手	（1）使用 M3 内六角扳手依次拆除线缆支架 02A1-002，01A1-001 和 06A1-009; （2）使用 M4 内六角扳手拆除 J1 连接法兰 A1-014; （3）使用 M3 内六角扳手拆除电缆保护壳 01A1-008; （4）使用 M4 内六角扳手拆除基座外壳 A1-010; （5）使用 M3 内六角扳手依次拆除固定平板的螺钉、电池固定支架 A1-006、SMB 串口测量板 A1-004、线缆支架 04A1-005;		

续表

序号	工序名称	工序内容	工具 / 材料	操作步骤	完成时间	备注
5	工业机器人本体拆解	工业机器人 J1 拆解	M3 内六角扳手、M4 内六角扳手、扳手	（6）使用扳手拆除内部气路接头 A1-012、SMB 与内部线缆接头 A1-018、底座柱头螺钉（M3 × 70+8）； （7）使用 M3 内六角扳手拆除 J1 零点标识块 A1-020、电缆保护壳 02A1-016； （8）使用 M4 内六角扳手拆除 J1 电机 A1-015； （9）使用 M3 内六角扳手拆除 J1 联轴器 A1-011、线缆支架 03A1-003		
6	工业机器人本体组装	工业机器人 J1，J2，J3，J4，J5，J6 组装	M3 内六角扳手、M4 内六角扳手、扳手、二爪拉马、一字螺丝刀、拔销器	按照和工业机器人本体拆解相反的步骤，依次组装 J1，J2，J3，J4，J5，J6 的各个零部件		
7	机器人控制柜拆装	机器人控制柜拆解	M5 内六角扳手、M4 内六角扳手、M3 内六角扳手、扳手	（1）使用 M3 内六角扳手依次拆下散热器外壳、控制柜上方外壳； （2）使用 M5 内六角扳手拆下散热铜管； （3）使用 M4 内六角扳手拆下散热铜管支架； （4）使用 M3 内六角扳手依次拆下左侧和右侧外壳； （5）使用 M4 内六角扳手依次拆下 A41 模块驱动器、G1 模块电源； （6）使用 M3 内六角扳手依次拆下 A21 模块安全模块、右侧导向块、左侧导向块、中层框架； （7）使用 M4 内六角扳手依次拆下 A41 模块驱动器螺钉、G2 模块电源分配；		

续表

序号	工序名称	工序内容	工具 / 材料	操作步骤	完成时间	备注
7	机器人控制柜拆装	机器人控制柜拆解	M5 内六角扳手、M4 内六角扳手、M3 内六角扳手、扳手	（8）使用 M3 内六角扳手依次拆下 A31 模块计算机主板、网线口挡板、A35 模块网关、地线模块； （9）拆除电源开关； （10）使用 M4 内六角扳手依次拆除稳流器和接触器模块、XS1 与机器人本体通信模块； （11）使用扳手依次拆下 XS2，XS4，XS7； （12）使用 M3 内六角扳手拆下 XS8； （13）使用扳手拆下 XS9，XS10 和 XS11，XS12 和 XS13，XS41，以及使能按钮、急停按钮、连接器支架、模式切换		
8	机器人控制柜拆装	机器人控制柜组装	M5 内六角扳手、M4 内六角扳手、M3 内六角扳手、扳手	按照和工业机器人控制柜拆解相反的步骤，依次组装控制柜的各个零部件		
9	数字孪生模块学习	工业机器人数字孪生系统操作	示教器、Robot Studio 6.08	（1）双击 Robot Studio 6.08，建立一个空工作站； （2）选择 ABB 模块库，导入虚拟 ABB 120 机器人模型，点击“确定”按钮； （3）选择机器人系统； （4）使用示教器手动控制机器人； （5）使用示教器编程来控制机器人，实现实训的“虚实结合”		

5.1.3 工作任务检查与评价

按照表 5-1-2 中的标准检查任务完成情况并交由教师评分。

表 5-1-2 “工业机器人拆装虚拟仿真实训”工作任务检查与评价表

<table>
<tr><td colspan="4">任务名称　工业机器人拆装虚拟仿真实训</td><td colspan="2">检查与评价表编号</td></tr>
<tr><td colspan="2">班级</td><td>姓名</td><td>学号</td><td colspan="2">教师签字</td></tr>
<tr><td>工序号</td><td>工序名称</td><td>检查内容</td><td>检查标准</td><td>分　值</td><td>教师评分</td></tr>
<tr><td>1</td><td rowspan="5">工业机器人本体拆解</td><td>工业机器人 J5,J6 拆解</td><td rowspan="8">在考核模块独立完成该部分,且系统为每项打满分</td><td>8</td><td></td></tr>
<tr><td>2</td><td>工业机器人 J4 拆解</td><td>8</td><td></td></tr>
<tr><td>3</td><td>工业机器人 J3 拆解</td><td>8</td><td></td></tr>
<tr><td>4</td><td>工业机器人 J2 拆解</td><td>8</td><td></td></tr>
<tr><td>5</td><td>工业机器人 J1 拆解</td><td>8</td><td></td></tr>
<tr><td>6</td><td>工业机器人本体组装</td><td>工业机器人 J1,J2,J3,J4,J5,J6 组装</td><td>40</td><td></td></tr>
<tr><td>7</td><td rowspan="2">机器人控制柜</td><td>机器人控制柜拆解</td><td>5</td><td></td></tr>
<tr><td>8</td><td>机器人控制柜组装</td><td>5</td><td></td></tr>
<tr><td>9</td><td>数字孪生模块学习</td><td>工业机器人数字孪生系统操作</td><td>(1) 连接成功;
(2) 能使用示教器手动控制机器人;
(3) 能使用示教器编程控制机器人</td><td>10</td><td></td></tr>
<tr><td colspan="4">总　分</td><td>100</td><td></td></tr>
<tr><td colspan="6">1. 你是否达到了本任务要求的学习目标和你的个人目标?</td></tr>
<tr><td colspan="6">2. 你还存在不足吗? (若有,请在下方写出)</td></tr>
<tr><td colspan="6">3. 你后续的提升计划是什么?</td></tr>
</table>

5.1.4　练习题

1）单选题

（1）任务 5.1 的主要目标不包括以下哪一项？（　　）

A. 掌握 ABB 120 本体和 ICR5 控制柜的基本结构

B. 学习工业机器人 ABB 120 的基本维护保养

C. 掌握工业机器人数字孪生系统的连接操作

D. 设计工业机器人的外观

（2）在拆装引导模块中，机器人拆解引导不包括以下哪个轴的拆解？（　　）

A. J1 拆解引导　　B. J2 拆解引导

C. J7 拆解引导　　D. J5 及 J6 拆解引导

（3）在机器人维护保养引导中，主要的学习内容是什么？（　　）

A. 机器人电池更换和换油　　B. 机器人软件升级

C. 机器人外观清洁　　D. 机器人控制系统更新

（4）在机器人孪生操作模块中，学生可以通过以下哪个软件建立虚拟工作站？（　　）

A. Robot Studio 6.08　　B. AutoCAD

C. SolidWorks　　D. Photoshop

（5）在考核模块中，用户登录需要填写的信息不包括哪一项？（　　）

A. 姓名　　B. 学号

C. 联系方式　　D. “确认”按钮

（6）在工业机器人本体拆解中，五、六轴拆解需要用到的工具不包括哪一项？（　　）

A. M3 内六角扳手　　B. M4 内六角扳手

C. 电钻　　D. 拉马

2）判断题

（1）拆装引导模块分为机器人和机器人控制柜两大板块。（　　）

（2）在机器人组装引导中，学生可以反向操作进行拆解练习。（　　）

（3）在机器人维护保养引导中，学生可以学习到机器人软件的安装方法。（　　）

（4）在机器人孪生操作模块中，学生无法通过示教器控制虚拟机器人。（　　）

（5）在考核模块中，机器人拆解考核提供详细的操作提示。（　　）

（6）在机器人控制柜拆解中，学生需要使用扳手工具。（　　）

3）多选题

（1）在拆装引导模块中，机器人板块包括以下哪些内容？（　　）

A. 拆解引导　　B. 组装引导

C. 维护引导　　D. 理论知识学习

（2）在机器人维护保养引导中，学生可以学习到哪些内容？（　　）

A. 机器人电池更换　　B. 机器人换油操作

C. 机器人软件升级　　D. 机器人外观清洁

（3）在机器人孪生操作模块中，学生可以通过以下哪些方式控制虚拟机器人？（　　）

A. 通过 Robot Studio 6.08 建立虚拟工作站

B. 使用示教器手动控制

C. 使用示教器编程控制

D. 通过语音命令控制

（4）在考核模块中，机器人考核包括以下哪些部分？（　　）

A. 机器人拆解考核

B. 机器人组装考核

C. 机器人理论知识考核

D. 机器人外观设计考核

（5）在工业机器人本体拆解中，需要用到哪些工具？（　　）

A. M3 内六角扳手

B. M4 内六角扳手

C. 拉马

D. 电钻

（6）在机器人控制柜拆解中，学生可以学到以下哪些内容？（　　）

A. 控制柜的基本构成

B. 内部组件布局

C. 电气连接关系

D. 控制柜的外观设计

4）简答题

（1）简述工业机器人拆装虚拟仿真实训的主要目标。

（2）在机器人孪生操作模块中，如何实现“虚实结合”？

练习题参考答案

任务5.2　工业机器人焊接工作站安装调试

【任务目标】

（1）通过工业机器人焊接工作站组成结构的学习，掌握工业机器人焊接工作站的分类，以及常见硬件设备构成。

（2）通过弧焊工作站的设备安装实训，掌握焊枪、焊机、冷却机、变位机、气瓶等焊接设备的安装方法和技能，懂得如何规划布局焊接工作站。

（3）通过学习焊接工作站的安装调试，掌握焊接信号I/O配置、焊枪、焊机、变位机等焊接设备功能的测试。

（4）通过团队协作完成焊接工作站的安装调试任务，培养分工协作能力与沟通意识，确保团队成员能够高效配合完成复杂任务。

焊接机器人是工业机器人中最主要的品类之一。据统计，我国约有50%的工业机器人应用于汽车制造行业，其中50%以上是焊接机器人。本任务以焊接机器人为例，介绍工业机器人工作站的安装调试流程。

5.2.1　知识准备1：认识焊接机器人

认识焊接机器人

1）焊接机器人的定义

（1）焊接。

焊接是一种通过加热、高温或者高压的方式，使金属或其他热塑性材料的接头进行接合的制造工艺及技术。

（2）焊接机器人。

焊接机器人是指将焊接设备（焊枪）安装于机器人上，用于取代传统人工操作焊枪进行焊接作业的一种工业机器人。人工焊接与机器人焊接对比如图5-2-1所示。

（a）人工焊接

（b）机器人焊接

图 5-2-1　人工焊接与机器人焊接

焊接机器人具有可自由编程的轴，并能将焊接工具（焊枪）按要求送到预定空间位置，按要求的轨迹及速度移动焊接工具（焊枪）。

焊接机器人一般属于六轴关节型机器人，这是由于焊接本身是一种相当复杂的制造工艺，焊接过程中除了需要控制好焊枪与焊件的相对位置，还需要变化焊枪的姿态（运条），才能获得质量合格的焊缝，这就要求机器人具有多个自由度。

（3）焊接机器人工作站。

由工业机器人基本系统、焊接基本装置（焊枪、焊机），以及变位机、导轨、总控系统等组成的作业系统称为焊接机器人工作站。

2）焊接机器人的分类与特点

根据焊接工艺的不同，可将焊接分为弧焊、点焊和激光焊等。其中，弧焊又可分为手工电弧焊、二氧化碳气体保护焊（熔化极气体保护焊）和钨极氩弧焊（非熔化极气体保护焊）等。因此，根据工业机器人所配置焊接设备的不同，可将焊接机器人分为电弧焊机器人、点焊机器人和激光焊接机器人。

（1）电弧焊机器人。

电弧焊机器人是指在工业机器人的末端轴安装焊枪及相关弧焊设备，用于弧焊作业的一种工业机器人，如图 5-2-2 所示。

（a）熔化极气体保护焊机器人

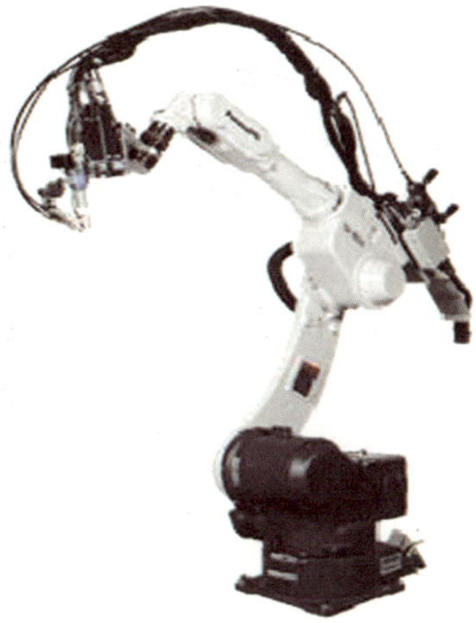
（b）非熔化极气体保护焊机器人

图 5-2-2　电弧焊机器人

小助手　手工电弧焊作业时需要用焊条端部敲击或划擦工件进行引弧，操作较为复杂，不容易实现自动焊接；二氧化碳气体保护焊和钨极氩弧焊作业时，只需将焊丝或钨丝端部接近工件接头表面一定距离，按下焊枪开关便可引弧，容易实现自动焊接。因此，目前采用机器人进行焊接作业的一般都是二氧化碳气体保护焊和钨极氩弧焊。

机器人弧焊过程比点焊过程要复杂得多，要求精确控制焊丝端头的运动轨迹、焊枪姿态和焊接参数。

为适应弧焊作业需要，对电弧焊机器人的性能还有特殊的要求。除在运动过程中要求速度的稳定性和轨迹精度外，还要求机器人具有如下性能：

① 通过示教器设定焊接条件（电流、电压、速度等）；

② 焊枪摆动功能；

③ 焊道填充功能；

④ 焊接异常功能检测；

⑤ 焊接传感器（作用是检测焊接起始点、跟踪焊缝）的接口功能。

（2）点焊机器人。

点焊机器人是指在工业机器人的末端轴安装电阻点焊焊枪（焊炬），用于自动点焊作业的机器人，如图 5-2-3 所示。

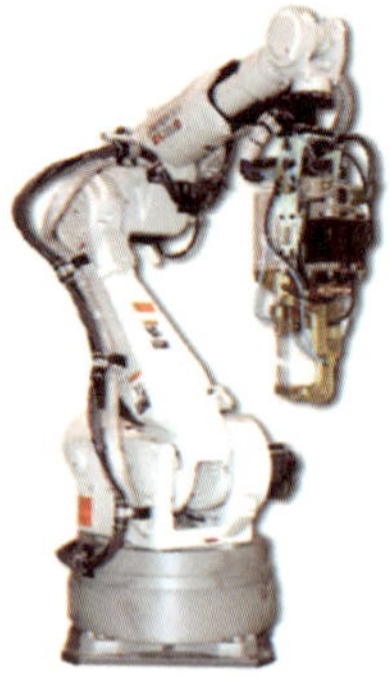

（a）点焊机器人

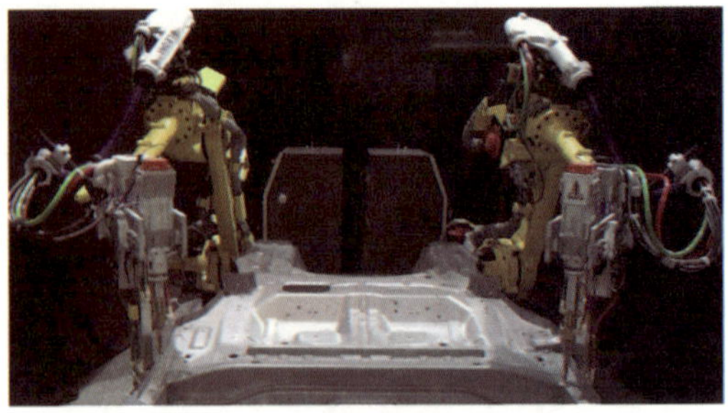

（b）点焊机器人在焊接汽车车身

图 5-2-3　点焊机器人

小助手　实际上，工业机器人在焊接领域的应用最早是从汽车装配生产线上的电阻点焊开始的。点焊总体来说对焊接机器人的要求不是很高。点焊只需点位控制准确和移位快捷，而对于焊钳在点与点之间的移动轨迹没有严格要求，这是机器人最早只能用于点焊的原因。

点焊对机器人的性能要求如下：

① 具有很大的负载能力，以便能够携带点焊焊钳；

② 在点与点之间移位时速度要快捷；

③ 动作要平稳，定位要准确，以减少位移时间；

④ 效率要高；

⑤ 点焊速度与生产线速度相匹配，同时安全可靠性好。

（3）激光焊接机器人。

激光焊接机器人是指在工业机器人的末端轴安装激光加工头及相关激光发生装置，用于激光焊自动作业的工业机器人，如图 5-2-4 所示。

图 5-2-4　激光焊接机器人

小助手 激光焊接具有最小的热输入量，产生极小的热影响区，在显著提高焊接产品品质的同时降低了后续工作量。

与机器人电弧焊相比，机器人激光焊的焊缝跟踪精度要求更高。对激光焊机器人的基本性能要求如下：

① 机器人具有高精度（≤ 0.1 mm）轨迹运动能力；

② 机器人持重能力大，以便携带激光加工头；

③ 可与激光器进行高速通信；

④ 机械臂刚性好，工作范围大；

⑤ 具备良好的振动抑制和控制修正功能。

焊接机器人系统组成 I

5.2.2 知识准备 2：电弧焊机器人系统组成

1）电弧焊机器人系统组成

电弧焊机器人系统主要由机器人基本系统、电弧焊装置（焊枪、焊机、送丝机构、供气装置等）、外部轴设备和辅助装置等组成，如图 5-2-5 所示。

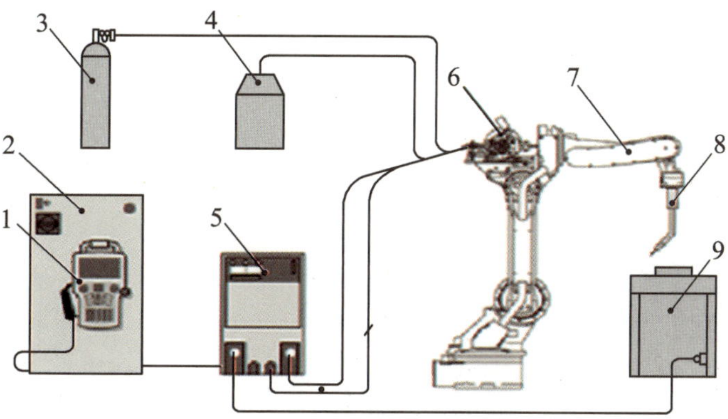

1—示教器；2—控制柜；3—气瓶；4—焊丝筒；5—焊机（焊接电源）；
6—送丝机构；7—机器人本体；8—焊枪；9—工作台（变位机）。

图 5-2-5 电弧焊机器人系统组成

（1）电弧焊装置。

电弧焊装置主要包括焊枪、焊机、冷却装置、送丝机构、供气系统、焊丝盘（筒）。

① 焊枪。根据电弧焊工艺的不同，焊枪可分为熔化极焊枪和非熔化极焊枪（如钨极

氩弧焊枪）。根据电缆在焊枪上位置的不同，非熔化极焊枪（图 5-2-6）又可分为电缆内置式焊枪和电缆外置式焊枪。

图 5-2-6　机器人用非熔化极焊枪

② 焊机。焊机又称为焊接电源，主要提供起弧、熄弧的电能及送丝机构的工作电能，如图 5-2-7（a）所示。

③ 冷却装置。它的作用是冷却焊枪，避免焊接作业时温度过高，如图 5-2-7(b）所示。

⑥ 送丝机构。它的作用是在焊接时将焊丝盘（筒）中的焊丝不断推送至焊枪，如图 5-2-7（c）所示。

⑦ 供气系统。提供焊接过程中所需要的保护气体，一般采用气瓶供气。

⑧ 焊丝盘（筒）。用于存放焊丝。

（a）焊机　　（b）冷却装置　　（c）送丝机构

图 5-2-7　电弧焊主要装置

（2）外部轴设备。

外部轴设备是指除机器人本身的运动轴以外的能够增加自由度的轴。电弧焊机器人工作站中常见的外部轴装置有变位机、移动滑轨、自动换枪装置、自动清枪装置等。

① 变位机。变位机用于承载工件,使工件回转和倾斜以获得最佳的焊接姿势,如图 5-2-8 所示。变位机有多种形式,如双回转式、单回转式和倾翻回转式。可以根据工件的结构特点和工艺程序来选用变位机的形式。

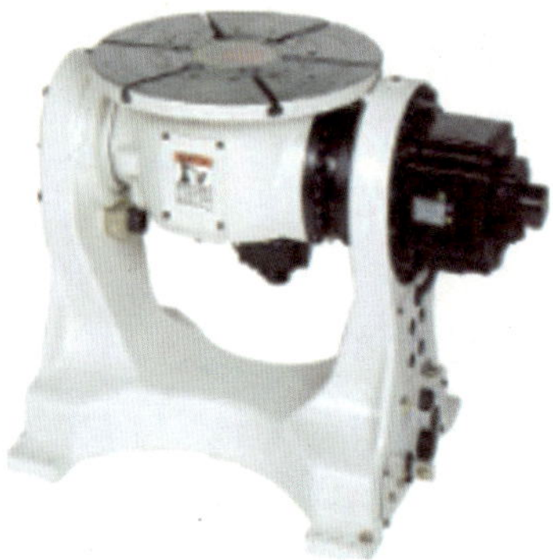

(a) 变位机

(b) 变位机与机器人的配合

图 5-2-8 变位机

小助手 在许多焊接场合,由于焊件本身形状复杂,焊接机器人很难变换焊枪姿态进行焊接;或由于焊件尺寸过大,超出了机器人的工作范围,因此必须通过增加外部轴的办法来增加机器人的自由度。此外,为了使机器人充分发挥效能,焊接机器人系统通常采用两台或以上的变位机。当其中的一台进行焊接作业时,另一台则完成工件的上装和卸载,从而使整个系统获得最高的效率。

② 移动滑轨。移动滑轨的作用是搭载机器人本体并使机器人本体在滑轨上移动,以增加机器人的工作范围,从而适用于大型工件和宽大的作业空间,如图 5-2-9 所示。

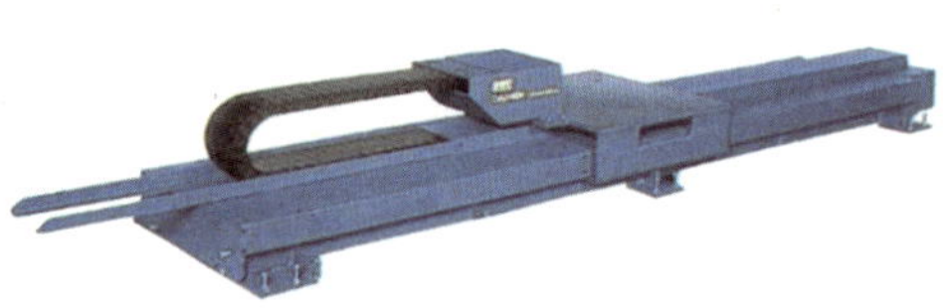

(a) 移动滑轨

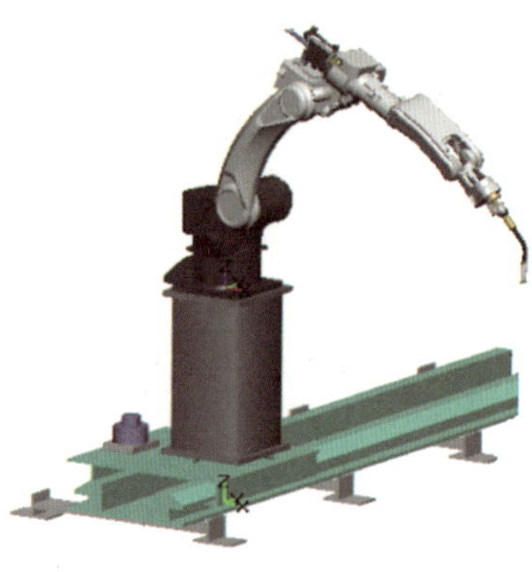

(b) 机器人安装于移动滑轨

图 5-2-9 机器人的移动滑轨

③ 自动换枪装置。自动换枪装置是一种为机器人快速更换焊枪的自动化装置，如图5-2-10所示。

图 5-2-10　自动换枪装置

小助手　在实际机器人焊接作业过程中，由于飞溅或电弧的喷射使焊枪粘上熔化金属而发生堵枪，所以进行作业一段时间后不得不停下来进行清枪。又或者由于喷嘴的磨损，也得停止作业更换喷嘴等。更换或清理焊枪配件（如导电嘴、喷嘴等）不仅浪费工时，而且增加许多维护费用，甚至会造成焊接质量问题。若采用自动换枪装置，便可有效解决此类问题，使得机器人的空闲时间大为缩短，过程的稳定性、系统的可用性、焊接质量和生产效率都得以提高，适用于不同填充材料或必须在工作过程中改变焊接方法的自动焊接。

④ 自动清枪装置。自动清枪装置是一种为焊枪嘴清除堵塞物的自动化设备，如图5-2-11所示。自动清枪装置主要包括焊枪清洗机、喷化器和焊丝剪断装置3部分。其中，焊枪清洗机用于清除喷嘴内表面的飞溅，以保证保护气体的通畅；喷化器喷出的防溅液可以减少焊渣的附着，降低维护频率；焊丝剪断装置主要用于用焊丝进行起始点检出的场合，以保证焊丝的干伸长度一定，提高检出的精度和起弧的性能。

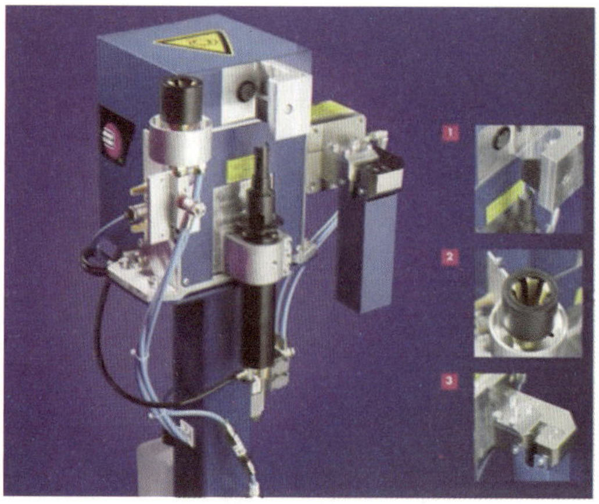

（a）清枪装置

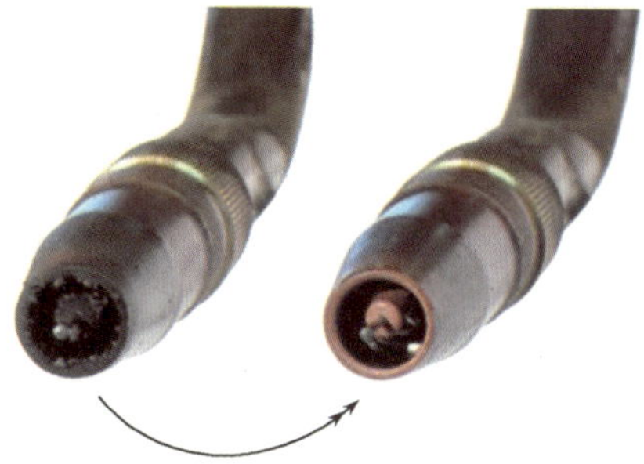

（b）清枪效果

图 5-2-11　自动清枪装置

小助手 众所周知，机器人焊接具有生产效率高和焊接质量稳定等突出特点。机器人不会疲劳，可 24 h 连续工作。然而，熔化极电弧焊机器人在施焊过程中由于焊枪喷嘴内外残留的焊渣及焊丝干伸长度的变化严重影响了产品的焊接质量及其稳定性。焊枪清理装置（也称为焊枪清洗机或自动清枪站）正是在这种背景下应运而生的。

（3）辅助装置。

焊接作业常见的辅助装置有敲渣锤、打磨机、焊检尺等。此外，由于焊接作业会产生大量的烟尘，损害人的健康和减短机器人的使用寿命，因此在焊接机器人工作站中还会配置烟尘净化装置，一般采用移动式焊烟净化器，如图 5-2-12 所示。

图 5-2-12　焊烟净化器

2）点焊机器人系统组成

点焊机器人系统主要由机器人基本系统、点焊焊接系统（焊钳、焊机等）和辅助装置等组成，如图 5-2-13 所示。

焊接机器人系统组成Ⅱ

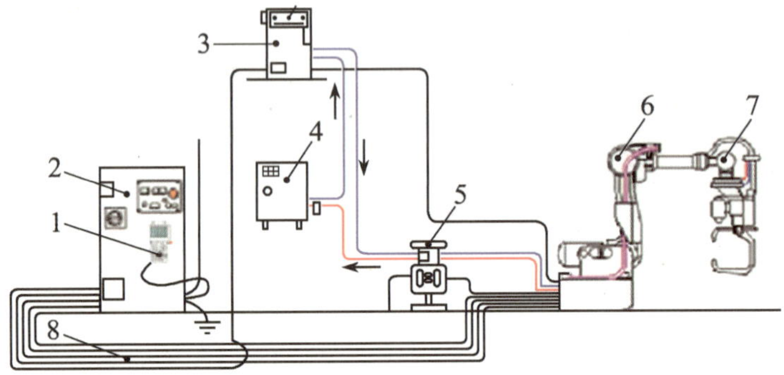

1—示教器；2—控制柜；3—焊机；4—水冷机；5—气 / 水管路组合体；6—机器人本体；7—焊钳；8—电缆线。

图 5-2-13　点焊机器人系统组成

点焊机器人用焊钳从外形结构上分有 C 形和 X 形 2 种，如图 5-2-14 所示。

① C 形焊钳。C 形焊钳用于点焊垂直及近于垂直倾斜位置的焊点。

② X 形焊钳。X 形焊钳主要用于点焊水平及近于水平倾斜位置的焊点。

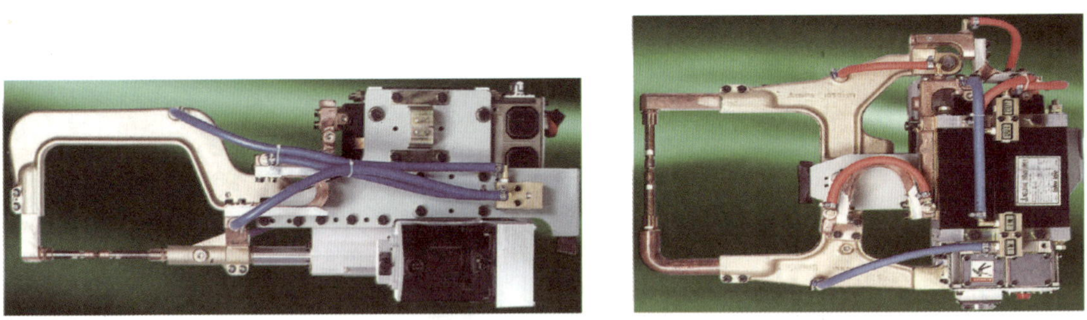

（a）C 形焊钳　　（b）X 形焊钳

图 5-2-14　点焊机器人用焊钳（按外形结构不同分类）

从电极臂加压驱动方式上分，点焊机器人用焊钳可分为气动焊钳和伺服焊钳 2 种。

① 气动焊钳。气动焊钳是利用气缸来加压，能够使电极完成大开、小开和闭合 3 个动作，是目前比较常用的类型，如图 5-2-15（a）所示。

② 伺服焊钳。伺服焊钳采用伺服电机驱动完成焊钳的张开和闭合，且焊钳张开度可任意选定并预置，电极间的压紧力可无级调节，如图 5-2-15（b）所示。

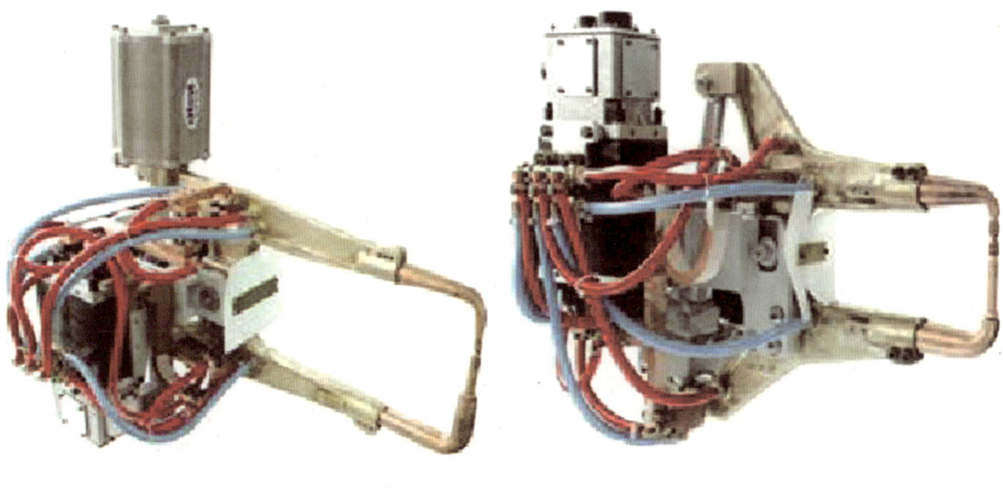

（a）气动焊钳　　（b）伺服焊钳

图 5-2-15　点焊机器人用焊钳

3）**激光焊接机器人系统组成**

激光焊接机器人系统主要由机器人基本系统、激光焊接系统（激光器、激光加工头、送丝机构、焊接电源等）和辅助装置等组成，如图 5-2-16 所示。

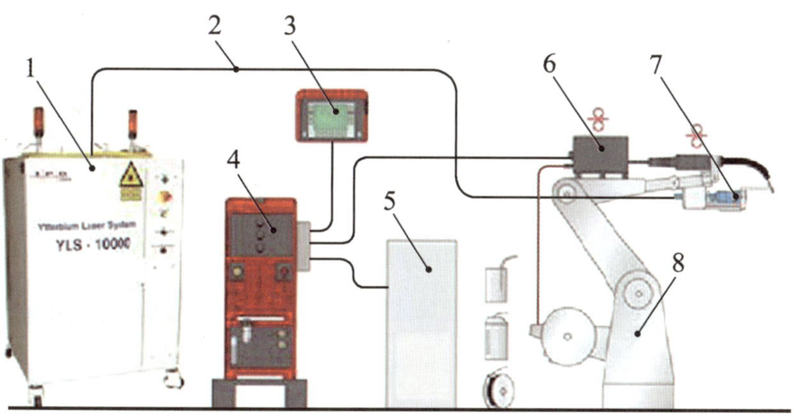

1—激光器；2—光导系统；3—遥控盒；4—焊接电源；5—机器人控制柜；
6—送丝机构；7—激光加工头；8—机器人本体。

图 5-2-16　激光焊接机器人系统组成

5.2.3 知识准备 3:熟悉机器人焊接工作站硬件设备

焊接工作站组成

本项目所用工业机器人焊接工作站如图 5-2-17 所示。该工作站的设备组成及其功能见表 5-2-1。

图 5-2-17　本项目所用工业机器人焊接工作站

表 5-2-1　焊接工作站设备组成及其功能一览表

序　号	设备名称	功能用途	图　示
1	总控柜	总控柜是工作站的总控系统,集成工位供配电、PLC（西门子 1200 系列）、继电器和接线端子等电气元件。PLC 组态与编程、触摸屏画面制作、设备通信均采用西门子全集成编辑软件 TIA Portal V14 SP1 完成	
2	机器人控制柜	型号为 ABB IRC 5C 紧凑型,是电弧焊机器人基本系统的控制系统	

续表

序　号	设备名称	功能用途	图　示
3	示教器	用于机器人操作、I/O 配置和编程等	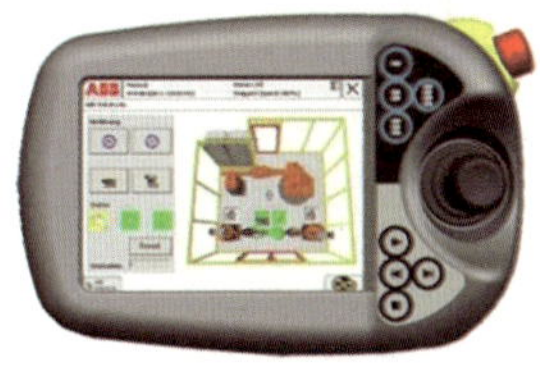
4	工位柱灯	用于指示工位运行状态	
5	操作箱	由触摸屏和控制按钮组成，用于工位操作。控制按钮包括急停、工位使能、安全确认、启动和停止按钮。触摸屏型号为 KTP700	
6	机器人本体	型号为 ABB IRC1410，是用于携带焊枪作业的六轴机械手	
7	氩气瓶	提供焊接保护气体	

续表

序　号	设备名称	功能用途	图　示
8	冷却机	用于焊枪冷却	
9	焊　机	型号为松下 YC-400TX（TIG）焊机，用于输出焊接功率	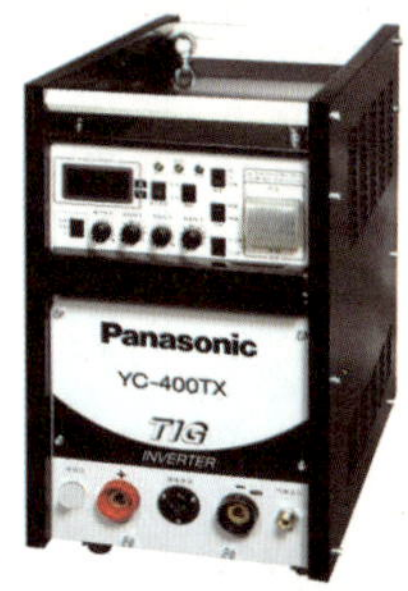
10	变位机	承载工件并变换工件焊接位置与角度。采用安川 SGDM-15ADA 和 SGDM-30ADA 伺服驱动器	
11	焊　枪	直柄水冷式机器人专用氩弧焊枪	
12	安全门	安全门上安装有传感器、弧光板，防止工作时误闯工位，遮挡弧焊强光	
13	安全护栏	与其他工作站隔离，防止误闯工位	

5.2.4　知识准备 4:机器人焊接工作站安装调试流程

本项目工业机器人焊接工作站安装调试流程如图 5-2-18 所示。

焊接工作站调试

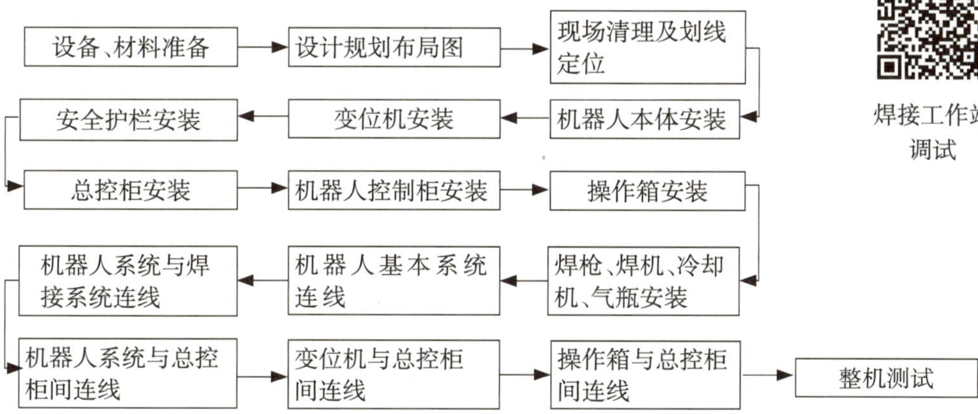

图 5-2-18　工业机器人焊接工作站安装调试流程图

1）设备、材料准备

所需准备的设备、材料见表 5-2-2。

表 5-2-2　材料设备准备

序号	设备、材料名称	型　号	数　量	备　注
1	工业机器人本体	ABB IRB 1410	1 个	
2	机器人控制柜	IRC 5C 紧凑型	1 个	
3	示教器	配套示教器（有线型）	1 个	
4	总控柜	定制,规格为 800 m × 550 m × 1 145 m,已安装好柜内各电气元件并连接好内部线路	1 套	
5	安全护栏	定制,含配套安全门、工位灯	1 个	
6	氩气瓶	40 L	1 个	
7	冷却机	水冷型	1 个	
8	焊　机	YC-400TX（TIG）	1 套	
9	变位机	含安川 SGDM-15ADA 和 SGDM-30ADA 伺服驱动器和控制箱	1 个	
10	焊　枪	直柄水冷式,机器人专用氩弧焊枪,含配套安装件	1 个	

续表

序号	设备、材料名称	型　号	数　量	备　注
11	操作箱	触摸屏（型号 KTP700）及急停、工位使能、安全确认、启动和停止按钮	1 套	
12	配套电缆线	各设备配套电缆线	若　干	
13	安装工具	行吊、冲击钻、内六角扳手、扭矩扳手、紧固螺栓、剪刀、剪线钳、压线钳、螺丝刀		
14	导线、端子	各种规格的导线和端子	若　干	

2）**设计规划布局图**

工业机器人焊接工作站安装布局的设计与规划流程如图 5-2-19 所示。

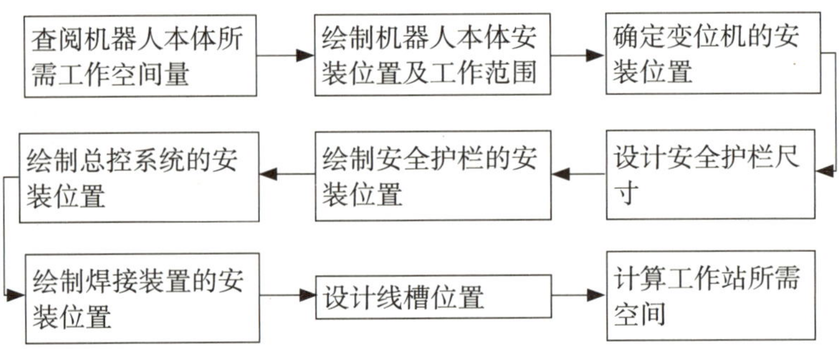

图 5-2-19　工业机器人焊接工作站安装布局的设计与规划流程图

（1）机器人本体所需工作空间量。通过该机器人本体产品手册或说明书，可以查询到机器人本体所需的工作空间量。例如，查看 ABB IRB 1410 机器人产品手册，可知其本体的最大工作半径为 1 444 mm，最小工作半径为 511 mm，最大展开高度为 1 793 mm（不包含安装底板或底座的高度）。此外，从该型号机器人本体的技术指标表可知，其 J1 的动作范围为回转 +170° ～ −170°，可将机器人视为能旋转 360°。

小助手　在实际工作中，由于焊接工件较大，需要的变位机更大，可能使机器人本体的高度不能满足焊接需求，所以需要在机器人基座下安装一个底座。此时需要先计算出变位机上焊接工件接头所在位置的高度，然后以该高度作为机器人工作范围的中间值，反推出该底座所需要的高度值，并将该值计算到机器人所需工作空间量中，如图 5-2-20 所示。

图 5-2-20　机器人底座高度（安装高度）的确定

（2）绘制机器人本体安装位置及工作范围。以纸张的中心为机器人本体 J1 的中心，建立直角坐标系，绘制出最大工作半径为 1 444 mm 和最小工作半径为 511 mm 的圆。由这两个圆构成的圆环便是该机器人本体的工作范围。值得注意的是，这里的工作范围是将机器人视为可旋转 360°，这与实际机器人本体在背部的工作范围是有一些误差的，但此误差不影响工作站的安装布局设计。

（3）确定变位机的安装位置。本任务采用的变位机宽度小于机器人工作范围，可将变位机中心安装于机器人各轴处于零点时 J6（焊枪）的正下方位置，并将变位机的控制箱安装于左侧安全护栏的左下角位置。

小助手　在实际工作中，若采用的变位机较大，则需要先使变位机携带焊接工件做姿态变换到位，并使焊接工件的接头处于机器人本体的工作范围内，再反推计算出变位机的安装位置。

（4）设计安全护栏尺寸。完成机器人本体与变位机的安装布局后，便可以计算出安全护栏的最小尺寸。例如，在本任务中，可以以机器人本体的最大工作半径作为安全护栏的最小尺寸。但在设计安全护栏尺寸时，还应留出维护检修通道和焊机、冷却机、气瓶的安装空间，同时考虑标准护栏的尺寸。因此，在本任务中将安全护栏的尺寸设计为 4 m×4 m，两侧安全护栏分为 4 个，单个护栏长度为 1 m；前侧方护栏分为 3 个，其中 1 个为安全门（长度为 1.2 m），其余 2 个长度为 1.4 m。

（5）绘制安全护栏的安装位置。根据设计的安全护栏尺寸，便可绘制其安装位置，如图 5-2-21 所示。

（6）绘制总控系统的安装位置。由于安全护栏的安全门为左开门，因此可以将总控系统（总控柜、机器人控制柜、操作箱）均安装布局于安全门左侧护栏的外侧。其中，机器人控制柜放置于总控柜顶部；操作箱安装固定于安全护栏上，高度约为 1.5 m，方便人员操作，如图 5-2-21 所示。

（7）绘制焊接装置的安装位置。将焊机、冷却机和气瓶均安装于安全护栏内左上角位置，如图 5-2-21 所示。由于总控系统安装于左侧位置，为了工作站的布线简洁美观，因此将焊接装置设计安装于左上角位置，同时不干涉机器人本体的作业。

（8）设计线槽位置。沿着左侧安全护栏内侧布置线槽，如图 5-2-21 所示。

（9）计算工作站所需空间。安全护栏和总控系统所占空间的总和便是整个工作站所需的空间。在实际工作中，对于空间较小的厂房，还需考虑安全门打开需要的空间。

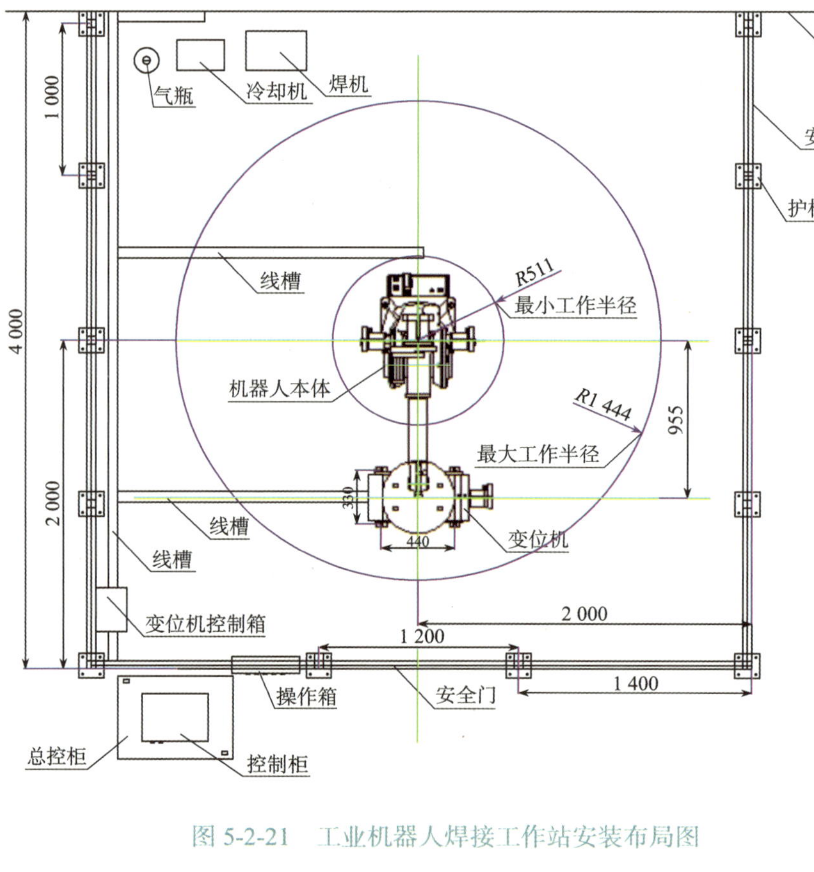

图 5-2-21　工业机器人焊接工作站安装布局图

3）现场清理及划线

现场整体划线如图 5-2-22 所示，具体操作步骤如下：

（1）根据安装布局图的要求，将安装现场清理打扫出足够的空间。

（2）按照安装布局图，用卷尺测量标注原点，绘制直角坐标系的 X 轴、Y 轴。

（3）以坐标轴原点为机器人安装底板中心，放置底板后将机器人安装孔调整至轴线，用粉笔画出底板外轮廓和 12 个地面安装孔。

（4）画出变位机安装位轴线，标记出 4 个安装孔位置。

（5）画出安全护栏安装位轴线，标记出每个护栏安装固定座的安装孔位。

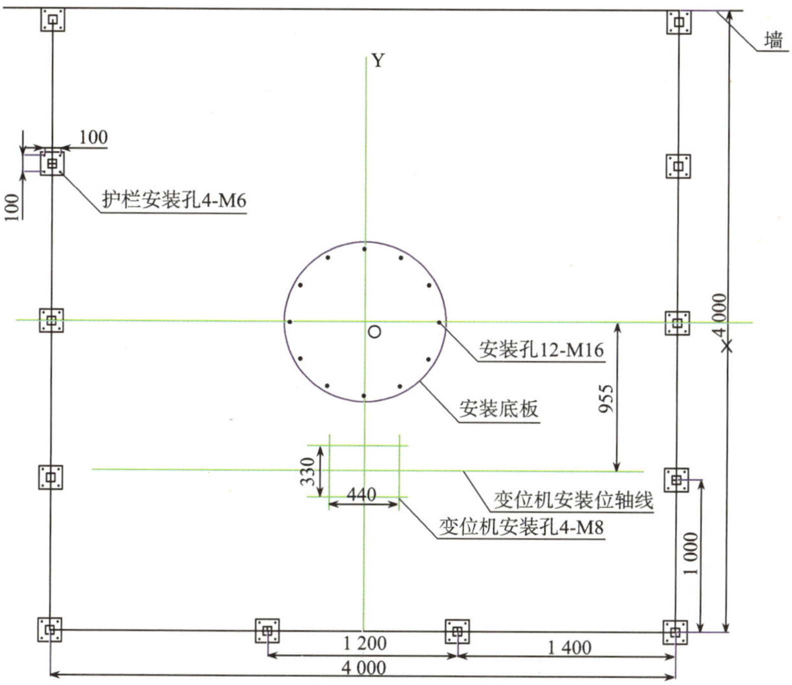

图 5-2-22　现场整体划线图

小助手　焊接机器人工作站的环境需要同时满足机器人单元和焊接作业的要求，具体要求如下：

① 当把工作站安装在地面上时，地面的水平度要求小于 ±5°。

② 地面和安装底板需要有足够的刚度，且安装底板厚度建议在 25 mm 以上。

③ IRB 1410 机器人单元对环境温度的要求为 5 ～ 45 ℃，对环境湿度的要求为最高 95%。对于不同工件的焊接作业，具体温度、湿度除了满足机器人单元的要求外，还需满足焊接工艺的要求，具体参见焊接相关规范。例如，某工件焊接时要求温度不得低于 45 ℃，但此温度已经超过机器人单元的要求，因此只能局部对工件接头进行加热。

④ 安装位置无易燃、腐蚀性液体和气体。

⑤ 安装位置不受强电磁干扰。

⑥ 安装环境为能够遮风挡雨的场所，风量过大或潮湿都是弧焊工艺中需要避免的。

5.2.5 工作任务实施

以小组为单位，按照表 5-2-3 完成 “工业机器人焊接工作站安装调试” 任务。

表 5-2-3 “工业机器人焊接工作站安装调试” 工作任务实施表

任务名称		工业机器人焊接工作站安装调试		实施表编号		
班级		姓名		学号	教师签字	
序号	工序名称	工序内容	工具/材料	操作步骤	完成时间	备注
1	设备、材料准备	（1）准备焊接工作站所需的设备； （2）准备安装工具； （3）准备安装耗材	见表 5-2-2	根据表 5-2-2 准备相关设备、工具和耗材		
2	设计布局图	（1）绘制机器人本体安装位置； （2）绘制变位机安装位置； （3）绘制安全护栏安装位置； （4）绘制总控系统安装位置； （5）绘制焊接装置安装位置	纸、铅笔、尺、圆规、机器人产品手册	（1）计算机器人本体所需工作空间量； （2）绘制机器人本体安装位置及工作范围； （3）确定变位机的安装位置； （4）设计安全护栏尺寸； （5）绘制安全护栏的安装位置； （6）确定总控系统安装位置； （7）绘制焊接装置安装位置； （8）设计线槽位置； （9）计算工作站所需空间量		
3	现场画线定位	（1）按照规划图清理出足够场地； （2）机器人底板安装孔定位划线； （3）变位机定位划线； （4）安全护栏安装孔定位划线	粉笔、卷尺	（1）根据安装布局图要求，将安装现场清理打扫出足够的空间； （2）按照安装布局图，用卷尺测量标注原点，绘制直角坐标系的 X 轴、Y 轴； （3）以坐标轴原点为机器人安装底板中心，放置底板后将机器人安装孔调整至轴线，然后用粉笔将底板外轮廓和 12 个地面安装孔标记出来；		

续表

序号	工序名称	工序内容	工具/材料	操作步骤	完成时间	备注
3	现场画线定位			（4）画出变位机安装位轴线，标记出 4 个安装孔的位置； （5）画出安全护栏安装位轴线，标记出每个护栏固定座的安装孔位		
4	机器人本体安装	（1）底板安装； （2）机器人本体吊装； （3）机器人本体固定	机器人本体、底板、冲击钻、膨胀螺栓、吊车	（1）底板安装； （2）机器人本体吊装； （3）机器人本体固定		
5	变位机及其控制箱安装	（1）变位机固定； （2）控制箱安装	冲击钻、膨胀螺栓、吊车	（1）使用冲击钻中心冲子在标记好的 4 个地面安装孔位置冲击出孔的圆心； （2）使用 M8 直径钻头更换中心冲子，使用冲击钻在安装面上钻出相应尺寸的孔，再将孔内清理干净； （3）将变位机吊装放置并对齐 4 个安装孔； （4）安装平垫、弹垫和螺母，将螺母旋至螺栓末端以保护螺纹，再将内膨胀螺栓插入孔内； （5）使用扳手将螺母拧紧直到垫圈和底板表面齐平紧固； （6）将变位机的两个伺服驱动器安装于箱体内； （7）将控制箱放置到规划图的指定位置		

续表

序号	工序名称	工序内容	工具/材料	操作步骤	完成时间	备注
6	安全护栏安装	(1)钻底座安装孔； (2)底座固定； (3)铝型材立柱安装； (4)加强筋安装； (5)挡板安装； (6)顶部横梁安装； (7)安全门安装	冲击钻、膨胀螺栓	(1)使用冲击钻中心冲子在标记好的地面安装孔位置冲击出孔的圆心，每个护栏固定底座有4个安装孔； (2)使用M6直径钻头更换中心冲子，使用冲击钻在安装面上钻出相应尺寸的孔，再将孔内清理干净； (3)将安全护栏固定底座放好并对齐4个安装孔； (4)安装平垫、弹垫和螺母，将螺母旋至螺栓末端以保护螺纹，再将内膨胀螺栓插入孔内； (5)使用扳手将螺母拧紧直到垫圈和底座表面齐平紧固； (6)将护栏立柱插入护栏固定底座的固定套中，调整铝型材使其两侧槽均对齐固定套安装孔，然后使用T形螺栓(加垫片)紧固，完成全部立柱的安装； (7)在两根立柱间安装一根铝型材加强筋，加强筋到地面的距离为20 mm，在加强筋底部与立柱连接处使用L形紧固配件加T形螺栓紧固； (8)安装挡板，将挡板插入两根立柱与加强筋的槽中，安装完全部挡板后在顶部安装铝型材顶梁，使用T形固定配件加T形螺栓(配垫片)紧固； (9)安装安全门合页； (10)安装安全门		

续表

序号	工序名称	工序内容	工具/材料	操作步骤	完成时间	备注
7	总控柜安装	总控柜放置	总控柜、布局图	（1）将总控柜推放至安全护栏前部左侧位置； （2）锁紧总控柜滑动轮		
8	控制柜安装	放置控制柜	控制柜、布局图	将控制柜放置到总控柜顶部中央位置		
9	操作箱安装	（1）安装件安装； （2）螺钉安装； （3）操作箱安装	操作箱、铁钳、扳手、螺栓	（1）在安全护栏前部左侧安装两根加强筋，两根加强筋的间距与操作箱的高度一致； （2）使用内六角螺栓将 4 个安装件安装到操作箱上部及下部； （3）在上下 2 根加强筋槽中各安装 2 颗螺钉，并将这 4 颗螺钉移至操作箱上安装件的孔的位置； （4）在操作箱上的 4 个安装件上插入上述螺钉，使用螺母紧固		
10	焊机、冷却机、气瓶安装	分别将焊机、冷却机、气瓶放置于安全护栏内左上角位置	焊接装置、布局图	分别将焊机、冷却机、气瓶放置于安全护栏内左上角位置		
11	焊枪安装	（1）将焊枪固定于安装板上； （2）将安装板与过渡法兰轴连接固定组合； （3）将过渡法兰轴组合体安装固定于机器人本体 J6 上	安装板、焊枪、过渡法兰轴、内六角扳手	（1）使用 2 个固定件配 4 颗内六角螺钉将焊枪固定于安装板上； （2）使用 4 颗内六角螺钉将安装板与机器人本体 J6 过渡法兰轴连接固定组合； （3）使用 6 颗内六角螺钉将过渡法兰轴组合体安装固定于机器人本体 J6 上		

续表

序号	工序名称	工序内容	工具/材料	操作步骤	完成时间	备注
12	焊把线固定件安装	(1)固定件安装; (2)吊钩安装; (3)焊把线穿线吊起	焊把线、固定件、吊钩、内六角扳手	(1)将焊把线固定件安装于机器人本体肘部,使用2个内六角螺钉紧固; (2)将焊把线穿过固定件的两个导线孔; (3)使用吊钩将机器人本体肘部处的焊把线吊挂起来,使机器人本体运动时不刮到焊把线		
13	机器人基本系统连线	(1)本体侧连线; (2)控制柜侧连线	动力电缆线、转数计数器电缆线、示教器电缆、线切割钳、螺丝刀、密封圈等	(1)机器人本体侧连线; (2)控制柜侧连线; (3)顺时针将接头紧固套拧紧; (4)将示教器电缆插头上的箭头标记朝上,与控制柜上的XS4接口对准后缓慢插入; (5)将接头紧固套顺时针拧紧; (6)将主电源线电缆插头与控制柜上的主电源电缆接口对准后压入到位; (7)将接头紧固卡扣锁紧; (8)将主电源线另一端接入总控柜		
14	焊接设备间连线	主电源线、地线、控制电路、焊接电源、焊枪和工件连线	线切割钳,绝缘胶带,螺丝刀、电缆等	(1)将主电源电缆连接到相应的接线端口; (2)将地线电缆连接到标有PE或接地符号的端口; (3)将控制电源电缆连接到24 V或48 V直流电的接线端口; (4)将焊接电源的正负极电缆连接到设备的正负极端口; (5)将焊枪和工件的电缆分别连接到标有“枪”和“工”的接线端口		

续表

序号	工序名称	工序内容	工具/材料	操作步骤	完成时间	备注
15	焊接设备与机器人基本系统间的连线	（1）焊接电流模拟信号控制线连接； （2）焊接电压模拟信号控制线连接； （3）起弧和打开保护气体2个数字输入信号控制线连接； （4）起弧检测数字输出信号控制线连接	焊机信号控制线、线切割钳、螺丝刀、密封圈等	（1）将焊接电流模拟信号控制线接入机器人控制柜I/O外引板X6的5号端子； （2）将焊接电压模拟信号控制线接入机器人控制柜I/O外引板X6的6号端子； （3）将起弧和打开保护气体2个数字输入信号控制线分别接入机器人控制柜I/O外引板X1的2个端子； （4）将起弧检测数字输出信号控制线接入机器人控制柜I/O外引板X3的1个端子		
16	变位机线路连线	（1）变位机与伺服驱动器连线； （2）伺服驱动器与总控柜连线； （3）伺服定位检测线连接	伺服驱动器、控制箱、变位机、线切割钳、螺丝刀、密封圈等	（1）伺服驱动器1（SGDM-30ADA）连线； （2）伺服驱动器2（SGDM-15ADA）连线； （3）伺服定位检测线缆连线； （4）电机制动（抱闸）电源线连线		
17	操作箱连线	急停按钮、使能按钮、安全确认按钮、启动按钮、停止按钮线缆连接	触摸屏、各个按钮线缆、线切割钳、螺丝刀、密封圈等	将急停按钮线缆、使能按钮线缆、安全确认按钮线缆、启动按钮线缆、停止按钮线缆分别接入操作箱的数字量输入（DI）接线端子		

续表

序号	工序名称	工序内容	工具/材料	操作步骤	完成时间	备注
18	光栅信号线连接	（1）光栅信号线连接； （2）安全门解锁信号线连接	光栅信号线、线切割钳、螺丝刀、密封圈等	（1）将光栅信号线接入数字量输入（DI）接线端子； （2）将安全门解锁信号线接入数字量输出（DO）接线端子		
19	工位柱灯连线	工位柱灯的红色线缆、橙色线缆、绿色线缆、蜂鸣器线缆连接	红色、橙色、绿色线缆，蜂鸣器线缆，线切割钳、螺丝刀、密封圈等	将工位柱灯的红色线缆、橙色线缆、绿色线缆、蜂鸣器线缆分别接入操作箱的数字量输出（DO）接线端子		
20	整机调试	机器人各轴运动测试	焊接工作站	（1）安全检查与系统开启； （2）手动操纵机器人单轴运动： ① 将机器人控制柜模式钥匙打到手动；② 进入示教器 ABB 主菜单，选择“手动操纵”；③ 在手动操纵窗口中选择“运动模式”，进入运动模式窗口；④ 选择“轴 1-3”，点击“确定”按钮；⑤ 轻轻按下示教器上的“使能”键；⑥ 用操纵杆控制机器人 J1 ～ J3 运动；⑦ 重复步骤②～⑤，使机器人 J4 ～ J6 运动		
		转数计数器更新		（1）手动操纵机器人单轴运动，使机器人各个关节轴运动至其机械零点位置； （2）在 ABB 主菜单中选择“校准”； （3）在校准界面中点击“校准”；		

续表

序号	工序名称	工序内容	工具/材料	操作步骤	完成时间	备注
20	整机调试	转数计数器更新	焊接工作站	（4）点击“更新转速计数器”； （5）点击“是”； （6）勾选“ROB_1”，然后点击“确定”； （7）点击“全选”； （8）点击“更新”		
		I/O 配置		（1）定义 DSQC651 板的总线连接； （2）定义数字输入/输出信号		
		功能测试		（1）工件安装完成后锁上安全门锁，关上遮光门； （2）把机器人切换到自动模式； （3）确定工位不存在危险因素后，按下触摸屏的使能按钮，即可使能工位设备； （4）按下黑色的安全确定按钮，确认工位的安全状态； （5）检查触摸屏红色报警状态栏提示信息，若存在报警，则按触摸屏的故障复位按钮复位；若不存在报警，则按启动、停止、急停按钮使工位设备工作； （6）变位机回零后行进到程序设定的位置，机器人开始焊接		

5.2.6 工作任务检查与评价

按照表 5-2-4 中的标准检查任务完成情况并交由教师评分。

表 5-2-4 “工业机器人焊接工作站安装调试”任务检查与评价表

任务名称	工业机器人焊接工作站安装调试		检查与评价表编号		
班级		姓名	学号	教师签字	
工序号	工序名称	检查内容	检查标准	分 值	教师评分
1	设备、材料准备	(1)准备焊接工作站设备; (2)准备安装工具; (3)准备安装耗材	设备、工具和材料应符合表 5-2-2 的要求	5	
2	设计布局图	(1)绘制机器人本体安装位置; (2)绘制变位机安装位置; (3)绘制安全护栏安装位置; (4)绘制总控系统安装位置; (5)绘制焊接装置安装位置	(1)变位机须处于机器人本体最大及最小工作半径之内; (2)总控柜、控制柜、操作箱须位于安全护栏外左侧	5	
3	现场画线定位	(1)按照规划图清理出足够场地; (2)机器人底板安装孔定位画线; (3)变位机定位画线; (4)安全护栏安装孔定位画线	(1)清理出的场地面积大于 4 000 mm × 4 000 mm; (2)各安装孔位置精度小于 1 mm; (3)标记线清晰可见	5	
4	机器人本体安装	(1)底板安装; (2)机器人本体吊装; (3)机器人本体固定	(1)钻孔深度应比膨胀管长度多 5 mm 以上; (2)紧固时需使垫圈和底板表面平齐; (3)吊装过程须缓慢进行	5	
5	变位机及其控制箱安装	(1)变位机固定; (2)控制箱安装		5	

续表

工序号	工序名称	检查内容	检查标准	分　值	教师评分
6	安全护栏安装	（1）安装底座安装孔钻孔； （2）安装底座固定； （3）铝型材立柱安装； （4）加强筋安装； （5）挡板安装； （6）顶部横梁安装； （7）安全门安装	（1）加强筋安装高度误差不大于 5 mm； （2）加强筋底部与立柱连接处使用 L 形紧固配件加 T 形螺栓紧固； （3）顶部铝型材顶梁与立柱连接处使用 T 形固定配件加 T 形螺栓（配垫片）紧固	5	
7	总控柜安装	（1）将总控柜推放至规划图设计位置； （2）锁紧滑动轮	（1）总控柜放置位置距离安全护栏门约 100 mm； （2）总控柜北侧距离安全护栏约 10 mm	5	
8	控制柜安装	将控制柜放置到总控柜的柜顶中央	控制柜应处于总控柜的柜顶中央位置	5	
9	操作箱安装	（1）安装件安装； （2）螺钉安装； （3）操作箱安装紧固	（1）采用的螺钉螺帽大小应能足够卡住铝型材槽孔； （2）4 个安装件的安装面处于同一平面	5	
10	焊机、冷却机、气瓶安装	分别将焊机、冷却机、气瓶放置于安全护栏内左上角位置	焊机背部距离墙面大于 100 mm	5	
11	焊枪安装	（1）将焊枪固定于安装板上； （2）将安装板与过渡法兰轴连接并固定组合； （3）将过渡法兰轴组合体安装固定于机器人本体 J6 上	焊枪嘴紧固套筒与安装板端面平齐	5	

续表

<table>
<tr><th>工序号</th><th>工序名称</th><th>检查内容</th><th>检查标准</th><th>分 值</th><th>教师评分</th></tr>
<tr><td>12</td><td>焊把线固定件安装</td><td>（1）固定件安装；
（2）吊钩安装；
（3）焊把线穿线吊起</td><td>吊钩将机器人本体肘部处的焊把线吊挂起来，使机器人本体运动时不刮到焊把线</td><td>5</td><td></td></tr>
<tr><td>13</td><td>机器人基本系统连线</td><td>（1）本体侧连线；
（2）控制柜侧连线</td><td rowspan="2">（1）安装时线芯须与线孔完全对齐后再缓慢用力推挤到位；
（2）线缆弯头均向下；
（3）端头压接应牢固可靠</td><td>5</td><td></td></tr>
<tr><td>14</td><td>焊接设备间连线</td><td>（1）主电源线连接；
（2）地线连接；
（3）控制电路连接；
（4）焊接电源线连接；
（5）焊枪和工作电缆连接</td><td>5</td><td></td></tr>
<tr><td>15</td><td>焊接设备与机器人基本系统间的连线</td><td>（1）焊接电流模拟信号控制线连接；
（2）焊接电压模拟信号控制线连接；
（3）起弧和打开保护气体 2 个数字输入信号控制线连接；
（4）起弧检测数字输出信号控制线连接</td><td rowspan="3">（1）布线规范，所有连接应与电气原理图的要求一致；
（2）导线线径应符合图纸要求，导线颜色应符合图纸或国家标准；
（3）端头压接应牢固可靠；
（4）导线与元器件连接处穿上导线号码管，号码与图纸一致，且号码管字符方向整体与电气板一致</td><td>5</td><td></td></tr>
<tr><td>16</td><td>变位机线路连线</td><td>（1）变位机与伺服驱动器连线；
（2）伺服驱动器与总控柜连线；
（3）伺服定位检测线连接</td><td>5</td><td></td></tr>
<tr><td>17</td><td>操作箱连线</td><td>（1）急停按钮线缆连接；
（2）使能按钮线缆连接；
（3）安全确认按钮线缆连接；
（4）启动按钮线缆连接；
（5）停止按钮线缆连接</td><td>5</td><td></td></tr>
</table>

续表

<table>
<tr><th>工序号</th><th>工序名称</th><th>检查内容</th><th>检查标准</th><th>分 值</th><th>教师评分</th></tr>
<tr><td>18</td><td>光栅信号线连接</td><td>（1）光栅信号线连接；
（2）安全门解锁信号线连接</td><td rowspan="2">（1）布线规范，所有连接应与电气原理图的要求一致；
（2）导线线径应符合图纸要求，导线颜色应符合图纸或国家标准；
（3）端头压接应牢固可靠；
（4）导线与元器件连接处穿上导线号码管，号码与图纸一致，且号码管字符方向整体与电气板一致</td><td>5</td><td></td></tr>
<tr><td>19</td><td>工位柱灯连线</td><td>（1）红色线缆连接；
（2）橙色线缆连接；
（3）绿色线缆连接；
（4）蜂鸣器线缆连接</td><td>5</td><td></td></tr>
<tr><td>20</td><td>整机调试</td><td>（1）安全检查与系统开启；
（2）机器人运动测试；
（3）I/O 配置；
（4）功能测试</td><td>（1）未安全检查前不启动机器人系统；
（2）手动操纵机器人运动时需缓慢进行</td><td>5</td><td></td></tr>
<tr><td colspan="4">总 分</td><td>100</td><td></td></tr>
<tr><td colspan="6">1. 你是否达到了本任务要求的学习目标和你的个人目标？</td></tr>
<tr><td colspan="6">2. 你还存在不足之处吗？（若有，请在下方写出）</td></tr>
<tr><td colspan="6">3. 你的后续提升计划是什么？</td></tr>
</table>

5.2.7 练习题

1）单选题

（1）焊接机器人一般属于几轴关节型机器人？（　　）

A. 三轴 B. 四轴

C. 五轴 D. 六轴

（2）点焊机对机器人的性能要求不包括以下哪一项？（ ）

A. 很大的负载能力 B. 高精度轨迹运动能力

C. 动作平稳，定位准确 D. 点与点之间移位速度快

（3）在电弧焊机器人系统中，焊机的主要作用是什么？（ ）

A. 冷却焊枪 B. 提供焊接电流和电压

C. 传送焊丝 D. 控制机器人运动

（4）以下哪项不是变位机的作用？（ ）

A. 承载工件 B. 变换工件焊接位置与角度

C. 提供焊接保护气体 D. 增加工件的焊接姿势

（5）机器人焊接工作站总控柜的主要功能什么？（ ）

A. 提供焊接保护气体

B. 控制机器人运动

C. 集成工位供配电、PLC 和继电器等电气元件

D. 固定机器人本体

（6）在设计机器人焊接工作站布局时，安全护栏的最小尺寸应根据以下哪项确定？（ ）

A. 焊机的尺寸 B. 机器人本体的最大工作半径

C. 变位机的尺寸 D. 操作箱的安装位置

2）判断题

（1）焊接机器人是通过将焊接设备（焊枪）安装在机器人上，用于取代人工操作焊枪进行焊接作业的工业机器人。（ ）

（2）点焊机器人对焊接轨迹的精度要求较高。（ ）

（3）激光焊接机器人对焊缝跟踪精度的要求高于电弧焊机器人。（ ）

（4）在焊接机器人工作站的安装布局设计中，安全护栏的尺寸只需满足机器人本体的工作范围即可。（ ）

（5）在电弧焊机器人系统中，冷却装置的作用是冷却焊枪，避免焊接作业时温度过高。（ ）

（6）机器人焊接工作站的安装现场不需要考虑环境温度和湿度的要求。（ ）

3）多选题

（1）以下哪些属于电弧焊机器人系统的组成部分？（　　）

A. 焊机　　B. 焊枪

C. 送丝机构　　D. 激光发生器

E. 冷却装置

（2）点焊机器人系统的主要组成部分包括哪些？（　　）

A. 机器人本体　　B. 焊钳

C. 焊机　　D. 激光加工头

E. 送丝机构

（3）以下哪些是焊接机器人工作站的辅助装置？（　　）

A. 敲渣锤　　B. 烟尘净化器

C. 自动清枪装置　　D. 激光发生器

E. 变位机

（4）机器人焊接工作站安装调试流程包括以下哪些步骤？（　　）

A. 设备、工具及材料准备　　B. 设计规划布局图

C. 现场清理及画线　　D. 机器人本体安装

E. 整机调试

（5）以下哪些是电弧焊机器人对性能的特殊要求？（　　）

A. 焊枪摆动功能　　B. 焊道填充功能

C. 焊接异常检测功能　　D. 高精度轨迹运动能力

E. 焊接传感器接口功能

（6）在机器人焊接工作站中，安全防护措施包括哪些？（　　）

A. 安全护栏　　B. 安全门

C. 操作箱的急停按钮　　D. 烟尘净化器

E. 自动清枪装置

4）简答题

（1）简述焊接机器人工作站的安装调试流程。

（2）简述焊接机器人工作站的安全防护措施。

练习题参考答案

职业成长与技术创新故事

用毫厘精度终结“洋垄断”——王树军

王树军，潍柴动力股份有限公司首席技师，中共二十大代表，被誉为“设备神医”和“国产装备逆袭先锋”。自 1993 年从技校毕业以来，他扎根工业设备维修与改造一线 30 多年，用匠心攻克了大量进口设备“卡脖子”的难题，以创新重塑了智能制造的中国标准，更以传承培育出了新一代技术骨干，诠释了新时代产业工人的使命担当。他带领团队拆解废弃光栅尺，发现德国设备气密保护设计存在缺陷，通过 3D 建模重构气路系统，将故障率从 40% 降至 1%，年节约维护成本 780 万元。在自动化改造中，他主导研发的“树军自动上下料单元”实现了机器人与机床的无缝对接，同时通过精准设计机械抓取结构、搭建电气协同控制系统，使设备能依据生产流程需求高效完成工件上下料作业，为柔性制造提供了中国方案。

在工业机器人装调与维护实训中，学生应学习王树军“拆设备、钻原理、改设计”的技术攻关路径，通过故障诊断、系统联调、预防性维护等实操训练，培养“毫米级”精度意识与创新思维。同时，需深刻理解“设备即战友”的职业态度，将个人技能提升与国家制造业转型升级紧密结合，在解决生产难题的过程中彰显新时代工匠的价值。

参考文献

[1] 蒋召杰,伏海军. 工业机器人装调与维护工作页 [M]. 北京:机械工业出版社,2023.

[2] 黄河,覃智广,沈涛. 工业机器人电气装调与维护 [M]. 北京:中国轻工业出版社,2021.

[3] 谢光辉,张伟,孙红,等. 工业机器人系统安装调试与维护 [M]. 北京:机械工业出版社,2020.

[4] 刘宁,崔迪. 工业机器人装调应用与维护实训平台研究与设计 [J]. 南方农机,2019,50(14): 138-139.

[5] 潘常春,刘朝华. 工业机器人装调与维修技术 [M]. 北京:机械工业出版社,2019.

[6] 邓三鹏,王铎,刘铭,等. 产教融合打造高端赛事,锤炼工业机器人紧缺人才 [J]. 装备制造技术,2018(11): 1-4.